I0033570

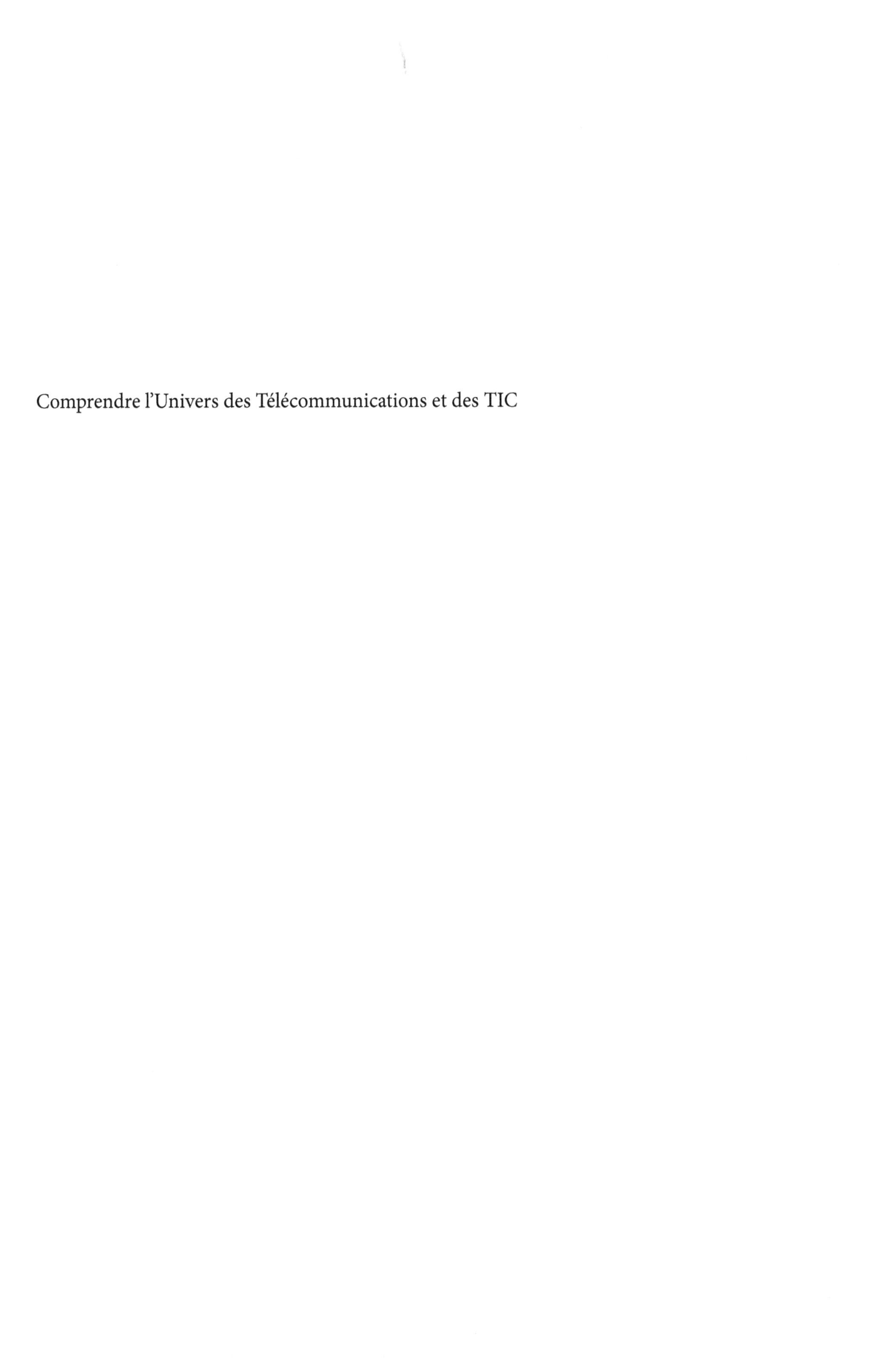

Comprendre l'Univers des Télécommunications et des TIC

Comprendre l’Univers des Télécommunications et des TIC

Gregory Domond

Du même auteur

- ✓ La puissance de vos paroles
- ✓ Servir pour être Grand
- ✓ Négligence, votre premier ennemi : comment s'en débarrasser
- ✓ Va avec cette force que tu as
- ✓ Manuel d'évangélisation
- ✓ Dieu est un Dieu de détails

Bibliothèque nationale d'Haïti
ISBN: 978 -99970- 69- 31 -3

REMERCIEMENTS

Je remercie tous ceux qui ont lu et commenté les articles sur les Télécommunications et les TIC publiés dans les colonnes du journal Le Nouvelliste. Leurs encouragements m'ont poussé à publier ces articles sous cette forme pour servir plus de lecteurs à travers la planète. Je leur suis redevable pour cette nouvelle publication.
Mes remerciements vont à mon ami, Edva ALTEMAR, pour ses encouragements tout au long du processus de rédaction, et pour la préface qu'il a bien voulu rédiger.
Les nouveaux lecteurs sont remerciés, par avance, pour leurs appréciations et commentaires. Ils sont la raison d'être de ce manuel.
Toute la gloire est à mon Dieu qui dispense les capacités.

Table des matières

PREFACE

Le développement vertigineux des télécommunications et des Technologies de l'Information et de la Communication (TIC) suscite une curiosité inouïe et poussée de la part des utilisateurs qui cherchent à comprendre cette industrie grandissante qui met à leur disposition autant de moyens de communication à distance. Les télécommunications, qui jadis étaient réservées aux initiés, sont aujourd'hui à la portée de tous. Leurs conquêtes ont, en quelques décennies, révolutionné les sociétés du monde entier, au point d'en faire un village global. Un changement total est constaté dans toutes les sphères d'activités sociales, et il interpelle tout un chacun à comprendre les progrès, l'évolution et les nouvelles projections des télécommunications. Cette démarche incontournable demande une connaissance basique des concepts clés, une compréhension cadrée avec la réalité actuelle et qui prend en compte le passé, tout en orientant vers le futur.

De la télégraphie à la téléphonie mobile, les mutations du secteur des télécommunications et des technologies de l'information et de la communication sont multiples. Il s'en suit une progression technologique quasi exponentielle. La téléphonie de 1776 à 1980 que l'on considérait fixe, connait de 1980 à date, cinq générations de téléphonie mobile. L'informatique progresse, converge et fait fusion avec les télécommunications pour laisser entrevoir l'utilisation d'une quantité de données tellement grande qu'elle est qualifiée de Méga données. L'internet ne se borne plus aux ordinateurs et aux connexions des humains, mais le réseau des réseaux s'étend à la mise en liaison des objets, rendant ainsi les activités urbaines de plus en plus indépendantes pour donner naissance aux villes intelligentes. L'appropriation des télécommunications, même du point de vue d'utilisateur, demande une connaissance aigue du jargon, des termes et concepts y relatifs. Le professeur des télécommunications, Gregory DOMOND, conscient du besoin a mis au point "*Comprendre l'univers des télécommunications/TIC*" pour vous apporter cette connaissance des concepts afin d'aider à une meilleure appréhension du monde des télécommunications, pourquoi pas des technologies de l'Information et de la Communication (TIC). Entrant dans tous les détails des termes, le document porte bien son nom, puisque les télécommunications et les TIC sont un univers à explorer par tous les consommateurs des services, et tous les autres acteurs de ce secteur aussi dynamique. Le lecteur y trouvera en plus de la définition des concepts clés, les différentes ressources exploitées dans les télécommunications, l'environnement du secteur, les services disponibles, les techniques et technologies en utilisation. L'Ingénieur DOMOND y explique la téléphonie, la radiodiffusion, l'Informatique et l'Internet dans un langage adapté à tous. Un peu plus loin, l'auteur et chroniqueur technologique détaille les enjeux économiques liés au secteur des télécommunications qui est la deuxième économie mondiale.

Développé sous format de présentation, le lecteur du livre ne se fatiguera pas en cherchant à lier les chapitres. Il y puisera selon ses lacunes, son domaine d'intervention, ses préférences de sujet. Le consommateur, le professionnel, l'étudiant, le chercheur et les intéressés y trouveront un outil adapté à leurs besoins, et pourront sans ambages aiguiser leurs connaissances du secteur des télécommunications. Ce livre est destiné à tous les acteurs (utilisateurs, professionnels, fournisseurs de services, investisseurs) de la chaine désireux de mieux comprendre l'industrie des télécom/TIC.

Je recommande ce document à tous ceux et toutes celles qui veulent s'approprier du secteur, ce faisant, ils abandonneront l'amateurisme au profit du professionnalisme.

Edva ALTEMAR
Professionnel des télécommunications et des sciences sociales
Chercheur au Groupe de Recherche et d'Etude en Télécommunications et Systèmes d'Information (GRETSI)

SOMMAIRE

Le livre intitulé « *Comprendre l'univers des Télécommunications et des TIC* » se propose de permettre à toutes les parties prenantes, notamment les consommateurs, de faire une appropriation intelligente du secteur des télécommunications aux fins d'une exploitation optimale, et d'une mise en perspective des évolutions futures. Le document développé sous forme de présentation est composé de 9 chapitres.

Le chapitre 1 « *Introduction aux télécommunications et ressources exploitées* » définit les concepts télécom et TIC, explique les différents types de communications électroniques. Ce chapitre présente sommairement les 7 ressources indispensables à la fourniture des services de télécommunications : Spectre de fréquences radioélectriques, plan de numérotation téléphonique, extensions Internet, adresses IP, points hauts, Infrastructure existantes et orbites de satellite. Leurs gestions et exploitations sont succinctement expliquées dans cette première partie.

Le chapitre 2 « *Environnement des Télécommunications et des TIC* » traite du cadre de fonctionnement du secteur. Il présente, entre autres, les différents acteurs de la chaine, l'écosystème, les aspects légaux et de régulation, et la normalisation des télécommunications.

Les Services et Utilisation des Télécoms sont étudiés dans le troisième chapitre. Les principes et modes de fonctionnement des principaux services sont présentés de manière simplifiée.

La quatrième partie présente les techniques et les technologies permettant de concevoir, développer et fournir les prestations télécom. Le concept « réseau » y est succinctement développé.

Le chapitre 5 est dédié à la téléphonie. Il passe en revue les différentes techniques et technologies relatives à la téléphonie fixe et cellulaire. Les différents services associés à la téléphonie, ainsi que les moyens d'accès y sont présentés.

Le chapitre 6 est consacré à la *« Radiodiffusion sonore et télévisuelle »* Il y est présenté les techniques et les moyens d'accès à la radio et à la télévision. La nécessité et le processus de transition de la télévision analogique vers la télévision numérique sont expliqués dans ce chapitre.

La partie 7 « *Informatique et Internet* » fournit les notions de base relatives à l'Informatique et l'Internet. Elle étudie notamment les techniques, technologies, les services et les moyens d'accès à l'Internet.

Les aspects économiques du secteur des Télécommunications qui représente la deuxième économie mondiale sont abordés dans le chapitre 8.

La partie 9 traite de l'exploitation des télécommunications dans les catastrophes naturelles.

Le lecteur du livre aura une vue d'ensemble sur le secteur des Télécommunications/TIC, et disposera d'informations pratiques pour une meilleure utilisation des services dérivés. Ce document peut susciter chez les jeunes des intérêts et vocations pour les Télécommunications/TIC, fondement de la société de l'information en construction accélérée.

CHAPITRE 1

INTRODUCTION AUX TÉLÉCOMMUNICATIONS ET RESSOURCES EXPLOITÉES

DÉFINITION DES TÉLÉCOMMUNICATIONS

- ✓ Toute transmission, émission et réception à distance, de signes, de signaux, d'écrits, d'images, de sons ou de renseignements de toutes natures, par fil électrique, radioélectricité, liaison optique, ou autres systèmes électromagnétiques[1]
- ✓ Ensemble de moyens techniques nécessaires à l'acheminement aussi fidèle et fiable que possible d'informations entre deux points à priori quelconques, à une distance quelconque, avec des coûts raisonnables[2]
- ✓ Ensemble de technologies, dispositifs, équipements, d'installations, de réseaux et d'applications facilitant la communication à distance
- ✓ Communication par fil, radioélectricité, optique ou autres moyens électromagnétiques

Télécommunications ou communications électroniques

Télécommunications et communications électroniques : 2 concepts interchangeables

Télécommunications : Communications à distance facilitées par des moyens et dispositifs électroniques

Communications électroniques

- ✓ Processus permettant l'échange d'information entre êtres humains, entres humains et machines, et entre machines
- ✓ Interactions entre Signaux et systèmes électroniques
- ✓ Action d'un message (signal) sur un système électronique
- ✓ Télécommunications : dialogue (échange d'informations) d'homme à homme, à travers une machine ou système
- ✓ Echange d'information (sous forme de signal) entre un émetteur et un récepteur à l'aide d'un canal de transmission
- ✓ Communication par réseaux
- ✓ Communication à distance facilitée par des moyens électroniques
- ✓ Echanges d'information réalisés de manière électronique (par opposition à la transmission des objets par la poste traditionnelle sous forme physique)
- ✓ Transfert d'information entre deux équipements

Définition pratique des Technologies de l'Information et de la Communication (TIC)

- ✓ Technologies et équipements se chargeant de l'accès, la création, la collection, du stockage, de la transmission, de la réception, de la diffusion ou de la distribution) de l'information et de la communication[3]
- ✓ Technologies exploitées pour transmettre, stocker, créer et partager ou échanger des informations multimédia

Origine des télécommunications (communications électroniques)

- ✓ Télécommunication = Télé + Communication
- ✓ Télé : Préfixe grec signifiant *loin*
- ✓ Communicare : mot latin signifiant *partager*
- ✓ Télécommunications : Partage d'informations à distance
- ✓ Télécommunication : Communication à distance facilitée par des moyens électroniques
- ✓ Terme utilisé pour la première fois en 1904 par Edouard Estaunié, Ingénieur aux Postes et Télégraphes, Directeur de 901 à 1910 de l'Ecoles des Postes et Télégraphes, pour désigner les différents réseaux mis en place pour la diffusion de signaux écrits et sonores

Historique des télécommunications

- ✓ ***18ème siècle et Evènement***
  - o 1792 : Début du télégraphe optique de Claude Chappe
- ✓ ***19ème siècle et Evènements***
  - o 1832 : Invention du télégraphe électrique par Samuel Morse

1 Termes et définitions https://www.itu.int/rec/dologin_pub.asp?lang=e&id=T-REC-B.13-198811...

2 Systèmes de télécommunications - base de transmission par P.-G. Fontolliet

3 REPORT on the work carried out by the Correspondence Group on – the Elaboration of a Working Definition of the Term "ICT" – https://www.itu.int/md/dologin_md.asp?lang=fr&id=S14-PP...

- o 1854 : Projet de téléphone de F. Bourseul
- o 1860 : Lois de l'électromagnétisme par Maxwell
- o 1865 : Création de l'Union internationale du télégraphe (UIT)
- o 1866 : Premier câble télégraphique transatlantique
- o 1874 : Télégraphe électrique d'Émile Baudot (téléscripteur)
- o 1876 : Téléphone de Graham Bell & Elisha Gray
- o 1876 : Premiers enregistrements de Thomas Edison
- o 1887 : Ondes radioélectriques de H. R. Hertz
- o 1892 : Téléphone automatique d'Almon Strowger
- o 1892 : Radiodiffusion par William Crookes
- o 1896 : Première liaison de *TSF* par Guglielmo Marconi
- o 1897 : Émission radio au Panthéon de Paris par Eugène Ducretet
- o 1898 : Etablissement par Camille Tissot de la première liaison radio opérationnelle française en mer.
- o 1900 : Bobines d'induction de Pupin
- o 1900 : Equipement de la Marine nationale de ses premiers appareils de TSF par Camille Tissot

✓ ***20eme siècle et Evènements***

- o 1901 : Première liaison radio transatlantique
- o 1904 : Liaisons radio établies par la station Ouessant TSF de Camille Tissot sur 600 mètres avec une flotte de 80 paquebots
- o 1906 : Diode de Sir John Ambrose Fleming
- o 1906 : Triode « Audion » de Lee De Forest
- o 1912 : Transmission de texte par Édouard Belin
- o 1914 : Images mobiles de Georges Rignoux
- o 1915 : Téléphone automatique Rotary
- o 1917 : Radio militaire du général Ferrié
- o 1921 : Premiers courants porteurs d›Edwin Colpitts et Otto Blackwell
- o 1922 : Premières émissions régulières de radiodiffusion de la tour Eiffel
- o 1925 : Première société de télévision de John Logie Baird
- o 1926 : Premier câble à grande distance électronisé
- o 1929 : Kinéscope de Vladimir Zvorykine
- o 1932 : Création de l'Union internationale des télécommunications, (UIT)
- o 1935 : Émissions régulières de télévision depuis la tour Eiffel
- o 1936 : Premier télex Creed
- o 1938 : Principes de la numérisation par A. Reeves
- o 1940 : Création du CCTI, Comité de coordination des télécommunications impériales
- o 1941 : Calculateur électronique de G. Stilitz et de Howard Aiken
- o 1941 : Mise au point du radar
- o 1943 : Premier calculateur électronique ENIAC de J. Mauchly et J.-P. Eckert
- o 1947 : Invention du transistor par W. Shockley
- o 1951 : Premiers faisceaux hertziens
- o 1954 : Premiers postes radio à transistor
- o 1956 : Câble sous-marin transistorisé
- o 1959 : Premiers circuits intégrés de J. Kilby et R. Noyce
- o 1962 : Première de liaison Télévision par satellite Amérique-France depuis Pleumeur-Bodou
- o 1966 : Première liaison numérique MIC
- o 1970 : En France, expérimentation du premier autocommutateur électronique temporel
- o 1970 : Fibres optiques de Corning Glass

- o 1970 - 1980 : 1ère Génération de téléphonie cellulaire (1G)
- o 1971 : Premiers microprocesseurs
- o 1972 : Mise en service des premiers commutateurs électroniques commerciaux par la France, puis les États-Unis
- o 1977 : Ouverture opérationnelle du réseau interbancaire SWIFT
- o 1980 : Ouverture des premiers réseaux de téléphonie mobile au Japon, puis en Europe
- o 1980 -1990: 2eme Génération de téléphonie cellulaire (2e)
- o 1983 : Officialisation de TCP/IP comme protocole de l'Internet
- o 1987 : Amplification optique par dopage à l'Erbium
- o 1991 : Création de l'ATM Forum
- o 1993 : Premier SMS envoyé en Finlande
- o 1998 : Exploitation opérationnelle de réseau DWDM et Fondation de 3GPP
- o 1999 : Commercialisation de liaisons ADSL chez les particuliers (France)

✓ ***21eme siècle et Evènements***

- o 2000 : 2.5G (GPRS)
- o 2001 : Accord de l'Union Européenne pour lancer le projet Galileo
- o 2003 : 2.75 G (EDGE)
- o 2009 : Expansion, publicité et controverses autour de Facebook
- o 2009 : Succès de l'iPhone, baisse de rentabilité de Nokia : ruée vers les smartphones
- o 2000 – 2010 : Début de la troisième génération de téléphonie cellulaire
- o 2011 : Généralisation de la Télévision numérique terrestre sur le territoire français[4]
- o 2010 : 4G de téléphonie cellulaire
- o 2015 : Début de la 5eme génération de téléphonie cellulaire (5G)
- o 2030 : Début de la 6eme génération de téléphonie cellulaire (6G)
- o 2040 : Début de la 7eme génération de téléphonie cellulaire (7G)
- o 2045 : Début de la 7.5 génération de téléphonie cellulaire (7.5 G)

Processus de télécommunications

- ✓ Initiation de l'échange de message par l'expéditeur
- ✓ Transformation du message (conversion du message en signal électrique par l'émetteur)
- ✓ Traitement du signal par l'émetteur
- ✓ Transmission du signal vers la destination/vers le récepteur par le support de transmission)
- ✓ Captation du signal par le terminal du récepteur
- ✓ Traitement du signal par le récepteur
- ✓ Conversion du signal électrique en message original
- ✓ Réception du message par le destinataire
- ✓ Interprétation du message par le destinataire

Emission et réception en Télécommunications

- ✓ Emission d'un message sous une forme quelconque
- ✓ Réception d'un message fidèle à celui envoyé

Niveaux des Puissances d'émission et de réception

- ✓ Puissance émise en Watt, kilowatt (KW), Mégawatt (MW)
- ✓ Puissance reçue en milliwatt (mw), microwatt (*muw*), nanowatt (nw), picowatt (pw)
- ✓ *Cause de ce faible niveau de signal à la réception : Affaiblissement en cours de transmission*

Défis relevés par les Télécommunications

- ✓ Temps : Echange d'information entre deux utilisateurs en temps réel
- ✓ Distance : Echange d'informations rendu possible entre deux points quelconques de la surface de la terre (quel que soit la distance séparant ces deux points)

4 Histoire des Télécommunications https://fr.wikipedia.org/wiki/Histoire_des_telecommunications

✓ Transmission d'un maximum d'informations sur une bande étroite de fréquence

Limitations de la communication face à face

✓ Défi : Couverture d'une grande distance

✓ Solution : Moyens électroniques mis en œuvre pour couvrir une grande distance

Types de communications électroniques

6 types de communication électroniques disponibles

1.- Audio

✓ Communication électronique audio rendue possible grâce à l'invention du téléphone en 1876

✓ Communication audio par la radiodiffusion en mode AM et FM.

✓ Téléphonie cellulaire, autre forme de communication électronique audio

✓ Voix humaine transportée également à travers l'Internet (Voix sur IP)

2.- Vidéo

✓ Service de communication électronique combinant de manière synchrone les images mobiles et les sons à travers des systèmes de télévision analogique et numérique

✓ Visiophonie (image mobile)

✓ Vidéo diffusée sur Internet

3- Messagerie textuelle

✓ Messagerie textuelle : Service de communication électronique fourni par les réseaux de communication mobile sous forme de SMS (Short Mesage Service) de 160 caractères alphanumériques

✓ Service différé, c'est-à-dire, non délivré en temps réel

✓ Communication avec des machines et des systèmes via SMS (ex. USSD)

4- Site web

✓ Site web ou encore site Internet : Service de communication électronique accessible via une adresse web

✓ Plateforme permettant de communiquer les informations sous différentes formes : audio, textes, vidéos, etc.

✓ Espace virtuel de consultations d'informations et d'interactions

5.- Courrier électronique

✓ Echange de messages multimédia sous forme électronique entre deux ou plusieurs utilisateurs disposant d'une adresse électronique.

✓ Service de communication électronique très utilisé tant dans le formel que dans l'informel

✓ Service de communication électronique très flexible permettant de déposer des messages dans les boites aux lettres électroniques des destinataires à n'importe quelle heure

6.- Messagerie instantanée

✓ Echange de toutes sortes de messages avec les contacts presqu'en temps réel via Internet.

✓ Echanges quasi instantanés possibles avec des contacts en ligne[5]

Sens des communications électroniques ou sens de transmission

✓ *Simplex ou liaison unilatérale ou monodirectionnelle* : Transmission de signaux dans un seul sens (émetteur vers récepteur)

   o Exemples. : radio, télévision, bus d'adressage des ordinateurs, beeper

✓ *Half – duplex ou liaison bilatérale ou bidirectionnelle à l'alternat* : transmission de signaux dans les deux sens de façon alternative

   o Example:` Walkie-talkie, push to talk, Citizen Band (CB), Radio Amateur

✓ *Full Duplex ou liaison bilatérale* : transmission de signaux dans les deux sens simultanément

   o Exemple : Téléphonie

5 Six types of electronic communication http://science.opposingviews.com/six-types-electronic-communication-1531.html

Communications homme - machine et machine - homme

- ✓ Ensemble d'échanges d'information entre un utilisateur humain et une machine ou un système

Communications Homme - Machine

Communications entre l'homme et la machine

- ✓ Exemples : Vérification de la balance du compte téléphonique par la composition d'un numéro spécial (réponse fournie par un serveur informatique)
- ✓ Recherche d'informations sur Internet (Informations fournies par des serveurs informatiques)
- ✓ Consultation de la boite aux lettres électronique (accès facilité par des serveurs de messagerie électronique)
- ✓ Activation d'un système par une voix authentifiée (Reconnaissance vocale)

Eléments utilisés dans la communication Homme - machine

- ✓ Clavier et souris
- ✓ Parole (reconnaissance vocale)
- ✓ Geste
- ✓ Regard

Communication Machine - Homme

Communication entre la machine et l'homme

- ✓ Exemples : Messagerie vocale activée au cours d'une tentative d'appel téléphonique
- ✓ Réception de notification d'un serveur sur le retour d'un message (par exemple : retour d'un courrier électronique)
- ✓ Graphiques sur des écrans des machines de vente de billet de transport (communication de la machine avec l'homme à l'aide signes, flèches, images, etc.)
- ✓ Envoi automatique d'informations par un serveur à une liste d'abonnés

Eléments utilisés dans la communication Machine - homme

- ✓ Audio (messagerie vocale)
- ✓ Vidéo
- ✓ Graphique
- ✓ Synthèse vocale

Communication machine - machine

Communications entre machines

- ✓ Echanges directs ou communications directes entre dispositifs au moyen de canaux de communication filaires ou sans fil
- ✓ Exemples : Communication entre un capteur et une application
- ✓ Echange d'information entre 2 serveurs informatiques
- ✓ Télémesure : Information collectée par un dispositif et envoyée à un système pour analyse et décision

Eléments utilisés dans la communication Machine - Machine

- ✓ Logiciels
- ✓ Capteurs
- ✓ RFID (Radio Frequency Identification)
- ✓ Wi-Fi (Wireless Fidelity)

Composition des TIC

Eléments dérivés des secteurs suivants

- ✓ Secteur informatique (ordinateurs, serveurs, matériels de réseau, etc.)
- ✓ Secteur électronique (composants électroniques, semi- conducteurs, récepteurs, téléviseurs, etc.)
- ✓ Secteur des télécommunications (équipements de transmission, commutateurs, relais, terminaux, etc.)

Activités du Secteur des TIC

- ✓ Production (Fabrication d'ordinateurs, matériels informatiques et équipements de télécommunications, etc.)
- ✓ Distribution (Commerce de matériels et d'équipements TIC et Telecom)

- ✓ Fourniture de service (Télécommunications, Informatique, services audiovisuels, etc.)

Caractéristiques des TIC

- ✓ Temps réel : échanges électroniques supportés sans décalage horaire
- ✓ Produits hard et soft : combinaison d'éléments matériels et logiciels
- ✓ Non géographique : exploitation des produits et services non assujettie à un lieu fixe
- ✓ Transversal : Services applicables à tous les secteurs d'activités
- ✓ Nature numérique et virtuelle : exploitation des technologies numériques pour une représentation non réelle des réalités

Avantages des communications électroniques

- ✓ Multicanalité : utilisation de plusieurs canaux (son, musique, image, vidéo, texte, données)
- ✓ Hypertexte : liaison établie entre documents par des hyperliens

Transmission rapide

- ✓ Communications possibles en quelques secondes entre deux points très éloignés du monde
- ✓ Emissions radiophoniques écoutées quasi instantanément
- ✓ Conversations téléphoniques en temps réel
- ✓ Transmission des signaux à la vitesse de la lumière dans l'espace libre

Grande couverture

- ✓ Couverture radioélectrique de toute une région par un site d'émission
- ✓ Emissions radiophoniques écoutées sur des centaines de kilomètres par la propagation des ondes radioélectriques
- ✓ Couverture radioélectrique d'un tiers de la terre par un satellite géostationnaire

Communication multimédia

- ✓ Possibilité d'échange simultané d'information multimédia (sons, images, vidéos et des textes)

Bas prix

- ✓ Economie par rapport aux dépenses de déplacement
- ✓ Economie du temps de voyage

Travail à distance

- ✓ Possibilité de travail à distance
- ✓ Gestion des opérations à distance
- ✓ Organisation de réunions via vidéoconférence
- ✓ Travail depuis le domicile de l'employé et soumission par voie électronique

Stockage à long terme et accès facile

- ✓ Stockage des messages échangés de différentes manières: disques, bande magnétique.
- ✓ Impression de message pour la sauvegarde de la version papier
- ✓ Possibilité de sauvegarde dans les nuages informatiques

Mobilité des dispositifs

- ✓ Contact avec les proches garanti grâce à la portabilité du téléphone cellulaire et de l'ordinateur
- ✓ Possibilité de production/travail dans les espace publics tels que : trains, les cafés, avions, etc.

Inconvénients des communications électroniques

Sécurité des échanges électroniques

- ✓ Modifications possibles des messages envoyés par des moyens électroniques
- ✓ Envoi possible de virus et vers par courrier électronique par des personnes malveillantes
- ✓ Vulnérabilité de certains groupes d'utilisateurs face aux cyber attaques

Dépendance

- ✓ Dépendance possible aux TIC par une utilisation abusive des services disponibles
- ✓ Graves conséquences de la cyber addiction sur la santé et les activités professionnelles des utilisateurs des applications technologiques

Perte de confidentialité

- ✓ Menace occasionnée par l'interception des communications électroniques
- ✓ Possibilité d'interception d'un courrier électronique lors du transit via les ordinateurs et routeurs

Authenticité douteuse

- ✓ Perte éventuelle de paquets de données lors d'un transfert d'un ordinateur à un autre via un routeur
- ✓ En cas de surcharge du routeur, durée d'attente plus longue
- ✓ Mise en doute du message lors d'une éventuelle modification de l'en -tête

Opportunités des communications électroniques

- ✓ Combinaison de son, texte, graphes, vidéo dans un seul message
- ✓ Interactivité des communications électroniques
- ✓ Communications multilatérales

Communications électroniques en temps réel

- ✓ Echange d'information entre utilisateurs de manière instantanée ou avec une latence négligeable
- ✓ Communications en temps réel = communications en direct
- ✓ Echange entre les parties sans délai perceptible
- ✓ Temps négligeable de traitement et de transmission des signaux par le système
- ✓ Temps de propagation des signaux et délai de traitement imperceptibles pour le destinataire
- ✓ Conversation téléphonique entre deux abonnés séparés par un décalage horaire
  - o Caractère indispensable de l'interaction et du feedback de manière continue en téléphonie
- ✓ Exemples : conversation téléphonique, vidéoconférence, radiocommunication bilatérale ou multilatérale, messagerie instantanée, bavardage Internet, etc.
- ✓ Exigences des communications en temps réel :
  - o Etablissement de voies directes entre la source et la destination
  - o Connexion (statut : en ligne) des parties impliquées dans l'échange instantané

Communications électroniques en différé

- ✓ Messages de l'expéditeur non délivrés à la destination de manière instantanée
- ✓ Messages délivrés après un certain temps variant d'un cas à l'autre
- ✓ Messages non urgents mis dans la catégorie des communications en différé
- ✓ Moyen d'éviter les coûts d'une communication en temps réel (Un SMS en lieu et place d'un appel téléphonique)
- ✓ Messages stockés dans le système et transmis ultérieurement
- ✓ Exemples : SMS, MMS, messagerie vocale, courrier électronique, etc.

Avantages de la communication en temps réel

- ✓ Simulation d'une réalité proche de la conversation face - à - face
- ✓ Indispensable dans les conversations téléphoniques, la télé –éducation, les jeux en ligne, la géolocalisation

Inconvénients de la communication en temps réel

- ✓ Consommation de beaucoup de ressources du réseau de télécommunications (en téléphonie, un circuit dédié aux deux locuteurs pendant toute la durée de la conversation)
- ✓ Impossibilité pour le réseau de servir tous les clients de manière instantanée[6]-[7]

Système de télécommunications

- ✓ Infrastructure matérielle et immatérielle conçue pour transporter l'information d'une source vers une destination
- ✓ Système d'équipements électroniques installés et interconnectés pour le transport de la communication sous forme électronique de la source vers la destination

---

6 Real time communication http://searchunifiedcommunications.techtarget.com/definition/real-time-communications

7 What is real time communications? http://www.realtimecommunicationsworld.com/topics/realtimecommunicationsworld/articles/376916-what-realtime-communications.htm

- ✓ Ensemble des procédés et des équipements mis en place pour la transmission de l'information de l'émetteur vers le récepteur
- ✓ Système chargé du transport de l'information entre un émetteur et un ou plusieurs récepteurs reliés par un canal de communication, sous forme de signal

Principe des systèmes de télécommunications

Base des opérations

- ✓ Echanges entre signaux et systèmes (Interactions entre signaux et systèmes)
- ✓ Réactions aux commandes (signaux) des utilisateurs

Objectif d'un système de communication

- ✓ Transmission de l'information de la source à la destination à travers un câble ou l'espace libre

Composants d'un système de communication

- ✓ Terminaux (dispositifs d'entrée/sortie, point de départ/d'arrivée)
- ✓ Canaux de transmission
- ✓ Processeurs de télécommunications (conversion analogique/numérique, contrôle du support de transmission)
- ✓ Logiciels de contrôle (contrôle de la fonctionnalité et des activités)
- ✓ Messages à transmettre
- ✓ Protocoles

Exemples de système de télécommunications

- ✓ Système de sonorisation
- ✓ Courrier électronique
- ✓ Messagerie instantanée
- ✓ Vidéoconférence
- ✓ Stations de radio et de télévision
- ✓ Réseau téléphonique
- ✓ Global Positioning System
- ✓ Internet

Eléments nécessaires aux systèmes de télécommunications

- ✓ Techniques
- ✓ Technologies
- ✓ Equipements (télécom, Informatique)
- ✓ Allocation de ressources
- ✓ Licence d'exploitation
- ✓ Logiciels
- ✓ Régulation
- ✓ Normes techniques
- ✓ Energie électrique

Caractéristiques d'un système de télécommunications

- ✓ Interactions entre les éléments pour le même objectif
- ✓ Compatibilité technique
- ✓ Exploitation des mêmes procédures
- ✓ Réponse au contrôle
- ✓ Fonctionnement harmonieux

Système d'information

- ✓ Ensemble organisé de composants pour collecter, transmettre, stocker et traiter les données afin de délivrer de l'information pour l'action[8]
- ✓ Ensemble d'éléments (personnel, matériel, logiciel...) permettant d'acquérir, traiter, mémoriser et communiquer des informations[9]
- ✓ Exemples de système d'information
  - o Système de traitement des transactions
  - o Systèmes décisionnels
  - o Système de gestion des connaissances

Fonctions d'un système d'information

- ✓ Collecte d'information
- ✓ Stockage ou mémorisation de l'information

8 Système d'information https://fr.wikipedia.org/wiki/Systeme_d'information

9 Système d'information de l'entreprise http://profs.vinci-melun.org/profs/adehors/CoursWeb2/Cours/Ch1/Ch1.php

- ✓ Traitement de l'information
- ✓ Communication ou diffusion de l'information

Eléments d'un système d'information

- ✓ Source
- ✓ Encodeur
- ✓ Émetteur
- ✓ Canal de transmission
- ✓ Récepteur
- ✓ Décodeur
- ✓ Destination

Composants de base d'un système d'information

- ✓ Matériels
- ✓ Logiciels
- ✓ Procédures
- ✓ Données
- ✓ Equipements (Informatique et Télécommunications)
- ✓ Ressources humaines

Systèmes de télécommunications filaires

- ✓ Système de télécommunications reliant les utilisateurs par des câbles
- ✓ Système permettant l'échange d'informations entre deux points à l'aide d'un support matériel

Principaux câbles utilisés

- ✓ Câbles électriques (câbles coaxiaux, paires torsadées)
- ✓ Câbles optiques

Exemples de systèmes de Télécommunications filaires

- ✓ Réseau téléphonique public commuté (RTCP)
- ✓ Système de télévision par câble
- ✓ Accès à Internet par câble
- ✓ Liaisons de télécommunications par fibre optique

Systèmes de télécommunications sans fil

- ✓ Systèmes de télécommunications reliant l'utilisateur par des ondes électromagnétiques
- ✓ Système permettant l'échange d'informations entre deux points sans support matériel

Types de liaisons sans fil utilisés

- ✓ Diffusion (par liaisons radioélectriques pour la radio et la télévision)
- ✓ Liaisons par satellite
- ✓ Liaisons micro -ondes
- ✓ Systèmes de communication mobile
- ✓ Liaisons infra rouge
- ✓ Wi - Fi (Wireless Fidelity)

Exemples de systèmes de télécommunications sans fil

- ✓ Systèmes cellulaires
- ✓ Réseaux locaux sans fil
- ✓ Systèmes de télécommunications par satellite
- ✓ Systèmes de radiomessagerie unilatérale
- ✓ Bluetooth
- ✓ Radios à bande ultra large
- ✓ Radios Zigbee
- ✓ Satellite
- ✓ Television hertzienne
- ✓ Cordless phone
- ✓ Cellular phone
- ✓ Wireless LAN, WIFI
- ✓ Wireless MAN, WIMAX
- ✓ Bluetooth
- ✓ Wireless Laser
- ✓ Liaisons par faisceaux hertziens
- ✓ Global Positioning System (GPS)

Avantages des systèmes de télécommunications sans fil

- ✓ Mobilité
    - o Liaison établie par des ondes pour garantir la liberté de mouvement
- ✓ Fiabilité augmentée

- o Absence d'infrastructure physique sujette aux cassures, vandalismes, etc.

✓ Facilité d'installation

- o Connexions rapides avec les réseaux sans fil

✓ Reprise rapide après sinistre

- o Peu d'équipements à rétablir
- o Pas de câble à déployer

✓ Moindre coût

- o Diminution des dépenses grâce au non déploiement de câble

Inconvénients des systèmes de télécommunications sans fil

✓ Interférences radioélectriques

- o Liaisons sans fil sujettes à des interférences radioélectriques provenant d'autres liaisons sans fil

✓ Sécurité

- o Interception des ondes radioélectriques émises par d'autres utilisateurs non autorisés
- o Confidentialité des informations transmises à risque[10]

Critères fondamentaux dans les télécommunications

Fiabilité et fidélité

✓ *Fiabilité* : Permanence de la disponibilité du service

- o Pannes techniques inévitables dans les systèmes de télécommunications
- o Fiabilité affectée par l'incapacité de répondre en tout temps à cause des contraintes techniques

✓ *Fidélité* : Restitution exacte de l'information de la source à la destination grâce à la transparence du réseau de télécommunications

- o Fidélité affectée par des distorsions subies lors des traitements par les équipements et dans le canal de transmission
- o Fidélité inférieure à 100% compte tenu des imperfections des moyens techniques et perturbations.

10 Wireless telecommunications – T.L. Singal https://books.google.ht/books/about/Wireless_Communications.html?id=cQJJzA8CCUUC&redir_esc=y

RESSOURCES EXPLOITÉES DANS LES TÉLÉCOMMUNICATIONS

Ressources rares et limitées exploitées par les Télécommunications

7 ressources exploitées pour la fourniture des services de communications électroniques

1- *Spectre de fréquences radioélectriques*
2- *Plan de numérotation*
3- *Domaine Internet (extension de domaine)*
4- *Points hauts*
5- *Infrastructures existantes*
6- *Adresse IP (Adressage)*
7- *Position orbitale (orbite de satellite de télécommunications)*

Ressource 1 : Spectre de fréquences radioélectriques

✓ Ensemble de fréquences utilisées dans les activités de télécommunications

✓ Ensemble de fréquences définies pour la fourniture des services de télécommunications de toutes sortes

✓ Elément du domaine public de l'Etat, inaliénable et incessible

✓ Portion du spectre électromagnétique exploitée pour les activités de télécommunications

✓ Elément du spectre électromagnétique (radioélectricité, micro-ondes, infra rouge, ultraviolet, rayons X, Gamma)

✓ Etendue du spectre de fréquences radioélectriques : 9 KHz – 3000 GHz (définie par l'UIT pour les télécommunications)

✓ Ressource intangible omniprésente dans toutes les communications électroniques

Fréquence

✓ Nombre de cycles par seconde d'un phénomène

✓ Nombre de période par seconde d'un mouvement vibratoire

✓ Nombre d'oscillations d'un phénomène périodique par unité de temps

- ✓ Nombre de répétitions d'un phénomène pendant un intervalle donné (phénomène périodique)
- ✓ Une des caractéristiques d'un signal en cours de transmission (Amplitude, Fréquence et Phase)
- ✓ Ressource intangible caractérisant tout signal
- ✓ Unicité du signal (Une fréquence associée à un signal)
- ✓ Identification unique de la présence d'un signal dans une zone donnée
- ✓ Ressource indispensable à la fourniture des services de télécommunications filaires et sans fil

Unités de fréquence

- ✓ Cycle par seconde (cycle/seconde, cps ou c/s)
- ✓ Hertz (1 Cycle/seconde = 1 Hertz)

Multiples du Hertz

- ✓ Kilohertz(KHz) = 1000 Hertz
- ✓ Mégahertz (MHz) = 1000 KHz = 1000 000 Hertz (1 million Hertz ou cycles par seconde)
- ✓ Gigahertz (GHz) = 1000 MHz = 1000 000 KHz (1 million KHz ou Kilocycles par seconde = 1000 000 000 Hertz (1 milliard Hertz)
- ✓ Terahertz (THz) = 1000 GHz = 1000 000 MHz (1 million MHz) = 1000 000 000 KHz (1 milliard KHertz) = 1000 000 000 000 Hertz (Mille milliards Hertz)

Etat et Exploitation du spectre de fréquences radioélectriques

- ✓ Elément du patrimoine immatériel de l'Etat
- ✓ Monopole de l'Etat sur le spectre de fréquences radioélectriques
- ✓ Source de revenu inépuisable pour l'Etat
- ✓ Moyen utilisé par l'Etat pour contrôler les activités de télécommunications dans un pays
- ✓ Mise en place par l'Etat de la structure de gestion de cette ressource spectrale

Utilisations des fréquences dans les communications électroniques

- ✓ Elément nécessaire au déploiement et au fonctionnement de tout système de télécommunications (communications électroniques)
- ✓ Elément indispensable à l'accès et l'utilisation des services de télécommunications (Emetteurs et récepteurs accordés sur la même fréquence)
- ✓ Accès à la radio, télévision, téléphonie, Internet, grâce à la fréquence
- ✓ Infrastructures immatérielles des systèmes de télécommunications
- ✓ Utilisation des fréquences : Autorisation ou concession préalable au déploiement de tout système de télécommunications
- ✓ Une bande de fréquences pour chaque service de télécommunications
- ✓ En téléphonie, une fréquence dans chaque sens de communication
- ✓ Une bande de fréquence pour les émissions AM : 530 - 1700 KHz
- ✓ 10 KHz : largeur de bande attribuée à une station AM
- ✓ Une bande de fréquence pour les émissions FM : 88 - 108 MHz
- ✓ 0.2 MHz ou 200 KHz : largeur de bande attribuée à une station de radio FM
- ✓ 54 - 60 MHz : bande de fréquence de la chaine 2 (télévision analogique)
- ✓ 76 - 82 MHz : bande de fréquence de la chaine 5 (télévision analogique)
- ✓ 800 MHz, 900 MHz, 1800 MHz et 1900 MHz : bandes réservées à la téléphonie cellulaire
- ✓ Diversité des usages du spectre de fréquences radioélectriques
  - o Transport maritime (SMDSM), navigation de plaisance
  - o Transport aéronautique : radionavigation
  - o Services scientifiques : météorologie, radioastronomie
  - o Télévision et radiophonie : radiodiffusion terrestre, par satellite
  - o Télécommunications : service fixe, mobiles, systèmes mondiaux par satellite, réseaux locaux

- o Réseaux de sécurité : secours, sauvegarde de la vie
- o Défense : radars, etc.,
- o Amateurs
- o Fréquences étalon et des signaux horaires[11]

Fréquences et supports de transmission

- ✓ Fréquences basses : Communications filaires sur câbles métalliques (paires torsadées, câbles coaxiaux, etc.)
  - o Cuivre : fréquences inferieures à 1MHz
- ✓ Fréquences moyennes : communications sans fil (sans support matériel)
  - o Liaisons sans fil : fréquences comprises entre des MHz et des dizaines de GHz
- ✓ Fréquences hautes : communications filaires sur fibre optique
  - o Fibre optique : fréquences supérieures à 30 GHz

Utilisation directe des fréquences radioélectriques par l'utilisateur

- ✓ Réglage d'un poste de radio sur une fréquence
  - o Radio XFM sur la fréquence 90.5 MHz
- ✓ Réglage d'un poste de télévision sur un canal (bande de fréquences)
  - o Réglage du téléviseur sur la chaine TV Excell (chaine 5 : 72 -78 MHz)
- ✓ Appel téléphonique (une fréquence pour chaque sens de communication)

Gestion des fréquences radioélectriques

Ensemble de procédures techniques et administratives permettant d'utiliser les fréquences sans brouillage préjudiciable

- ✓ Attribution
- ✓ Assignation
- ✓ Notification
- ✓ Coordination
- ✓ Contrôle
- ✓ Enregistrement[12]

Acteurs impliqués dans la gestion du spectre de fréquences radioélectriques

- ✓ Union internationale des Télécommunications (principes et méthodes de gestion)
- ✓ Organes de régulation nationaux (gestion du spectre de fréquence)
- ✓ Opérateurs de réseaux (exploitation des bandes de fréquence)
- ✓ Equipementiers (conception et développement des équipements pour l'exploitation des fréquences)

Fonctions de gestion du spectre de fréquences radioélectriques

Principales fonctions

Attribution (d'une bande de fréquences)

- ✓ Inscription dans le tableau d'attribution des bandes de fréquences, d'une bande de fréquences déterminée, aux fins de son utilisation par un ou plusieurs *services de radiocommunication* de Terre ou spatiale, ou par le *service de radioastronomie*, dans des conditions spécifiées[13]
- ✓ Répartition de la partie utilisable du spectre radioélectrique en petites bandes à attribuer en exclusivité ou en partage à des services précis de radiocommunication

Assignation (d'une fréquence ou d'un canal radioélectrique)

- ✓ Autorisation donnée par une administration pour l'utilisation par une *station* radioélectrique d›une fréquence ou d'un canal radioélectrique déterminé selon des conditions spécifiées[14]

Allotissement (d'une fréquence ou d'un canal radioélectrique)

- ✓ Inscription d'un canal donné dans un plan adopté par une conférence compétente, aux fins de son utilisation par une ou plusieurs administrations pour un *service de radiocommunication* de Terre

11 Gestion du spectre des fréquences - Outils d'aide à l'assignation des fréquences - https://www.itu.int/ITU-D/tech/events/2009/RDF_ARB/Presentations/Session7/RDF09_ARB_Presentation_IBChaabane.pdf

12 https://www.itu.int/en/itunews/Documents/2015_ITUNews05-fr.pdf

13 Le partage des fréquences – ITU – https://www.itu.int/newsarchive/press/WRC97/Sharing-the-spectrum-fr.html

14 Le partage des fréquences – ITU https://www.itu.int/newsarchive/press/WRC97/Sharing-the-spectrum-fr.html

ou spatiale, dans un ou plusieurs pays ou zones géographiques déterminés et selon des conditions spécifiées[15]

Attribution de fréquence: Réservation ou allocation de fréquences à des services de télécommunications

Assignation de fréquence : Autorisation accordée à une station radioélectrique d'utiliser une fréquence donnée

Allotissement de fréquence : Réservation ou allocation de fréquences à des zones géographiques ou pays

Différentes bandes de fréquences radioélectriques

Tableau présentant les bandes de fréquences, leurs désignations, leurs longueurs d'onde et leurs utilisations dans les télécommunications

Bande	Désignation	Longueur d'onde	Utilisation
3 – 30 KHz	Très basses fréquences	100 Km – 10 Km	Communications sous-marines, Communications port-bateau
30 – 300 KHz	Basses fréquences	10 Km – 1 Km	Grande Ondes – Radiodiffusion sonore
300 – 3000 KHz	Moyennes fréquences	1 Km – 100 m	Ondes moyennes (AM) Fréquence de détresse (500 KHz) Signaux météo
3 – 30 MHz	Hautes fréquences	100 m – 10m	Radiodiffusion ondes courtes Radio Amateurs Aviation
30 – 300 MHz	Très hautes fréquences (VHF)	10 m – 1m	Bande FM – Bandes TV hertziennes – réseaux radio professionnels- CB – réseaux privés...
300 – 3000 MHz	Ultra Hautes Frequences (UHF)	1m – 10 cm	Bandes TV – téléphonie GSM/DCS/ UMTS – Communication satellites Faisceaux hertziens
3 – 30 GHz	Super Hautes Fréquences (SHF)	10 cm – 1cm	Satellites TV Faisceaux hertziens Radar
30 – 300 GHz	Extrêmement Hautes Fréquences	1cm – 1mm	Radars Satellites
300 - 3000 GHz	Enormément Hautes Fréquences	1 mm – 1 Microm	
3 – 30 THz		Ondes centimillimétriques	
30 – 300 THz		Ondes micrométiques	
300 – 3000 THz		Ondes décimicrométriques	

15 Le partage des fréquences – ITU https://www.itu.int/newsarchive/press/WRC97/Sharing-the-spectrum-fr.html

Relation entre fréquence et vitesse

- ✓ Vitesse de propagation des ondes dans l'espace vide: vitesse de la lumière (C= 300 000 km/s)
  - o C = célérité de la lumière (Vitesse), F = fréquence et λ = longueur d'onde
  - o λ = c : f
- ✓ λ en mètres, c en mètres par seconde (m/s) et f en Hertz
- ✓ f = 100 MHz, λ = 3 mètres

Fréquences libres

Fréquences utilisées mondialement sans autorisation

- ✓ Bande des 2.4 GHz
- ✓ Bande des 5.8 GHz
- ✓ Bande des 24 GHz

Enjeux du spectre de fréquences radioélectriques

- ✓ Ressources limitées et rares
- ✓ Ressources indispensables au déploiement et aux opérations des réseaux de télécommunications

Ressource 2 : Plan de numérotation téléphonique

- ✓ Système de numérotation utilisé dans les télécommunications afin d'attribuer des numéros de téléphone suivant la provenance de l'appel téléphonique[16]
- ✓ Ressource rare constituée de l'ensemble des numéros téléphoniques permettant d'identifier les points de terminaison fixes ou mobiles de réseaux et services téléphoniques, d'acheminer des appels et d'accéder à des ressources internes aux réseaux
- ✓ Méthodes d'attribution de numéros pour la fourniture du service téléphonique

Numéros de téléphone

- ✓ Séquence de chiffres ordonnés indiquant de façon univoque le point de terminaison du réseau public
- ✓ Identification unique d'un abonné dans un réseau téléphonique
- ✓ Numéro contenant l'information nécessaire au routage des appels jusqu'au point de terminaison
- ✓ Moyen utilisé par le système de télécommunications pour desservir les abonnés
- ✓ Convivialité entre les chiffres et les systèmes de télécommunications (Identification des utilisateurs par des numéros, non par des noms)
- ✓ Unicité mondiale du numéro de téléphone grâce à l'indicatif de pays
- ✓ Ressources de l'Etat assignées aux opérateurs de téléphonie pour la fourniture du service téléphonique
- ✓ Attribution d'un numéro de téléphone à chaque abonné téléphonique par l'opérateur téléphonique pour l'accès et l'utilisation du service téléphonique

Format d'un numéro de téléphone

- ✓ *+ Indicatif pays + Indicatif Zone/Indicatif mobile+ Numéro de l'abonné*
- ✓ *Numéro de l'abonné* : 4 derniers chiffres du numéro de téléphone (identification de l'abonné)
- ✓ En Haïti : 509 + 3700 + xxxx (xxxx = numéro de l'abonné)
- ✓ *Format d'un numéro fixe en Suisse* : 41 + 2 22 234+ xxxx (xxxx = numéro de l'abonné)
- ✓ *Format d'un numéro mobile en Suisse* : 41 + 79 567+ xxxx (4 derniers chiffres du numéro = numéro de l'abonné)
- ✓ *Signe PLUS (+)* : Rappel à l'utilisateur pour l'ajout du préfixe international
- ✓ *Longueur d'un numéro de téléphone* : 15 chiffres selon la recommandation E.164 de l'UIT

Types de numéros de téléphone

- ✓ *Numéros géographiques* : numéros indiquant des zones d'un pays donné (application en téléphonie fixe seulement)
- ✓ *Numéros mobiles* : Numéros attribués à la téléphonie cellulaire pour être utilisés dans un pays donné (numéros de téléphone attribués aux abonnés cellulaires sans considération de zone d'habitation)
- ✓ *Numéros non - géographiques* : Numéros de téléphone du plan national de numérotation téléphonique attribués à une zone spécifique et destinés à recevoir seulement des appels téléphoniques

---

16 Plan de numération https://fr.wikipedia.org/wiki/Plan_de_numérotation

entrants (conçus pour les services spéciaux tels que le libre appel de type numéros verts : 1800 aux Etats - Unis d'Amérique, 0800 en France)

- ✓ *Numéros courts* : Numéros de téléphone composés de 3 ou 4 chiffres

Utilisations des numéros de téléphone courts

2 utilisations possibles

- ✓ Services d'urgence (police, ambulance, incendie....)
  - o 911 aux Etats Unis d'Amérique
- ✓ Services à la clientèle (opérateurs de téléphonie, entreprises commerciales ou institutions)
  - o Communication vocale
  - o Echange de message textuel

Numéros verts

- ✓ Numéro de téléphone permettant d'appeler une organisation ou une institution sans frais de la part de l'appelant (coût de l'appel à supporter par la partie appelée)
- ✓ Exemples de numéros verts
  - o 0800 xxx xxx en France
  - o 1800 xxx xxxx aux Etats - Unis d'Amérique

Orientations du plan de numérotation téléphonique

3 Orientations possibles

Orientation 1 : Orientation basée sur les Zones

- ✓ Attribution d'un indicatif à chaque zone (en téléphonie fixe, identification d'une zone ou d'une ville d'un pays par un indicatif téléphonique)

Orientation 2 : Orientation basée sur les opérateurs téléphoniques

- ✓ Attribution d'un indicatif téléphonique à chaque opérateur téléphonique comme moyen d'identification (Numéros commençant par 2 pour l'opérateur téléphonique X, Numéros commençant par 3 pour l'opérateur téléphonique Y, etc.)

Orientation 3 : Orientation basée sur les Services

- ✓ Attribution d'un indicatif téléphonique à chaque catégorie de service téléphonique comme moyen d'identification
- ✓ Exemples :
  - o 1 pour les services spéciaux : Urgence et assistance
  - o 2 pour le service téléphonique fixe
  - o 3 et 4 pour le service téléphonique cellulaire
  - o 8 pour services à valeur ajoutée et les numéros verts, et 9 pour la téléphonie sur IP (VoIP)

Indicatifs pays

- ✓ Moyen d'identifier un pays et d'acheminer des appels et messages
- ✓ Indicatif pays (code pays) : 2 ou 3 chiffres
- ✓ Indicatif pays avec 2 chiffres : 33 (France), 41 (Suisse), 86 (Chine), 27 (Afrique du Sud)
- ✓ Indicatif pays avec 3 chiffres : 509 (Haïti), 250 (Rwanda), 256 (Uganda), 351 (Portugal), 420 (République Tchèque)

Préfixe international de numéro de téléphone

- ✓ Moyen d'indiquer au réseau de télécommunications la destination internationale de l'appel téléphonique
- ✓ Moyen de distinguer les appels internationaux des appels nationaux
- ✓ Préfixe international : 2 ou 3 chiffres
- ✓ Préfixe international avec 2 chiffres : 00
- ✓ Préfixe international avec 3 chiffres : 001 ou 011

Plan de numérotation mondial

- ✓ 9 zones de numérotation définies à travers le monde
- ✓ Pays de la zone 1 (Etats Unis, Canada et quelques pays de la Caraïbe)

4 particularités dans la zone 1

Particularité 1

- ✓ **1** : Indicatif de pays pour les Etats Unis d'Amérique et le Canada
  - o USA, Canada : exploitation d'indicatif de région (pas un indicatif pays traditionnel)

- o + 1 indicatif de région (3 chiffres) + numéro de téléphone (7 chiffres)
- o + 1 305 + xxx xxxx (Miami, Florida)
- o +1 301 + xxx xxxx (Maryland)
- o +1 514 + xxx xxxx (Quebec)

Particularité 2

✓ Pays de la zone 1 ayant des indicatifs différents pour les numéros de téléphone fixe et mobile

✓ Exemple : République dominicaine

- o Indicatifs de pays pour les numéros de téléphone fixe : 809 et 829
- o Indicatif de pays pour les numéros de téléphone mobile : 849

Particularité 3

✓ Chiffre 1 : rappel aux utilisateurs concernant la zone de destination (zone 1) de l'appel ou du SMS/MMS (Zone 1)

Particularité 4

✓ Utilisation des chiffres 2, 3, 4, 5, 6, 7, 8 et 9 comme premiers chiffres dans les indicatifs de la zone 1 et différenciation établie par le chiffre 1

Pays du monde (9 zones) et leurs indicatifs téléphoniques

Zone 1

Indicatifs	Pays	Indicatifs	Pays
+1	Etats Unis d'Amérique	+1 (340)	Iles Vierges des Etats Unis
+1	Canada	+1 (345)	Iles Caïmans
+1 (242)	Bahamas	+1(441)	Bermudes
+1 (246)	Barbade	+1(473)	Cariacou (Grenadines)
+1 (264)	Anguilla	+1 (649)	Iles turcs et Caicos
+1 (268)	Antigua et Barbade	+1 (664)	Montserrat
+1 (284)	British Virgin Island	+ 1 (670)	Iles Mariannes du Nord
+1 (671)	Guam	+1 (684)	American Samoa
+1 (721)	Saint Maarten	+1 (758)	Sainte Lucie
+1 (767)	Dominique	+1 (784)	Saint Vincent et les Grenadines
+1 (787)	Porto Rico	+1 (809)	République dominicaine
+1 (829)	République dominicaine	+1 (849)	République dominicaine
+1 (868)	Trinidad and Tobago	+1 (869)	Saint – Christophe – et – Nieves (Saint Kitts and Nevis)
+1 (876)	Jamaïque	+1 (939)	Porto Rico

Zone 2 (pays africains et quelques pays d'autres continents)

Indicatifs	Pays	Indicatifs	Pays
+20	Egypte	+211	Soudan du Sud
+212	Maroc	+213	Algérie
+216	Tunisie	+218	Libye
+220	Gambie	+221	Sénégal
+222	Mauritanie	+223	Mali
+224	Guinée	+225	Cote d'Ivoire
+226	Burkina Faso	+227	Niger

+228	République togolaise	+229	Benin
+230	Maurice	+231	Liberia
+232	Sierra Leone	+233	Ghana
+234	Nigeria	+235	Chad
+236	République Centre Africaine	+237	Cameroun
+238	Cap -vert	+239	Sao Tomé – et- Principe
+240	Guinée équatoriale	+241	Gabon
+242	Congo (Brazzaville)	+243	Congo (Kinshasa)
+244	Angola	+245	Guinée Bissau
+246	Diego-Garcia	+247	Ascension
+248	Seychelles	+249	Soudan
+250	Rwanda	+251	Ethiopie
+252	Somalie	+253	Djibouti
+254	Kenya	+255	Tanzanie
+256	Uganda	+257	Burundi
+258	Mozambique	+260	Zambie
+261	Madagascar	+262	Mayotte et Réunion
+263	Zimbabwe	+264	Namibie
+265	Malawi	+266	Lesotho
+267	Botswana	+268	Swaziland
+269	Comores	+27	Afrique du Sud
+291	Ste Helene et Tristan da Cunha	+292	Eritrea
+297	Aruba	+298	Iles Féroé
+299	Groenland		

Zone 3

Indicatif commençant par le chiffre 3

Indicatifs	Pays	Indicatifs	Pays
+30	Grèce	+31	Pays bas
+32	Belgique	+33	France
+34	Espagne	+350	Gibraltar
+351	Portugal	+352	Luxembourg
+353	Ireland	+354	Islande
+355	Albanie	+356	Malte
+357	Chypre	+358	Finlande
+358	Bulgarie	+36	Hongrie
+370	Lituanie	+371	Lettonie
+372	Estonie	+373	Moldavie

+374	Arménie	+375	Belarus
+376	Andorre	+377	Monaco
+378	San Marino	+379	Cité du Vatican
+380	Ukraine	+381	Serbie
+382	Monténégro	+385	Croatie
+386	Slovénie	+387	Bosnie-Herzégovine
+389	Macédoine	+39	Italie

Zone 4 (autres pays européens)

Indicatifs	Pays	Indicatifs	Pays
+40	Roumanie	+41	Suisse
+420	République Tchèque	+421	Slovaquie
+423	Liechtenstein	+43	Autriche
+44	Royaume Uni	+45	Danemark
+46	Suède	+47	Norvège
+48	Pologne	+49	Allemagne

Zone 5

Indicatif commençant par le chiffre 5

Indicatifs	Pays	Indicatifs	Pays
+500	Iles malouines	+501	Belize
+502	Guatemala	+503	El Salvador
+504	Honduras	+505	Nicaragua
+506	Costa Rica	+507	Panama
+508	St Pierre and Miquelon	+509	Haïti
+51	Pérou	+52	Mexico
+53	Cuba	+54	Argentine
+55	Brésil	+56	Chili
+57	Colombie	+58	Venezuela
+590	Guadeloupe	+591	Bolivie
+592	Guyane	+593	Equateur
+594	Guyane française	+595	Paraguay
+596	Martinique	+597	Surinam
+598	Uruguay	+599	Bonaire, Saba, Curaçao, Saint Eustache

Zone 6 (pays de l'Océanie et du Pacifique du Sud)

Indicatif commençant par le chiffre 6

Indicatifs	Pays	Indicatifs	Pays
+60	Malaisie	+61	Australie
+62	Indonésie	+63	Philippines
+64	Nouvelle Zélande	+65	Singapour
+66	Thaïlande	+670	Timor Est
+672	Territoires extérieurs de l'Italie	+673	Brunei Darussalam
+674	Nauru	+675	Papua Nouvelle Guinée
+676	Tonga	+677	Iles Salomon
+678	Vanuatu	+679	Iles Fidji
+680	Palau	+681	Wallis - et- Futuna
+682	Iles Cook	+683	Niue
+685	Samoa	+686	Iles Gilbert (Kiribati)
+687	Nouvelle Calédonie	+688	Tuvalu
+689	Polynésie française	+690	Tokelau
+691	Micronésie	+692	Iles Marhalls

Zone 7 formée de la Russie et des pays voisins (ancien USSR)

Indicatif commençant par le chiffre 7

Indicatifs	Pays	Indicatifs	Pays
+7	Kazakhstan	+7	Russie

NB : Partage de l'indicatif +7 entre la Russie et le Kazakhstan

Possible assignation dans le futur des indicatifs +990, +997 et +999 au Kazakhstan

Zone 8 (Asie de l'Est et services spéciaux)

Indicatif commençant par le chiffre 8

Indicatifs	Pays	Indicatifs	Pays
+81	Japon	+82	Corée du Sud
+84	Vietnam	+851	Corée du Nord
+852	Hong Kong	+853	Macao
+855	Cambodge	+856	Laos
+86	China	+880	Bangladesh
+886	Taiwan		

Services spéciaux exploitant le chiffre 8

Des numéros réservés à des services spéciaux

Indicatifs	Services	Indicatifs	Services
+800	International Freephone	+808	Services à frais partagé
+870	Inmarsat « SNAC » Service	+871	Inmarsat (Atlantic East)
+872	Inmarsat (Pacifique)	+873	Inmarsat (Indien)
+874	Inmarsat (Atlantic West)	+878	Universal personal telecommunications
+881	Système satellite mobile global	+882	Réseaux internationaux
+883	Réseaux internationaux	+888	Télécommunications pour les secours en cas d'urgence

Inmarsat (International Maritime Satellite Organization) : société du secteur des télécommunications spécialisée dans la fourniture du service de téléphonie mobile par satellite

Zone 9 formée de pays de l'Asie de l'Ouest et du Sud, du Moyen Orient

Indicatif commençant par le chiffre 9

Indicatifs	Pays	Indicatifs	Pays
+90	Turquie	+91	Inde
+92	Pakistan	+93	Afghanistan
+94	Sri Lanka	+95	Birmanie (Myanmar)
+960	Maldives	+961	Liban
+962	Jordanie	+963	Syrie
+964	Iraq	+965	Koweït
+966	Arabie Saoudite	+967	Yémen
+968	Oman	+970	Palestine
+971	Emirats Arabes unis	+972	Israël
+973	Bahreïn	+974	Qatar
+975	Bhutan	+976	Mongolie
+977	Népal	+98	Iran
+992	Tadjikistan	+993	Turkménistan
+994	Azerbaïdjan	+995	Géorgie
+996	République du Kirghizistan	+998	Ouzbékistan

Source : World telephone numbering guide- www.wtng.info

COMPOSITION D'UN NUMÉRO DE TÉLÉPHONE INTERNATIONAL (APPEL INTERNATIONAL)

- ✓ Préfixe international + Indicatif pays+ indicatif zone ou indicatif mobile + numéro de l'abonné
- ✓ Appel vers un pays quelconque : 3 cas possibles
  - o 00 + indicatif pays + numéro de téléphone
  - o 001 + indicatif pays+ numéro de téléphone
  - o 011 + indicatif + numéro de téléphone

Pays de la Zone 1 vers pays des zones (2, 3, 4, 5, 6, 7, 8, 9)

- ✓ Zone 1 vers le reste du monde (zones : 2, 3, 4, 5, 6, 7,8, 9) : 011 + indicatif de pays+ indicatif de zone/ indicatif mobile+ numéro de l'abonné
- ✓ Exemples : Un appel des Etats – Unis vers la Suisse : 011+ 41+ reste du numéro de téléphone
- ✓ Un appel du Canada vers le Gabon : 011+241+ reste du numéro de téléphone
- ✓ Un appel de la Jamaïque vers le Japon : 011+81+ reste du numéro de téléphone

Zones (2, 3, 4, 5, 6, 7, 8, 9) vers zone 1

- ✓ Reste du monde (Zone 2 à Zone 9) vers zone 1 : 001 + indicatif de pays+ indicatif de zone/indicatif mobile+ numéro de l'abonné
- ✓ Exemples : Un appel de France vers les Etats Unis d'Amérique
  - o 001+ 305....... (pour un appel vers Miami, Florida)
  - o Un appel du Mali vers Porto Rico : 001 + 787+ reste du numéro de téléphone
  - o Un appel de l'Indonésie vers le Bahamas : 011 + 242 + reste du numéro de téléphone
  - o Un appel d'Haïti vers la République dominicaine : 001+ 809 + reste du numéro de téléphone ou 001 + 829 + reste du numéro de téléphone ou 001+ 849 + reste du numéro de téléphone

Zones (2, 3, 4, 5, 6, 7, 8, 9) vers pays des zones (2, 3, 4, 5, 6, 7, 8, 9)

- ✓ Pays des zones (2, 3, 4, 5, 6, 7, 8, 9) vers pays des zones (2, 3, 4, 5, 6, 7, 8, 9) : 00 + indicatif de pays+ numéro de l'abonné
- ✓ Exemples
  - o Un appel de l'Allemagne (zone 4) vers l'Inde (zone 9) : 00 + 91+ Numéro de l'abonné
  - o Un appel de la Malaisie (zone 6) vers la Corée du Sud (zone 8) : 00 + 82+ Numéro de l'abonné
  - o Un appel de la Russie (zone 7) vers le Panama (zone 5) : 00 + 507+ Numéro de l'abonné
  - o Un appel du Burundi (zone 2) vers la Suède (zone 4) : 00 + 46 + Numéro de l'abonné

Format d'un numéro de téléphone satellitaire

- ✓ Préfixe du satellite + numéro du téléphone satellitaire (8 ou 9 chiffres)
- ✓ Exemples
  - o 88+ 8 chiffres (Iridium)
  - o 870 + 9 chiffres (Inmarsat)
  - o 882 16 + 8 chiffres (Thuraya)
  - o *8818 + 8 chiffres* (Globalstar)
  - o 8819 + 8 chiffres (Globalstar)

Appel d'une ligne téléphonique terrestre (fixe ou mobile) depuis zone 1 vers un téléphone satellitaire (quelle que soit la position géographique du satellite)

011+ préfixe satellite + numéro téléphone satellitaire

Exemple : Un appel depuis les Etats Unis d'Amérique vers les téléphones satellite

- o 011+8816+numéro téléphone satellitaire (Iridium)
- o 011 +870 +numéro téléphone satellitaire (Inmarsat)
- o 011 +88216+numéro téléphone satellitaire (Thuraya)

Appel d'une ligne téléphonique terrestre (fixe ou mobile) depuis les zones (2 jusqu'à 9) vers un téléphone satellitaire (quelle que soit la position géographique du satellite)

00 + préfixe satellite + numéro téléphone satellitaire

Exemple : Un appel depuis n'importe quel pays, exceptée zone 1

- 00 + 88 16 + numéro téléphone satellitaire (Iridium)
- 00 + 870 + numéro téléphone satellitaire (Inmarsat)
- 00 + 882 18 + numéro téléphone satellitaire (Thuraya)

Appel depuis un téléphone satellitaire vers une ligne téléphonique terrestre (fixe ou mobile) de la zone 1 (quelle que soit la position géographique du satellite)

001+ indicatif de pays (indicatif de région pour les USA) + numéro du téléphone

001 + 305 + numéro du téléphone (Un appel d'un téléphone satellitaire à destination d'un téléphone basé à Miami, en Floride, USA)

001 + 876 + numéro du téléphone (Un appel d'un téléphone satellitaire à destination d'un téléphone basé en Jamaïque)

Appel depuis un téléphone satellitaire satellite vers une ligne téléphonique terrestre (fixe ou mobile) des zones (2 jusqu'à 9) (quelle que soit la position géographique du satellite)

- 00 + indicatif de pays +numéro de téléphone
- 00 + 33 + numéro de téléphone (vers la France)
- 00 + 509 + numéro de téléphone (vers Haïti)
- 00 + 44 + numéro de téléphone (vers le Royaume Uni)
- 00 + 86 + numéro de téléphone (vers la Chine)

Appel d'un téléphone satellitaire vers un autre téléphone satellitaire (quelle que soit la position géographique du satellite)

Un appel d'un téléphone satellite Iridium vers un téléphone satellite Iridium

- 00 + préfixe satellite + numéro du téléphone
- 00 + 88 16 + numéro du téléphone

Ressource 3 : Domaine Internet (extension de domaine)

- ✓ Identification d'un pays sur Internet
- ✓ Domaine Internet de pays : code internet de pays, indicatif Internet de pays ou extension nationale

But du nom de domaine

- ✓ Faciliter l'accès au site web à l'utilisateur

Exemple : 17. 123. 6.239 (adresse correspondant au nom de domaine du site web « www.ht.com »)

Domaine de pays (extension de nom de domaine)

- ✓ Indicatif ou code composé de **2 lettres** pour identifier un pays sur Internet (de la même manière qu'un indicatif téléphonique de pays)
- ✓ Suffixe à la fin de l'adresse d'un site web (www. Primature.ht, www. rfi.fr)
- ✓ Extension de pays: indicatif attaché aux sites web et adresses électroniques relevant d'un pays donné
- ✓ Extension nationale correspondant au code ISO 3166
- ✓ Extension de premier niveau associé à un pays
- ✓ Moyen d'identification des citoyens, entreprises et institutions de chaque pays
- ✓ Extension de pays: référencement des adresses Internet et accès facile aux sites web nationaux
- ✓ Exemples:
  - fr (France), ch (Suisse), ht (Haïti), uk (Royaume Uni), us (Etats Unis d'Amérique), ca (Canada), ci (Cote d'Ivoire), ga (Gabon), jp (Japon), cn (Chine), au (Australie)

Autres domaines

Noms de domaines exploités pour les autres champs d'activités

- ✓ .com (organisations commerciales)
- ✓ .org (organisation à but non lucratif)
- ✓ .net (grands réseaux)
- ✓ .gouv (organisation gouvernementale)

- ✓ .edu (éducation)
- ✓ .mil (Institution militaire)
- ✓ .int (institutions internationales)

Ressource 4 : Points hauts

- ✓ Espace géographique très élevé exploité pour la transmission d'ondes électromagnétiques
- ✓ Espace géographique utilisé pour l'implantation de sites de transmission (émission et réception)

2 conditions fondamentales d'un point haut

- ✓ Hauteur : Possibilité de disposer d'une altitude offrant une grande visibilité
- ✓ Accessibilité : possibilité de frayer une voie d'accès pour installer, maintenir et fournir l'énergie électrique aux équipements de transmission

Ressource 5 : Infrastructures existantes

- ✓ Infrastructure déjà déployée et susceptible d'être exploitée par un opérateur de télécommunications
- ✓ Exemples
  - o Réseau électrique pour l'exploitation de la technologie « courant porteur en ligne »
  - o Tour de télécommunications (pour l'installation des équipements radioélectriques : émetteur - récepteur, antennes, etc.)
  - o Réseau de transmission en câble

Ressource 6 : Adresse IP

- ✓ IP : Internet Protocol (Protocole Internet)
- ✓ Adresse identifiant un terminal raccordé au réseau internet
- ✓ Quantité d'IP = Quantité de terminaux connectés à Internet
- ✓ Adresse IP : Quatre groupes de nombres séparés par des points
- ✓ Exemple IPv4 (IP version 4) : 17.223.125. 86
- ✓ Chaque groupe : un nombre compris entre 0 et 255
- ✓ IPv4: 4 294 967 296 adresses IP
- ✓ IPv4 : Système d'adresse IP à 32 bits
- ✓ IPv4 : épuisement des adresses
- ✓ Transition vers IPV6 pour plus d'adresses IP
- ✓ Format de l'IP V6 : 8 groupes de 4 chiffres hexadécimaux
- ✓ Exemple IPV6 : 2001 : 0660: 7401: 0200: 0000: 0000: 0edf: bdd7
- ✓ IPv6 : système d'adresse IP à 128 bits
- ✓ IPV6 : 3.4×10^{38} adresses IP
- ✓ IPV6 : 3.4×10^{38} terminaux connectés à Internet

Fonctions de l'adresse IP

- ✓ Identification unique de chaque ordinateur ou autres terminaux connectés à Internet
- ✓ Protocole nécessaire à tout échange via Internet (communication entre la machine connectée et d'autres ordinateurs connectés)
- ✓ Transmission et réception de données
- ✓ Adressage des paquets transmis via Internet
- ✓ Assemblage et désassemblage des paquets au cours de la transmission
- ✓ Livraison des paquets

Ressource 7 : Positions orbitales

- ✓ Trajectoire destinée à recevoir un satellite de télécommunications (géostationnaires ou non)
- ✓ Position nécessaire au placement d'un satellite artificiel dans l'espace
- ✓ Orbite géostationnaire ou géosynchrone : 35876 km par rapport à la terre
- ✓ Orbites basses: 180 - 400 Km (LEO), 400 - 1000 Km (MEO), 400 - 900 Km (orbite heliosynchrone)
- ✓ Position de l'orbite : détermination de la couverture du signal radioélectrique
- ✓ Nombre d'orbites disponibles limité
- ✓ Applications à soumettre à l'UIT pour l'allocation de position orbitale et la concession pour toutes les juridictions à desservir)

Ressources utilisées pour l'établissement d'une communication électronique

Utilisation de plusieurs ressources pour établir une communication électronique

Nombre de ressources utilisées liées au type de service fourni

- ✓ Ressources de télécommunications (émetteurs, récepteurs, terminaux, antennes, lignes de transmission, commutateurs, etc.)
- ✓ Ressources informatiques (Matériels informatiques, logiciels, base de données, serveurs, routeurs, passerelles, etc.)
- ✓ Ressources énergétiques (Courant de ville, génératrices, système de secours, etc.)
- ✓ Logistique pour les équipements (Bâtiments, climatisation)

CHAPITRE 2

ENVIRONNEMENT DES TELECOMMUNICATIONS ET DES TIC

PRINCIPALES VARIABLES DE L'ENVIRONNEMENT DES TÉLÉCOMMUNICATIONS/TIC

- ✓ Variable technologique
  - o Technologies : Base des services de télécommunications
  - o Technologies : Pilier et levier de développement des télécommunications
  - o Investissements énormes à consentir pour exploiter les dernières technologies
- ✓ Variable juridique
  - o Encadrement juridique du secteur
  - o Provision légale pour la fourniture des services
  - o Impacts des décisions légales sur le secteur
- ✓ Variable économique
  - o Deuxième économie du monde après le pétrole
  - o Définition de modèles économiques pour le secteur des télécommunications
  - o Réflexion des dépenses des opérations sur le coût des services
  - o Coût du déploiement des infrastructures dans les zones rurales
- ✓ Variable sociale
  - o Accès limité dans les zones rurales
  - o Nécessité d'offre de package pour les communications multimédia
  - o Ruée vers les transactions en ligne
- ✓ Variable politique
  - o Instrument de contrôle de l'Etat
  - o Orientation de régulation de l'Etat
- ✓ Variable environnementale
  - o Impact des facteurs environnementaux sur la fourniture des services
  - o Adaptation des technologies au changement climatique.

Activités des Télécommunications

- ✓ Établissement et/ou exploitation de réseaux et services de communications électroniques
- ✓ Fabrication, importation et exportation d'équipements de télécommunications
- ✓ Publicité et vente d'équipements de télécommunications
- ✓ Utilisation et installation d'équipements de télécommunications[17]

Acteurs du secteur des télécommunications

- ✓ Consommateurs
  - o Utilisateurs ou usagers des services de télécommunications
  - o Exemples : abonnés téléphoniques, auditeurs, téléspectateurs, Internautes. Entreprises et institutions
- ✓ Opérateurs de radiodiffusion
  - o Opérateurs détenant une licence pour la fourniture de services de radiodiffusion
  - o Exemples : Stations de radiodiffusion sonore et télévisuelle
- ✓ Opérateurs de télévision par câble
  - o Entreprises détenant une licence pour la fourniture du service de télévision par Câble
  - o Exemples : Telenet, Numericable, Comcast, Videotron, Rogers Cable, Cox Communication, Time Warner Cable, Virgin Media
- ✓ Opérateurs de téléphonie
  - o Opérateurs détenant une licence pour la fourniture de services de téléphonie
  - o Exemples : T- Mobile, Vodafone, British Telecom, Deutsche Telecom, France Telecom, NTT, Telefonica, Verizon British telecom, Digicel
- ✓ Fournisseur de service de réseau
  - o Entreprise mettant à la disposition des fournisseurs de service le réseau d'accès et la bande passante

17 Code Des Télécommunications http://www.juristeconsult.net/ministere_justice/?code=code_20160525201037

- Exemples : Infrastructure de Réseau téléphonique déployée pour desservir des opérateurs de services téléphoniques
- Réseau de transmission de données à haut débit pour les fournisseurs d'accès à Internet

✓ Opérateur de réseau mobile virtuel

- Entreprise détenant une licence pour la fourniture de service de téléphonie mobile supporté par les infrastructures d'un opérateur de réseau
- Exemples : Lebara, Lycamobile, Mobistar, Ortel Mobile

✓ Fournisseurs d'accès à Internet

- Entreprises détenant une licence pour la fourniture d'accès à l'Internet
- Exemples : Cox Communications, Odynet, Teleconnect, Free, Fastweb

✓ Opérateurs de satellites de télécommunications

- Entreprises fournissant des services de liaisons par satellite
- Exemples : Intelsat, Arabsat, Eutelsat

✓ Opérateurs de services de télécommunications par satellite

- Entreprises détenant une licence pour la fourniture de services de télécommunications par satellite
- Exemples : Iridium, Globalstar, Inmarsat, Thuraya, ACeS

✓ Opérateurs de télévision par satellite

- Entreprises détenant une licence pour la fourniture de services de télévision par satellite
- Examples : Canalsat, DirecTV, Dish Network, BSkyB

✓ Opérateur de station terrienne

- Entreprise spécialisée dans l'établissement de connexions avec les satellites de télécommunications

✓ Opérateur de câble optique

- Entreprise détenant une licence pour le déploiement de câble optique destiné au transport des services de télécommunications
- Exemples : Telcité, Ariège Telecom, Inolia

✓ Opérateurs de transport (carriers)

- Entreprise spécialisée dans le transport de trafic téléphonique entre deux opérateurs téléphoniques
- Exemples ; Verizon, T- Mobile, AT&T, Sprint

✓ Equipementiers ou fabricants ou constructeurs d'équipements de télécommunications

- Entreprises spécialisées dans la fabrication d'équipements de télécommunications de toutes sortes (équipements de transmission, commutation et terminaux)
- Exemples : Alcatel –Lucent, Motorola, Nokia, LG, Sony, Fujitsu, Ericsson, Nortel, ZTE, Samsung, Apple (équipements terminaux)
- Exemples : Cisco, Lucent, Motorola (équipement de communication)
- Exemples : Huawei, ZTE, Ericsson (équipements de transmission)
- Exemples : Cisco., Huawei, Nokia, Alcatel – Lucent, ZTE (équipements de commutation)
- Exemples : Cisco, Nortel, 3com, Nokia Siemens, Alcatel Lucent, Ericsson, Huawei (équipements de réseau)
- Exemples : Motorola, Qualcomm, Sony, NEC, COMCAST, Boeing, Lockheed- Martin, EADS –Astrium, Thalès Alena Space, Loral (équipements de communication sans fil et de satellite)
- Exemples : Hewlett – Packard, Cisco (équipements de réseau informatique)

✓ Agences de normalisation

- Institutions spécialisées dans la conception et la développement de normes pour le secteur des télécommunications
- Exemples : IEEE, ETSI, ISO, UIT

✓ Régulateurs

- o Autorités chargées de la régulation du secteur des télécommunications
- o Exemples : Federal Communication Commission (USA), ARCEP (France), CONATEL (Haïti), INDOTEL (République Dominicaine)

✓ Développeurs de logiciels et d'applications (pour Fournisseurs de services et grand public)

- o Entreprises concevant et développant des logiciels et applications spécialisées pour le marché
- o Exemples : Microsoft, Apple, IBM, Google

✓ Editeurs de contenu

- o Entreprise spécialisée dans l'édition de contenus multimédia destinés à la diffusion par les opérateurs de télévision de toutes sortes
- o Exemples : France Télévision, TF1, Canal +, M6, Radio France

✓ Fournisseurs de service de réseau

- o Entreprise offrant un réseau de transmission de données à haut débit à des fournisseurs de services Internet ou à d'autres entreprises ayant besoin d'une liaison rapide entre leur réseau et Internet[18]
- o Exemples : (RTPC, opérateur mobile, opérateur de câble (ATT, Comcast, Verizon, DirectTV)

✓ Fabricants de semi-conducteurs (Résistances, Capacités, diodes, transistors)

- o Entreprise spécialisée dans la fabrication de semi-conducteurs
- o Exemples: Texas instruments, Qualcomm broadcom, STMicroelectronics

✓ Fournisseurs de systèmes d'exploitation

- o Entreprises spécialisées dans la conception et le développement de systèmes d'exploitation pour ordinateurs, tablettes, téléphones cellulaires
- o Microsoft Corporation, Intel corporation, IBM, Oracle, Google

✓ Fournisseur d'Informatique en nuage

- o Entreprise spécialisée dans la fourniture du service d'informatique en nuage (Service de stockage et calcul à distance)
- o Google, Oracle, IBM, HP, Amazon, Microsoft

✓ Fournisseurs de services utilitaires (vente de services temps réel orientés sur des applications)

- o Entreprise spécialisée dans la fourniture de services en temps réel
- o Exemples : Messagerie instantanée d'AOL et Microsoft
- o Vidéoconférence et visioconférence

✓ Fournisseurs d'électronique grand public

- o Entreprise fabricant des équipements électroniques destinés à l'usage par le grand public
- o Exemples : Motorola, LG, Samsung, Nokia, ZTE, Apple (Appareils portatifs)
- o Exemples : Polycom (terminaux de vidéoconférence)
- o Exemples : Microsoft et Sony (terminaux de jeu vidéo)
- o Exemples: Acer, Apple, Dell, HP ou Toshiba (micro -ordinateurs)
- o Exemples : Panasonic, Sharp ou Sony (lecteurs MP3, appareils photos numériques et récepteurs de télévision)

✓ Fournisseur d'applications en ligne (Fournisseur de services d'application ou fournisseur d'applications hébergées)

- o Entreprise fournissant des logiciels ou services informatiques aux clients au travers d'un réseau (Internet en général)
- o Exemples: Hotmail, Yahoo Mail, Gmail, Google Spreadsheet, Google Docs, Free Online Logo Makers[19]

✓ Fournisseurs de services (Plateformes de services et intermédiaires)

- o Entreprise fournissant des services à travers les réseaux des opérateurs

18 Bibliothèque virtuelle – https://www.oqlf.gouv.qc.ca/ressources/bibliotheque/dictionnaires/Internet/fiches/8359313.html

19 Fournisseur de services d'applications – https://fr.wikipedia.org/wiki/Fournisseur_de_services_d'applications

- o Exemples : Des moteurs de recherche (Google ou Yahoo)
  - Des suites de services (Googlemaps, gmail, Flicker...)
  - De la vente en ligne (Amazon, eBay, Expedia, ventesprivées.com...)
  - Des réseaux sociaux (Facebook, Twitter, Instagram)[20]

✓ Producteurs de contenus numériques

- o Entreprise spécialisée dans la production de contenus numériques
- o Exemples : informations textuelles, images, musique et films, contenus autoproduits
- o Exemples de producteurs : Time Warner, Walt Disney
- o Producteurs individuels : utilisateurs des réseaux sociaux, blogs

Organisation du secteur des Télécommunications et Fonctions du secteur

3 *Niveaux d'organisation*

1- **Mission politique**

✓ Politique définie par le gouvernement et le parlement

✓ Gouvernance du secteur des télécommunications

✓ Définition de la vision et des orientations stratégiques du secteur

- o Proposition de loi sur les télécommunications
- o Approbation de loi sur les télécommunications

2- **Mission de régulation**

✓ Régulation exercée par une autorité nationale de régulation des Télécommunications

3- **Mission d'opération ou d'exploitation**

✓ Exploitation axée sur les services directs fournis par les fournisseurs (Opérateurs de télécommunications, de radiodiffusion, Fournisseurs d'accès à Internet, opérateurs de satellite, etc.)

20 Les opérateurs de réseaux dans l'économie numérique – Lignes de force, enjeux et dynamiques

Politique des télécommunications

✓ Rôles des Telecom/TIC dans l'économie et la société

✓ Recherche d'Equilibre entre intérêt public et privé à travers une régulation locale, régionale, nationale et internationale d'une variété croissante de technologies de communication

✓ Processus politique dynamique de distribution des coûts et des bénéfices à travers tous ces sous – secteurs des télécommunications

Objectifs de la politique des télécommunications

✓ Régulation

✓ Fonctionnement efficient du secteur

✓ Développement du secteur des télécommunications

✓ Création d'un environnement propice à la concurrence dans le secteur

Axes d'intervention de la politique des Télécommunications

✓ Gestion des ressources de l'Etat utilisées dans les télécommunications

✓ Régulation économique et technique

✓ Télécommunications internationales

✓ Protection des intérêts de l'Etat, des opérateurs et des consommateurs

✓ Gouvernance du secteur des Télécoms/TIC

✓ Entreprenariat dans le secteur des Télécoms/TIC

✓ Innovation dans le secteur des Télécoms/TIC

Eléments de la politique des télécommunications

✓ Elaboration de politiques

✓ Lois sur les Télécoms/TIC

✓ Recommandations

✓ Règlements sur les services de télécommunications

Acteurs de la politique des télécommunications

✓ Gouvernement

✓ Parlement

✓ Ministère des TIC

- ✓ Agence de régulation
- ✓ Opérateurs et fournisseurs de services
- ✓ Société civile et association de consommateurs

Eléments de la politique des télécommunications

- ✓ Politique d'encadrement de l'industrie
  - o Promotion de la concurrence et l'innovation
  - o Promotion de l'accès universel et abordable aux services de télécommunications
  - o Elaboration de politiques
  - o Application de politiques
- ✓ Politique d'encadrement de la règlementation
  - o Adaptation du cadre règlementaire aux progrès technologiques
- ✓ Politique des télécommunications internationales
  - o Négociation d'accords bilatéraux et multilatéraux[21]

Divisions du secteur des télécommunications

- ✓ Télécommunications (téléphonie, radiotéléphonie, télégraphie, etc.)
- ✓ Radiodiffusion sonore et télévisuelle
- ✓ Transmission de données (Transmission de données et Internet)

Puissance publique de l'Etat et Télécommunications

- ✓ Télécommunications : Elément de la puissance publique de l'Etat
- ✓ Télécommunications : Moyen utilisé par l'Etat pour assurer la sécurité des vies et du territoire national
- ✓ Rôles de l'Etat dans la fourniture des services de télécommunications aux citoyens (comme les services de base payants tels que : Eau potable, énergie, transport, services postaux, etc.)
- ✓ Contrôle de toutes activités de télécommunications sur le territoire national
- ✓ Contrôle des signaux radioélectriques au-delà des frontières du pays (contrôle du niveau de puissance rayonnée dans les territoires voisins pour la réduction de risque d'interférence radioélectrique avec d'autres systèmes de télécommunications en opération dans le pays voisin et la prévention de commerce illicite)
- ✓ Régulation des Communications électroniques internationales : Trafic international de télécommunications (téléphonie), accès à Internet à travers une connexion internationale, diffusion de programmes radio et de télévision au-delà des frontières
- ✓ Autorisation nécessaire à l'exercice de toute activité de télécommunications
- ✓ Gestion des Ressources de l'Etat exploitées pour la fourniture des services de télécommunications
- ✓ Exploitation du secteur des télécommunications par l'Etat (Etat : premier opérateur de télécommunications)
- ✓ Exploitation de signaux de télécommunications sur le territoire d'un pays (Contrôle des activités de télécommunications sur le territoire)

Monopole sur le secteur des Télécommunications

- ✓ Monopole de fait de l'Etat sur le secteur des Télécommunications
- ✓ Monopole accordé à l'Etat par la loi sur le secteur des Télécommunications
- ✓ Exemple: Opérateur historique : Propriété de l'Etat
  - o Premier opérateur de télécommunications dans un pays

Ecosystème des télécommunications

Différents éléments de l'écosystème

1.- Gouvernance des télécommunications

- ✓ Mission politique
- ✓ Régulation

2.- Indicateurs des télécommunications

- ✓ Services
  - o Radiodiffusion (sonore et télévisuelle)

21 Politique des télécommunications https://www.ic.gc.ca/eic/site/693.nsf/fra/h_00015.html

- o Téléphonie (téléphonie fixe et téléphonie cellulaire)
- o Internet (fixe et mobile)

3.- Technologies des télécommunications

- ✓ Système analogique et NTSC/DVB-S/DVB-T (Radiodiffusion sonore et télévisuelle)
- ✓ GSM/2G, GPRS, EDGE, 3G, 4G (Teléphonie mobile)
- ✓ Wimax, 4G (Internet)

4.- Infrastructure des télécommunications

- ✓ Réseau de transmission national en Fibre optique ou liaisons micro -ondes (Téléphonie et Internet)
- ✓ Accès international (câble sous –marin, liaison par satellite pour la téléphonie et l'Internet)
- ✓ Station de radiodiffusion sonore et télévisuelle en ondes claires, systèmes de TV en ondes brouillées, par câble et par satellite

5.- Pénétration des services

- ✓ Couverture du territoire par ondes radioélectriques ou taux de déploiement des câbles optiques
- ✓ Pourcentage de la population utilisant les services de télécommunications
  - o Pourcentage d'auditeurs et de téléspectateurs
  - o Pourcentage d'abonnés téléphoniques
  - o Pourcentage d'Internautes

6.- Opérateurs de télécommunications

- ✓ Opérateurs de téléphonie, opérateurs virtuels, opérateurs de réseaux, de transmission de données, opérateurs de transport
- ✓ Fournisseurs d'accès à Internet
- ✓ Operateurs de radiodiffusion

7.- Chantiers en cours dans le monde

- ✓ Transition vers la Télévision numérique
- ✓ Transition de IPV4 vers IPV6
- ✓ Développement de la 5G

Présentation de l'Union Internationale des Télécommunications (UIT)

- ✓ Institution spécialisée des Nations Unies pour les Télécommunications et Technologies de l'Information et de la Communication
- ✓ Organisation fondée sur les partenariats publics - privés
- ✓ Institution rendant possibles toutes les communications électroniques à travers la gestion des ressources de télécommunications, l'élaboration de normes et l'amélioration de l'accès pour tous
- ✓ Principal organisme international de normalisation des télécommunications
- ✓ Langues de travail : 6 langues (Anglais, Arabe, Chinois, Espagnol, Français, Russe)
- ✓ Siege social : Genève, Suisse
- ✓ Bureaux : 12 bureaux régionaux et bureaux de zones repartis dans le monde
- ✓ Membres : 193 Etats membres et près de 800 entités du secteur privé et établissements universitaires Membres de Secteur

Histoire de l'UIT

- ✓ Fondée à Paris en 1865 sous le nom d›Union Télégraphique Internationale (UTI) en remplacement de CCITT (Comité Consultatif International pour la Télégraphie et la Téléphonie)
- ✓ Devenue Union Internationale des Télécommunications (UIT) depuis 1932
- ✓ Devenue Institution spécialisée des Nations Unies pour les Technologies de l'Information et de la Communication depuis 1947
- ✓ Domaines d'activités : de la radiodiffusion numérique à l'Internet, en passant par les technologies mobiles et la TV3D[22]

Administration de l'UIT

- ✓ Conférence de Plénipotentiaires
  - o Organe suprême
  - o Instance décisionnelle (orientations générales de l'Union et ses activités)
- ✓ Conseil de l'UIT

22 Histoire de l'UIT http://www.itu.int/fr/about/Pages/history.aspx

- o Examen des grandes questions de politiques des télécommunications (adaptation des activités, orientations politiques, stratégie de l'Union à l'environnement dynamique des télécommunications)
- o Elaboration de rapport sur la politique et sur la planification stratégique de l'UIT
- o Gestion du fonctionnement de l'Union
- o Coordination des programmes de travail
- o Approbation des budgets
- o Contrôle des finances et des dépenses[23]

Organisation de l'UIT

- ✓ Secrétariat Général
- ✓ Secrétariat Général Adjoint
- ✓ Direction des Radiocommunications
- ✓ Direction de la Normalisation
- ✓ Direction du Développement des Télécommunications

Structures de l'UIT

- ✓ Secrétariat Général
- ✓ Secteur de Normalisation (UIT –T)
- ✓ Secteur des Radiocommunications (UIT – R)
- ✓ Secteur de Développement des Télécommunications (UIT –D)

Membres de l'UIT

- ✓ Gouvernements (administration nationale des Télécommunications)
- ✓ Grands équipementiers
- ✓ Exploitants mondiaux
- ✓ Petites entreprises novatrices utilisant des technologies nouvelles ou émergentes
- ✓ Grands instituts et établissements universitaires de recherche-développement

Fonctions de l'UIT

- ✓ Attribution dans le monde entier des fréquences radioélectriques et des orbites de satellites de télécommunications
- ✓ Elaboration de normes techniques pour assurer l'interconnexion harmonieuse des réseaux et technologies
- ✓ Définition des tarifs et des principes comptables pour les services de télécommunications internationales
- ✓ Amélioration de l'accès aux TIC pour les communautés mal desservies

Activités de l'UIT

- ✓ Conférences
- ✓ Réunions
- ✓ Implications dans les accords relatifs aux technologies et aux services destinés aux utilisateurs
- ✓ Attribution de ressources pour la fourniture de services de télécommunications (fréquences radioélectriques et positions orbitales de satellite)
- ✓ Etablissements de normes, protocoles et d'accords internationaux pour la fourniture de services
- ✓ Coordination de la gestion des satellites à l'échelle internationale et le spectre et des orbites (accès à la télévision, aux systèmes de navigation par satellite, aux bulletins météo et cartes en ligne)
- ✓ Accès aux services de télécommunications dans les zones reculées de la planète
- ✓ Accès à l'Internet (Elaboration des principales normes de l'Internet)
- ✓ Appui à la fourniture des services de télécommunications en cas de catastrophes
- ✓ Collaboration avec le secteur privé dans la définition de nouvelles technologies pour les nouveaux réseaux et services
- ✓ Collaboration avec des partenaires des secteurs public et privé pour faciliter l'accès aux TIC et rendre les services TIC abordables, équitables et universels

23 Présentation du conseil
http://www.itu.int/fr/council/Pages/overview.aspx

- ✓ Mise à disposition des populations mondiales des moyens de renforcement de capacité (Utilisation des TIC et Formation)[24]

Evènement phare de l'UIT

- ✓ Conférence de Plénipotentiaires (PP)
  - o Organe suprême de l'Union
  - o PP convoquée tous les 4 ans
  - o Participation des Etats Membres
  - o Participation des Membres des Secteurs, des organisations régionales de télécommunication et des organisations intergouvernementales, de l'organisation des Nations Unies et de ses institutions spécialisées en qualité d'observateurs[25]

Tâches des Conférences de Plénipotentiaires

- ✓ Décision sur le rôle futur de l'Union
- ✓ Détermination de la capacité d'influence et d'orientation de l'évolution des TIC dans le monde de l'Union
- ✓ Détermination des principes généraux de l'Union
- ✓ Adoption d'un plan stratégique et d'un plan financier pour une période de 4 ans
- ✓ Election des membres de l'équipe de direction de l'organisation, et des membres du Conseil et membres du Comité du règlement des Radiocommunications[26]

Activités du Secteur de la normalisation (UIT – T)

- ✓ Elaboration de normes internationales (recommandations) pour faciliter le fonctionnement de l'infrastructure mondiale des technologies de l'information et de la communication
- ✓ Aspects opérationnels
- ✓ Tarifs et comptabilité pour les services internationaux de télécommunications
- ✓ Gestion (utilisation de réseau de gestion des télécommunications)
- ✓ Protections des installations de télécommunications contre les interférences et les foudres
- ✓ Réseau extérieur
- ✓ Large bande intégrée
- ✓ Signalisation et protocoles
- ✓ Réseaux de transport
  - o Réseau de transport optique et autres, systèmes et équipements
- ✓ Services multimédia
  - o Définition du multimédia, systèmes multimédia, terminaux, protocoles et signalisation
- ✓ Réseaux de données et logiciels
- ✓ IMT - 2000[27]

Evènement phare de l'UIT -T

- ✓ Assemblée Mondiale de Normalisation des Télécommunications (AMNT)
  - o AMNT convoquée tous les 4 ans

Tâches de la AMNT

- ✓ Examen des méthodes de travail en vigueur
- ✓ Examen du processus d'approbation, du programme de travail et de la structure des commissions d'études
- ✓ Définition des politiques générales
- ✓ Adoption des méthodes de travail et procédures de l'UIT -T[28]
- ✓ Définition des orientations stratégiques du secteur de la normalisation des télécommunications (UIT –T)
- ✓ Révision de la structure et des méthodes de travail de l'UIT –T
- ✓ Révision des mécanismes de collaboration entre le secteur et d'autres organismes de normalisation, des PME et les communautés Open Source[29]

24 A propos de l'UIT http://www.itu.int/fr/about/Pages/vision.aspx

25 À propos de la Conférence de plénipotentiaires – http://www.itu.int/plenipotentiary/2010/about-fr.html

26 À propos de la Conférence de plénipotentiaires – http://www.itu.int/plenipotentiary/2010/about-fr.html

27 Presentation on ITU – https://www.slideshare.net/bijen-khagi/itu-and-its-sector?next_slideshow=1

28 Assemblée mondiale de Normalisation des Télécommunications – http://www.itu.int/ITU-T/wtsa-08/index-fr.html

29 Assemblée mondiale de Normalisation des Télécommunications – http://www.itu.int/fr/mediacentre/Pages/2016-MA13.aspx

Champs d'activités du Secteur de radiocommunication (UIT - R)

✓ Gestion du spectre de fréquences radioélectriques à l'échelle mondiale

o Principes et techniques pour la gestion du spectre

o Méthodes et techniques

✓ Gestion des orbites de satellites de télécommunications

✓ Propagation des ondes radioélectriques

o Propagation des ondes radio dans les milieux ionisés et non ionisés

✓ Services fixes par satellite

o Systèmes et réseaux pour le service fixe par satellite et les liaisons inter-satellite

✓ Services de diffusion

o Services audio, vidéo, multimédia et de données pour le grand public

✓ Services scientifiques

o Systèmes pour les opérations spatiales, recherche spatiale

✓ Services mobiles

o Systèmes et réseaux pour les services mobiles et de radio détermination

✓ Services fixes

o Systèmes et réseaux de services fixes opérant des stations terrestres

✓ Elaboration de normes internationales applicables aux systèmes de radiocommunication

✓ Coordination des services hertziens (sans fil)

✓ Réalisation à travers les conférences et les commissions d'études de travaux importants les communications mobiles à large bande et sur des techniques de radiodiffusion comme la TVHD à ultra-large bande et la TV3D

Evènement phare de l'UIT -R

✓ Conférence Mondiale des Radiocommunications (CMR)

o CMR Convoquée tous les 3 ou 4 ans

Tâches de la CMR

✓ Examen ou révision du règlement des radiocommunications (traité international régissant l'utilisation du spectre des fréquences radioélectriques et des orbites des satellites géostationnaires et non géostationnaires)

✓ Révision des Plans d'assignation ou d'allotissement de fréquences associés

✓ Examen de toute question de radiocommunication de portée mondiale

✓ Orientations au Comité du Règlement des radiocommunications et au Bureau des radiocommunications

✓ Examen des activités du Comité du Règlement des radiocommunications et au Bureau des radiocommunications

✓ Détermination des questions sujettes à examen par l'Assemblée des radiocommunications et ses commissions d'études en vue de futures conférences des radiocommunications[30]

Champs d'activités du Secteur du développement des télécommunications (UIT - D)

✓ Accès facile aux télécommunications

✓ Coût abordable pour les services de télécommunications

✓ Développement socio -économique

✓ Réduction de la fracture numérique[31]

✓ Déploiement des réseaux à large bande (stratégies et politiques)

✓ Migration des réseaux et interconnexion

✓ Nouvelles technologies pour les communications rurales

✓ Technologies numériques de diffusion[32]

Evènement phare de l'UIT -D

---

30 Conférences mondiales des radiocommunications (CMR) http://www.itu.int/fr/ITU-R/conferences/wrc/Pages/default.aspx

31 http://www.itu.int/fr/join/Pages/default.aspx

32 Presentation on ITU – https://www.slideshare.net/bijen-khagi/itu-and-its-sector?next_slideshow=1

- ✓ Conférence mondiale de Développement des Télécommunications (CMDT)
    - o CMDT convoquée tous les 3 ou 4 ans

Tâches de la CMDT

- ✓ Examen des thèmes, projets et programmes relatifs au développement des télécommunications
- ✓ Définition des stratégies et objectifs relatifs au développement des télécommunications[33]

Aspects législatifs des télécommunications

- ✓ Lois sur les télécommunications
- ✓ Lois sur l'accès universel
- ✓ Loi sur l'accès des personnes handicapées aux services téléphoniques

Cadre légal des télécommunications

- ✓ Loi sur le secteur des Télécommunications/TIC
- ✓ Texte règlementaire
- ✓ Normes techniques et juridiques
- ✓ Conditions de mise en place des réseaux de communications électroniques
- ✓ Conditions de fourniture de services de communications électroniques
- ✓ Encadrement du service universel
- ✓ Conditions de garantie de la compétition et la gestion des ressources du spectre de fréquence radioélectrique et de numérotation
- ✓ Définition des conditions de restriction aux droits de propriété,
- ✓ Définition des droits des consommateurs
- ✓ Conditions de sécurité des réseaux et services et leurs opérations en cas d'urgence
- ✓ Sauvegarde des droits des consommateurs de services de communication publique à une confidentialité des communications
- ✓ Résolution des disputes entre les entités dans le marché des communications électroniques

33 WTDC-17 – http://www.itu.int/fr/ITU-D/Conferences/WTDC/WTDC17/Pages/About.aspx

- ✓ Gestion des compétences, de l'organisation et des opérations des réseaux de communication et des services

Droit des télécommunications

- ✓ Droit de caractéristiques, de contenus, de principes et de structures
- ✓ Eléments de base du régime juridique des technologies de l'information
- ✓ Fondements et aspects essentiels de la régulation des réseaux et des services de télécommunication
- ✓ Accès aux services universels des télécommunications
- ✓ Accès aux autres services de télécommunications fournis sur la zone couverte
- ✓ Liberté de choix de fournisseur de services de télécommunications
- ✓ Egalité d'accès aux services de télécommunications
- ✓ Accès aux informations de base relatives aux conditions de fourniture des services de télécommunications et de leur tarification
- ✓ Obligation de tout utilisateur de services de respecter les règlements en vigueur relatifs au raccordement aux réseaux publics des télécommunications[34]

Aspects légaux des télécommunications

- ✓ Organisation, statut et compétences du régulateur
- ✓ Gestion du spectre des ondes radioélectriques
- ✓ Partage d'infrastructure
- ✓ Droits à la concurrence
- ✓ Allocation des ressources rares
- ✓ Génération de revenus pour l'Etat
- ✓ Protection des consommateurs
- ✓ Sécurité juridique

Loi sur les télécommunications

- ✓ Régulation des communications électroniques par fil et par radio

34 Code des télécommunications http://droitdu.net/files/sites/107/2013/11/code_des_telecommunications.pdf

o Radiodiffusion sonore et télévisuelle

o Téléphonie

o Services de communication

o Télévision par câble

o Communication par satellite

o Communication sans fil

o Internet

Domaines d'intervention des lois sur les télécommunications

5 domaines principaux

1- *Régulation du spectre de fréquences radioélectriques*

✓ Adoption de règles pour la gestion du spectre (conditions de délivrance de licence)

✓ Règles pour l'assignation de blocs de fréquences pour l'utilisation gouvernementale, du secteur privé

✓ Règles pour l'assignation de fréquences à l'exploitation commerciale (vente aux enchères du spectre)

2- *Régulation du marché*

✓ Adoption de règles pour la gestion des relations entre les différentes industries de communication et acteurs du marché

✓ Adoption de règles sur

o l'obligation de transport de signaux

o la retransmission, l'interconnexion des installations de télécommunications, l'itinérance mobile,

o la compensation entre les transporteurs,

o l'accès et le transport du programme par câble,

o la neutralité du réseau

o la structure de soutènement des services utilitaires

3- *Régulation de contenu*

✓ Adoption de règlements interdisant la diffusion d'obscénité

✓ Limitation du contenu commercial dans les programmations pour enfants

✓ Adoption de règles pour garantir la couverture médiatique des évènements locaux

✓ Adoption de règles pour la préservation de la diversité des points de vue en empêchant la concentration de propriété de media dans les marchés locaux

4- *Accès au marché des télécommunications*

✓ Etablissement de règles destinées à garantir l'entrée de nouveaux opérateurs sur le marché

✓ Garantie du déploiement des infrastructures de télécom dans toutes les zones sous des conditions équitables

5- *Protection des consommateurs*

✓ Contrôle du caractère raisonnable des tarifs, termes et conditions des services de communication fournis au public

✓ Contrôle de la fourniture obligatoire de sous – titrage et de services pour les malentendants

✓ Examen des fusions et des acquisitions pour garantir les intérêts des consommateurs dans la consolidation[35]

Interactions entre les acteurs des télécommunications

✓ Fabricant ou équipementier : conception, développement, production et vente des équipements nécessaires à la fourniture des services de télécommunications

✓ Opérateur de télécommunications : exploitation saine et rigoureuse des équipements fournis par l'équipementier

✓ Utilisateur ou usager : consommation de services de télécommunications fournis par l'opérateur et supportés par les équipements de télécommunications

35 Communication law
https://en.wikipedia.org/wiki/Communications_law

- ✓ Utilisateur ou usager : formulation d'exigences et inconsciences des difficultés techniques[36]

Télécommunications et société

- ✓ Télécommunications : support collectif de communications personnelles
- ✓ Rôle important des communications électroniques dans les échanges entre les humains
- ✓ Moyen de participation et d'implication de tous dans la vie sociale
- ✓ Telecom/TIC : Fondement technologique pour des communications au sein de la société (fonctionnement des familles, entreprises et gouvernements basé sur les outils TIC)
- ✓ Telecom/TIC : Passerelle pour la participation et le développement
- ✓ Telecom/TIC : Infrastructure vitale pour la sécurité nationale (assistance indispensable au maintien de la sécurité nationale, exploitation des TIC pour des interventions avant, pendant et après les désastres naturels, la sécurité intérieure de l'Etat, la communication d'informations liées au service de renseignement et la communication au sein de l'armée

Apports des télécom/TIC à la société

- ✓ Disponibilité de services de communication à distance
- ✓ Plateforme pour fournir électroniquement les services fournis jadis traditionnellement
- ✓ Activateur ou levier pour d'autres services et d'autres secteurs
- ✓ Création d'emplois

Aspects sociaux des Télécoms/TIC

- ✓ Croissance des marchés de l'informatique, du multimédia, de la téléphonie, et de l'Internet
- ✓ Fusion des branches de télécommunications
- ✓ Emergence de nouvelles façons de communiquer

Problématique du développement des TIC dans certains pays

Différents obstacles au développement des TIC

36 Systèmes de télécommunications, base de transmission P.- G. Fontolliet

Obstacle 1 : Cadre légal inadapté au développement du secteur

- ✓ Nécessité d'un cadre légal adapté au développement actuel du secteur
- ✓ *Cadre légal* : outil indispensable au développement harmonieux du secteur
- ✓ *Cadre légal* : attraction d'investissements dans le secteur
- ✓ *Cadre légal* : garantie pour les consommateurs
- ✓ *Cadre légal approprié et adapté* : outil favorable à une exploitation optimale des potentiels du secteur des Télécoms/TIC

Obstacle 2 : Absence d'une politique gouvernementale en matière de TIC

- ✓ Vision pour le secteur
- ✓ Nécessité d'une politique gouvernementale pour le développement du secteur des TIC
- ✓ Définition des stratégies à adopter

Obstacle 3 : Contraintes d'accès aux services TIC sur le territoire national

- ✓ Disponibilité de tous les services dans toutes les zones de manière non discriminatoire
- ✓ Accès et utilisation des services TIC
- ✓ Fourniture de l'accès et du service universels

Obstacle 4 : Manque de sensibilisation pour l'exploitation des TIC

- ✓ Manque d'incitation à l'exploitation des services TIC
- ✓ Adoption de nouvelles méthodes (abandon des méthodes traditionnelles)
- ✓ Transition vers des solutions technologiques
- ✓ Lutte contre la résistance au changement

Obstacle 5 : Environnement compétitif morbide

- ✓ Compétition : élément incontournable dans le développement du secteur des Télécoms/TIC

✓ Compétition : plus de services

✓ Compétition : plus de technologies

✓ Compétition : plus d'emplois

Obstacle 6 : Faible pouvoir d'achat des consommateurs

✓ Faible pouvoir d'achat d'un fort pourcentage des utilisateurs

✓ Impact direct sur la consommation des services

✓ Faible consommation des services

✓ Incapacité d'acquisition du terminal d'accès

Obstacle 7 : Taux d'analphabétisme élevé

✓ Niveau de connaissance basique pour l'exploitation des services et applications TIC

✓ Capacité de lecture et d'écriture pour les services de base

✓ Initiation aux TIC pour les services avancés (Internet, réseaux sociaux, etc.)

✓ Taux d'analphabétisme élevé = frein au développement des TIC

Aspects internationaux des télécommunications

✓ Diffusion de programmes de télévision et de radio d'un pays dans d'autres pays limitrophes

✓ Installation de câbles sous -marins entre deux pays (dans les eaux maritimes)

✓ Gestion des interférences radioélectriques dans les zones frontalières (franchissement des frontières par les ondes)

✓ Coordination de fréquences au niveau international (lutte contre les interférences préjudiciables)

✓ Rayonnement de signaux satellites sur des territoires voisins

✓ Interconnexion de réseaux de différents pays pour acheminement de trafic international

✓ Roaming international (itinérance internationale)

✓ Règlement de trafic international entre 2 pays (Commerce international)

✓ Implication des organisations et institutions internationales (OMC, UIT, ICANN, IGF) dans la gestion des télécommunications internationales

Télécommunications internationales

✓ *Service international de télécommunications* : prestation de télécommunications entre bureaux ou stations de télécommunications de toutes natures, situés dans des pays différents où appartenant à des pays différents

✓ *Voie d'acheminement internationale* : ensemble des moyens et installations techniques, située dans des pays différents, utilisées pour l'acheminement du trafic de télécommunication entre deux centres ou bureaux terminaux internationaux de télécommunications

✓ *Taxe de répartition* : taxe fixée par accord entre exploitations autorisées, pour une relation donnée et servant à l'établissement des comptes internationaux

✓ *Frais de perception* : frais établis et perçus par une exploitation autorisée auprès de ses clients pour l'utilisation d'un service international de télécommunications[37]

Acteurs impliqués dans les télécommunications internationales

✓ Union internationale des télécommunications

  o Gestion des ressources de télécom

  o Élaboration de normes

  o Négociations entre pays

✓ Organisation mondiale du commerce

  o Extension de l'accord GATT aux télécommunications

  o Résolution de conflit

✓ Organismes de normalisation

  o Normes pour la fabrication d'équipements (terminaux et systèmes)

  o Compatibilité des équipements utilisés à l'échelle mondiale

37 Règlement des télécommunications internationales - Extrait de la publication : Actes finals de la Conférence mondiale des télécommunications internationales (Dubaï, 2012) (Genève: UIT, 2013) - http://search.itu.int/history/HistoryDigitalCollectionDocLibrary/1.42.48.fr.201.pdf

Régulation du secteur des Télécommunications

- ✓ Ensemble de mesures juridiques, économiques et techniques destinées à favoriser l'exercice des activités de télécommunications
- ✓ Ensemble de textes législatifs et règlementaires applicables au secteur des Télécommunications[38]
- ✓ Actions et décisions pour assurer l'évolution dynamique du secteur[39]
- ✓ Application du cadre réglementaire défini par les pouvoirs publics[40]

Objectifs de la régulation des Télécommunications

- ✓ Protection des intérêts de l'Etat
- ✓ Protection des intérêts des operateurs
- ✓ Protection des intérêts des consommateurs

Nécessité de la Régulation du secteur des télécommunications

- ✓ Eviter la défaillance du marché des télécommunications
- ✓ Encourager la compétition efficace
- ✓ Protéger les intérêts des consommateurs
- ✓ Augmenter l'accès à la technologie et aux services[41]

Fondements de la régulation

- ✓ Politique de compétition pour l'accès aux services de télécommunications
- ✓ Rareté des ressources du spectre de fréquences radioélectriques
- ✓ Mise en place de normes pour la protection des consommateurs
- ✓ Protection de la vie privée[42]

38 Régulation des télécommunications, article de référence, Alain Vallée

39 Régulation des télécommunications, article de référence, Alain Vallée

40 Notes d'Oumar Kane sur la régulation et télécommunications

41 Telecommuniations regulation handbook, tenth anniversary edition – https://www.infodev.org/infodev-files/resource/InfodevDocuments_1057.pdf

42 Media, Communications and the Internet - The Regulatory Framework by John Corker http://slideplayer.com/slide/5372381/

Réglementation

- ✓ Outils d'application de la régulation
- ✓ Instrument juridique, ayant une valeur de loi, adoptée par une autorité en vertu d'une loi et prescrivant des normes de conduite[43]
- ✓ Outil d'application d'une politique en matière de télécommunications

Autorité de régulation des télécommunications (Régulateur)

- ✓ Organisme d'Etat chargé de surveiller et gérer le secteur des télécommunications
- ✓ Autorité dotée du pouvoir de règlementation, d'arbitrage, de contrôle et de sanction dans le secteur des télécommunications

Missions du Régulateur

2 missions principales

1.- Activités de régulation du marché des télécommunications

2.- Activités de développement du secteur des télécommunications

Actions découlant de ces missions

- ✓ Adoption de règlements
- ✓ Application des cahiers des charges des opérateurs et des autres règles établies conformément à la loi
- ✓ Application du respect de la réglementation technique dans le secteur des télécommunications y compris la radiodiffusion
- ✓ Protection de l'intérêt des consommateurs et de la population en général
- ✓ Arbitrage des différends entre operateurs selon les procédures définies par la loi

Mesures juridiques

- ✓ Prise en charge de certains aspects de la mission basée sur une régulation ex ante et ex post

Régulation technique

- ✓ Définition de normes techniques
- ✓ Définition de normes et contrôle de la conformité à ces normes

43 Notes d'Oumar Kane sur la régulation et télécommunications

- ✓ Homologation et contrôle des équipements de télécommunications
- ✓ Emission de licences pour l'usage des équipements de radiocommunication
- ✓ Instruction des demandes d'autorisation pour la fourniture des services de télécommunications (téléphonie, Internet, radiodiffusion, transmission de données, radiotéléphonie, etc.)
- ✓ Gestion et contrôle du spectre de fréquences radioélectriques
- ✓ Gestion du plan national de numérotation
- ✓ Gestion des points hauts (principaux sites de radiocommunication) et contrôle des stations terriennes
- ✓ Contrôle de la qualité de services fournis par les opérateurs

Régulation économique

- ✓ Garantie d'une compétition loyale
- ✓ Validation des catalogues et des tarifs d'interconnexion des opérateurs
- ✓ Contrôle des tarifs des services offerts par les opérateurs
- ✓ Contrôle des tarifs pratiqués dans les réseaux de télécommunications
- ✓ Renforcement du respect de la concurrence loyale et saine
- ✓ Suivi économique des obligations des opérateurs : collecte des redevances relatives aux autorisations octroyées pour la commercialisation de services de télécommunications
- ✓ Promotion de l'accès universel et de la pratique de coûts raisonnables
- ✓ Supervision des activités des opérateurs et adoption de décisions réglementaires (interconnexion, tarification, trafic, etc.)
- ✓ Promotion de la création d'emploi et de la croissance soutenue de l'économie à travers les Technologies de l'Information et de la Communication (TIC)[44]

Régulés du secteur des Télécommunications

Acteurs sujets à la régulation

- ✓ Opérateurs de la radiodiffusion (sonore et télévisuelle)
- ✓ Transporteurs (opérateurs de transport)
- ✓ Opérateurs de télécommunications (Téléphonie fixe et mobile)
- ✓ Fournisseurs d'accès à Internet
- ✓ Opérateurs de satellites de télécommunications
- ✓ Opérateurs de services par satellite

Objets de la régulation en matière de télécommunications

- ✓ Transport des signaux
  - o Définition des conditions de transport/diffusion/transmission
  - o Accès aux infrastructures de télécommunications et de service
- ✓ Protection des consommateurs
  - o Normes de base pour les équipements
  - o Comportement du fournisseur de service
- ✓ Protection des intérêts de l'Etat
  - o Gestion des ressources de l'Etat exploitées
  - o Protection des revenus de l'Etat

Méthodes de régulation des Télécommunications

- ✓ Régulation directe (lois, régulations, normes, licences assorties de conditions)
- ✓ Co – régulation (code de bonnes pratiques pouvant être approuvé ou endossé par le gouvernement ou le régulateur)
- ✓ Auto –régulation (code de bonnes pratiques endossés par l'Industrie)
- ✓ Régulation dictée par les méthodes économiques et technologiques[45]

Générations de régulation des Télécommunications

- ✓ G1: Monopoles public régulés
  - o Régulateur indépendant

44 Régulation du secteur des Télécommunications en Hatti – Conseil National des Télécommunications

45 Methods of regulation

- o Approche règlementaire traditionnelle (approche coercitive)

- ✓ G2: Réformes de base (Ouverture des marchés de Télécommunications)
  - o Création d'une autorité de régulation séparée
  - o Libéralisation partielle
  - o Privatisation
- ✓ G3 : Régulation concentrée sur l'investissement, l'innovation et l'accès
  - o Double accent sur la stimulation de la concurrence dans le service et la livraison de contenu, et la protection des consommateurs
- ✓ G4 : Régulation intégrée
  - o Avec un rôle évolutif de l'organisme de réglementation en tant que partenaire pour le développement et l'inclusion sociale
  - o Régulation pilotée par les objectifs de politique économique et sociale
- ✓ G5 : Régulation collaborative
  - o Nécessité de définir la fondation, les plateformes et les mécanismes de coopération avec les régulateurs d'autres secteurs en vue les objectifs de développement durable
  - o Dialogue inclusif et approche harmonisée entre les secteurs[46]

Formes d'Autorité de Régulation

- ✓ Régulation exercée par un régulateur unique (sous tutelle d'un ministère, ou indépendant)
- ✓ Régulation exercée par plusieurs entités
  - o Une autorité de régulation
  - o Une agence nationale de gestion des fréquences
  - o Un conseil de l'audiovisuel (Radio et télévision

Activités de régulation

- ✓ Sauvegarder les intérêts des consommateurs
- ✓ Assurer le respect de la vie privée des consommateurs
- ✓ Assurer une compétition honnête et effective
- ✓ Assurer un bon niveau de services à des prix abordables sur toute l'étendue du territoire national
- ✓ Encourager l'utilisation publique des services de télécoms comme infrastructure de support pour tous les niveaux de développement économique et social de la population
- ✓ Sauvegarder l'utilisation efficace, exempte d'interférence, du spectre radioélectrique pour les services de télécoms y compris la radio et la télévision et tous les autres services rendus disponibles par les technologies de l'information
- ✓ Sauvegarder selon la loi la disponibilité de services dans un régime de libre compétition

Défis de la régulation

- ✓ Changements constants dans les technologies
- ✓ Numérisation de contenu et transmission numérique
- ✓ Croissance de l'utilisation de l'Internet
- ✓ Libéralisation des marchés de télécommunications
- ✓ Monopoles sur les infrastructures
- ✓ Changement dans les méthodes de livraison
- ✓ Croissance dans les niches de media
- ✓ Interactivité des medias
- ✓ Facilité de publication et de distribution des particuliers[47]

Normes dans les Télécommunications

- ✓ Norme : Outil favorisant le fonctionnement d'un système composé d'éléments différents (Supports de transmission, commutateurs, modems, concentrateurs, routeurs, terminaux, logiciels et langages de programmation, systèmes d'exploitation…..)
- ✓ Norme : ensemble de règles techniques destinées à favoriser l'interopérabilité de systèmes différents

46 Chapter 5: Spanning the Internet divide to drive development (ITU) https://www.wto.org/english/tratop_e/devel_e/a4t_e/4sers_2_vanessa_gray_itu_chapter_5_aft_2017_aid_for_trade_presentation_may30.pdf

47 Media, Communications and the Internet - The Regulatory Framework by John Corker http://slideplayer.com/slide/5372381/

- ✓ Norme : prescriptions techniques et spécifications relatives à la construction et au fonctionnement d'un équipement, ou d'un système dans son ensemble[48]
- ✓ Norme : outil indispensable à l'accès et l'utilisation des services de télécommunications (appels téléphoniques, SMS, courrier électronique, navigation sur Internet, etc.)
- ✓ Norme : garantie de l'interopérabilité entre systèmes et équipements de télécommunications
- ✓ Norme : Modalités d'exploitation et d'interfonctionnement des réseaux de télécommunication[49]

Rôles des normes dans le secteur des télécommunications et des TIC

- ✓ Permettre des échanges entre des machines de constructeurs différents
- ✓ Assurer l'indépendance des applications vis à vis des contraintes de transmission
- ✓ Garantir l'évolution future sans remettre en cause l'architecture logicielle et matérielle[50]

Normalisation du secteur des Télécommunications

- ✓ Stratégie permettant la compatibilité et l'interfonctionnement de systèmes et d'équipements fabriqués par équipementiers différents
- ✓ Moyen de promouvoir la compatibilité entre différents systèmes de télécommunications dans les différentes régions du monde
- ✓ Détermination des interfaces à installer entre les différents équipements pour faciliter la communication entre eux
- ✓ Description des fonctions de chacun des équipements

Types de normes dans les télécommunications

- ✓ Normes de fabrication des équipements
- ✓ Normes d'exploitation des systèmes de télécommunications
- ✓ Normes de taxation et de facturation
- ✓ Normes d'allocation de fréquence
- ✓ Normes de rayonnement électromagnétique[51]

Organismes internationaux de normalisation des Télécommunications

- ✓ UIT : Union Internationale des Télécommunications
- ✓ ISO : International Standardization Organization
- ✓ CEI : Commission Electrotechnique Internationale
- ✓ ETSI : European Telecommunication Standards Institute (organisme régional, Europe)
- ✓ ANSI : American National Standard Institute (Organisme national, Etats Unis d'Amérique)
- ✓ IEEE: Institute of Electrical and Electronics Engineers (Organisme national, Etats Unis d'Amérique)
- ✓ IETF : Internet Engineering Task Force

Organismes nationaux de Normalisation

- ✓ AFNOR : Association Française de Normalisation
- ✓ ANSI : American National Standard Institute
- ✓ BSI : British Standard Institute
- ✓ DIN : Deutsches Institut Für Normung

Normes de l'UIT

- ✓ Normes de l'UIT (appelées "Recommandations") : Outils fondamentaux pour le fonctionnement des réseaux de télécommunications et des systèmes TIC
- ✓ Plus de 4000 normes de l'UIT (recommandations) en vigueur dans le monde pour :
  - o Définition des services
  - o Architecture et la sécurité des réseaux
  - o Lignes d'abonné numérique large bande
  - o Systèmes de transmission optique (Gbit/s)
  - o Réseaux de prochaine génération (NGN)
  - o Questions relatives au protocole IP[52]

48 Université des Frères Mentouri Constantine 1 http://www.umc.edu.dz/images/UEF2.2.1.pdf

49 Recommandations et autres publications de l'UIT-T https://www.itu.int/fr/ITU-T/publications/Pages/default.aspx

50 Réseaux - Formation Télécom Réseaux Pléneuf

51 Telecommunications Law – Ian Lloyd et David Mellor

52 Recommandations de l'UIT-T http://www.itu.int/fr/ITU-T/publications/Pages/recs.aspx

Acteurs impliqués dans l'élaboration de normes

- ✓ Equipementiers
- ✓ Régulateurs
- ✓ Opérateurs de réseaux
- ✓ Fournisseurs de services
- ✓ Organismes de normalisation

Exemples de normes

- ✓ Recommandation UIT – T E.164 définissant la structure d'un numéro de téléphone et fixant à un maximum de 15 chiffres sa longueur
- ✓ UIT – T G. 711 : la norme européenne pour la téléphonie fixe traditionnelle
  - o Débit : 64kb/s
- ✓ UIT-T G.729 : norme (recommandation) appliquée à la voix sur IP
  - o Débit : 8 kbit/s
- ✓ Recommandation UIT T H.264 : norme très utilisée pour la compression des vidéos
- ✓ IEEE 802.11 : Norme pour l'accès au Wi- Fi (norme développée par Institute of Electrical and Electronics Engineers (IEEE) pour l'accès à l'Internet sans fil via un réseau informatique local)
- ✓ H.261 : norme utilisée pour les visio-conférences (entre 40 Kbps et 2 Mbps)
- ✓ 802.3 pour les réseaux Ethernet,
- ✓ 802.4 pour les réseaux Token Bus
- ✓ 802.5 pour Token Ring

Vue d'ensemble sur la formation technique des ressources humaines du secteur

- ✓ *Matières de base*
  - o Mathématiques
  - o Physique
  - o Chimie
  - o Informatique
- ✓ *Matières de spécialisation*
  - o Electromagnétisme
  - o Electrotechnique
  - o Electronique analogique et numérique
  - o Technologie des composants
  - o Analyse des signaux et systèmes
  - o Théorie de l'information
  - o Radiodiffusion
  - o Système de transmission
  - o Systèmes de communication analogiques et numériques
  - o Systèmes d'exploitation
  - o Web et Internet
  - o Programmation web
  - o Antennes et propagation
  - o Protocole TCP/IP
  - o Normes et interconnexions des réseaux
  - o Modulations analogiques et numériques
  - o Programmation
  - o Téléphonie mobile
  - o Téléphonie IP
  - o Transmission de données
  - o Transmission par satellite
  - o Systèmes de Télécommunications et interopérabilité des réseaux
  - o Sécurité des réseaux
  - o Système de communication optique
  - o Lignes de transmission en Hautes fréquences (Hyperfréquences)
  - o Transmissions numériques
  - o Asservissement
  - o Télévision analogique et numérique
  - o Capteurs

Métiers du secteur des Télécommunications

- ✓ Adjoint Chef de Projet - Télécom Nouveaux services
- ✓ Administrateur Réseau - Télécom
- ✓ Administrateur Technique centre d'appels
- ✓ Administrateur virtualisation des Systèmes d'Information
- ✓ Architecte Technique -Télécom
- ✓ Cadre
- ✓ Cadre - Entraînement bureautique
- ✓ Chef de projet Cloud computing
- ✓ Chef de projet international en informatique et réseaux
- ✓ Chef de Projet Nouveaux services -télécom
- ✓ Chef de Projet Télécom
- ✓ Commercial Téléphonie - B to B -
- ✓ Concepteur Développeur d'applications mobiles
- ✓ Consultant en télécommunications
- ✓ Designer Interactif
- ✓ Développeur IOS
- ✓ Développeur Mobile
- ✓ Directeur de Centre d'Appels
- ✓ Electronique - Opérateur Monteur Câbleur
- ✓ Enseignant-Chercheur en Micro-électronique
- ✓ Expert en télécoms et Réseaux
- ✓ Facilitateur
- ✓ Hotliner
- ✓ Ingénieur Télécom – Spécialisation Communications par satellite
- ✓ Ingénieur d'Affaires Télécommunications
- ✓ Ingénieur d'étude et de développement -Informatique
- ✓ Ingénieur de l'Internet
- ✓ Ingénieur de Recherche -Télécom
- ✓ Ingénieur électronicien, Ingénieure électronicienne
- ✓ Ingénieur en géomatique
- ✓ Ingénieur en métrologie - systèmes embarqués
- ✓ Ingénieur en télécommunication
- ✓ Ingénieur Exploitation Réseau Téléphonie
- ✓ Ingénieur informaticien chargé des tests
- ✓ Ingénieur réseau -Télécom
- ✓ Ingénieur Réseaux - Option Mobiles
- ✓ Ingénieur Réseaux Cisco Systems
- ✓ Ingénieur Support clientèle
- ✓ Ingénieur Support Technique Grands Comptes
- ✓ Ingénieur Télécom chargé des tests
- ✓ Ingénieur Voix
- ✓ Ingénieure de recherche
- ✓ Installateur de réseaux câblés de communications
- ✓ Manager Ingénieur
- ✓ Responsable Etudes Réseaux (informatique)
- ✓ Responsable Télécommunications
- ✓ Technicien de maintenance en Informatique
- ✓ Technicien des réseaux câblés de communication
- ✓ Technicien en électronique
- ✓ Technicien en installation de surveillance intrusion
- ✓ Technicien en optronique
- ✓ Technicien Opérateur Réseau -Téléphonie
- ✓ Technicien Réseau et Téléphonie
- ✓ Technicien réseau-messagerie
- ✓ Technicien réseaux - Téléphonie Mobile
- ✓ Technicien réseaux et télécommunications d'entreprise

- ✓ Technicien Supérieur en Réseaux Informatiques et Télécommunications
- ✓ Technicien Supérieur spécialisé Réseaux-Services Télécom
- ✓ Technicien Supérieur Exploitation Réseau Téléphonie
- ✓ Vendeur conseil en téléphonie mobile[53]

53 Secteur des télécommunications - Secteur d'activité : Télécommunications
http://www.leguidedesmetiers.com/formations-et-metiers/secteur-telecommunications/12

CHAPITRE 3

SERVICES DE TELECOMMUNICATIONS ET LEURS UTILISATIONS

SERVICES DE TÉLÉCOMMUNICATIONS (SERVICE DE COMMUNICATIONS ÉLECTRONIQUES)

Service de télécommunications

- ✓ Transport du message (information) de l'utilisateur d'un point A vers un point B à l'aide de systèmes de communications électroniques
- ✓ Produit immatériel consistant en une utilisation temporelle d'un terminal rattaché à une infrastructure de communications électroniques
- ✓ Prestation payée consistant principalement en l'envoi de signaux via les réseaux de communications électroniques, y compris les services de télécom et transmission de données dans les réseaux utilisées à des fins de diffusion[54]
- ✓ Prestation consistant à transmettre des signaux à travers des réseaux de communications électroniques
- ✓ Prestation fournie au moyen d'installation de télécommunications

Cadre de fourniture des Services de télécommunications

- ✓ Principes techniques
  - o Application des lois physiques (électricité, électronique)
  - o Conception, développement, déploiement et opération des systèmes
- ✓ Lois (cadre légal)
  - o Conditions d'octroi de licences
  - o Condition d'exploitation des ressources
  - o Protection des investissements
  - o Protection des consommateurs
  - o Environnement propice à la compétition loyale
- ✓ Modèle économique
  - o Achat d'équipements de télécommunications
  - o Ventes de services et produits
  - o Redevances pour les ressources exploitées

Bases du cadre de fourniture des services de Télécommunications

- ✓ Principes techniques
- ✓ Normes
- ✓ Politiques
- ✓ Contraintes[55]

Etapes dans la fourniture des services de Télécoms/TIC

- ✓ Conception
- ✓ Développement
- ✓ Déploiement
- ✓ Opération
- ✓ Suspension[56]

Bases de la disponibilité des services de télécommunications

- ✓ Maintenance préventive des équipements de télécommunications et d'informatique
- ✓ Disponibilité de ressources humaines pour gérer les opérations
- ✓ Fourniture de l'énergie électrique sans coupure

Services de télécommunications et utilisateurs

- ✓ Services interactifs
  - o Téléphonie, vidéoconférence, visiophonie, courrier électronique, consultation de documents, d'images et de vidéos
- ✓ Services de diffusion
  - o Radio, télévision[57]

Types de services de télécommunications

- ✓ Services audiovisuels unilatéraux : radiodiffusion sonore et télévisuelle
- ✓ Services bilatéraux : Téléphonie, Vidéoconférence, Messagerie instantanée

---

54 Réseaux et Télécommunications - Dominique SERET, Ahmed MEHAOUA, Neilze DORTA http://www.mi.parisdescartes.fr/~mea/cours/L3/L3.poly06.pdf

55 Service Delivery Model https://wiki.doit.wisc.edu/confluence/display/MADLIB/Service+-Delivery+Model

56 Service Delivery Model https://wiki.doit.wisc.edu/confluence/display/MADLIB/Service+-Delivery+Model

57 Principes de Base http://www.httr.ups-tlse.fr/pedagogie/annexes/intro/principes.pdf

- ✓ Services de données : transmission de données, Internet

Catégories de Services de télécommunications

2 catégories de services de télécommunications

Télécommunications de base (services payés directement par l'utilisateur final)

- ✓ Transport des signaux vocaux ou des données d'un point de départ vers au point d'arrivée
- ✓ Services de communication publique ou privé
- ✓ Transmission de bout en bout des informations fournies par le client

Exemples de télécommunication de base

- ✓ Services de téléphone
- ✓ Services de transmission de données avec commutation par paquets
- ✓ Services de transmission de données avec commutation de circuits
- ✓ Services de télex
- ✓ Services de télégraphe
- ✓ Services de télécopie
- ✓ Services par circuits loués privés
- ✓ Autres (Services de téléphonie cellulaire/mobile analogique/numérique
    - o Services mobiles de transmission de données
    - o Services de radio recherche
    - o Services de communications personnelles
    - o Services mobiles par satellite (y compris, par exemple, services de téléphonie, de transmission de données, de radiomessagerie et/ou de communications personnelles)
    - o Services fixes par satellite
    - o Services VSAT
    - o Services de station terrienne d'accès
    - o Services de téléconférence
    - o Services de transmission vidéo
    - o Services de radiocommunication à ressources partagées

Services à valeur ajoutée

Services payés directement par l'utilisateur final

- ✓ Ajout d'une valeur par les fournisseurs de service aux informations fournies par le client
- ✓ Amélioration des formes des informations fournies par le client
- ✓ Amélioration des contenus des informations fournies par le client
- ✓ Moyens de stockage des informations
- ✓ Moyens de recherche des informations

Exemples de services à valeur ajoutée

- ✓ Services de traitement en ligne de données
- ✓ Services de stockage et de recherche en ligne dans des bases de données
- ✓ Services d'échange électronique de données
- ✓ Services de courrier électronique
- ✓ Services d'audio messagerie téléphonique[58]
- ✓ Autres services à valeur ajoutée
    - o Balance de compte de téléphone cellulaire
    - o Possibilité de recharge 24/24
    - o Identification de l'appelant
    - o Services basés sur les SMS
    - o Vente de service assurance

Types de services de télécommunications

Distinction de services de télécommunications de différentes manières

- ✓ Type d'informations transmises
- ✓ Nombre de partenaires impliqués
- ✓ Rôle respectif joué par les partenaires (mode de communication)

58 Définition des télécommunications de base et des services à valeur ajoutée https://www.wto.org/french/tratop_f/serv_f/telecom_f/telecom_coverage_f.htm

- o Unilatéral : D'une source vers un destinataire (Monologue)
- o Bilatéral : Communication dans les deux sens (dialogue)
- o Multilatéral : Echange entre plusieurs sources et plusieurs destinataires (conférence)[59]

Moyens de communications électroniques mis à la disposition du consommateur

Les services les plus connus

- ✓ Téléphonie fixe et mobile
- ✓ Courrier électronique
- ✓ Télécopie
- ✓ Télégraphie
- ✓ Télex
- ✓ Télétex
- ✓ Radiodiffusion sonore
- ✓ Radiodiffusion télévisuelle
- ✓ Site web
- ✓ Blogs personnels
- ✓ Messagerie instantanée
- ✓ SMS/MMS
- ✓ Espace de commentaires dans les journaux en ligne
- ✓ Réseaux sociaux
- ✓ Walkie-talkie et Citizen's band (CB)
- ✓ Forums virtuels
- ✓ Vidéoconférence
- ✓ Espaces de commentaires en ligne

Classification des services de Télécommunications en fonction de la nature des messages

Son

- ✓ Téléphone
- ✓ Interphone
- ✓ Messagerie vocale
- ✓ Recherche de personnes
- ✓ Conférence téléphonique
- ✓ Informations téléphoniques (horloge parlante, météo)
- ✓ Radiodiffusion
- ✓ Téléphonie mobile

Textes

- ✓ Télex, télétex
- ✓ Courrier électronique (EDI, messagerie etc)
- ✓ Documentation électronique
- ✓ Vidéotex
- ✓ Télécopie

Images

- ✓ Transfert d'images fixes
- ✓ Télévision
- ✓ Visiophonie
- ✓ Visioconférence
- ✓ Vidéocommunication sur réseau câblé

Téléinformatique

- ✓ Télémesure
- ✓ Transport de données
- ✓ Télésurveillance
- ✓ Télécommande
- ✓ Paging[60]

Terminaux des utilisateurs des systèmes de télécommunications

Dispositifs électroniques permettant l'accès et l'utilisation des services de communications électroniques

59 Systèmes de télécommunications, Bases de transmission P.- G. Fontolliet

60 Introduction aux télécommunications http://www.volle.com/ENSPTT/introtcom.htm

- *Téléphone* : Dispositif de communication filaire ou sans fil destiné à transmettre à distance la voix humaine
- *Récepteur de radio (poste de radio)* : Dispositif électronique conçu pour capter les ondes radioélectriques émises par des émetteurs radio
- *Téléviseur (Récepteur de télévision)* : dispositif capable d'afficher sous forme d'images à l'écran les signaux de télévision reçus par câbles ou ondes électromagnétiques
- *Modem* : Dispositif permettant à un ordinateur (tout terminal numérique) de transmettre des informations via un système de télécommunications (Interface assurant la conversion des signaux numériques sous formes d'ondes analogiques, et vice versa, afin d'assurer l'échange d'informations entre un ordinateur et un système de télécommunications)
- *Ordinateur* : Machine électronique conçue pour le traitement automatisé des données.
- *Tablette numérique (tablette tactile, tablette électronique, ardoise numérique)* : ordinateur portable ultraplat sans clavier et muni d'écran tactile capable d'offrir à peu près les mêmes fonctionnalités qu'un ordinateur personnel
- *PDA (Personal Digital Assistant)* : Ordinateur de poche conçu initialement dans un but d'organisation. Services fournis par un PDA : agenda, gestionnaire de tâches, carnet d'adresse et logiciel de messagerie électronique, accès à Internet et des fichiers de musique ou d'images
- *Récepteur radio mobile* (émetteur –récepteur radio mobile) : dispositif radiotéléphonique permettant de communiquer à l'alternat (en semi –duplex) tout en se déplaçant à pied (Exemple : Walkie - talkie ou talkie-walkie, push to talk)
- *Set - top box* : boitier décodeur, adaptateur convertissant un signal reçu en un contenu et l'affichant à l'écran d'un téléviseur
- *Télécopieur* : Dispositif conçu pour émettre et recevoir des documents écrits
- *Télégraphe* : dispositif destiné à transmettre des messages appelés télégrammes à l'aide de signaux codés (généralement les signaux de Morse)

Interfaces entre les utilisateurs et les systèmes de télécommunications

Problème de communication entre l'homme et les solutions techniques

- Communication humaine (utilisateur) : son, parole, image, vidéo, texte et données
- Systèmes de télécommunications : exploitation exclusive de signaux électriques (tension ou courant) et ondes électromagnétiques
- Quelle solution pour la communication entre l'homme et les systèmes de télécommunications ?
- Défi relevé par des interfaces entre l'homme et le système de télécommunications
- Interface : dispositif intercalé entre l'utilisateur et le système de télécommunications
- Interface : Accès et utilisation des services de télécommunications
- Interface : 2 missions
- Première mission : Changement de nature des informations du consommateur à l'émission pour exploitation par le système de télécommunications,
- Deuxième mission : Restitution (à la réception) des informations du consommateur sous la forme originale
- Interface : conversion (à l'émission) des informations du consommateur sous une forme exploitable par le système de télécommunications
- Interface : conversion (à la réception) des signaux issus du système de télécommunications sous une forme exploitable par le consommateur
- Interfaçage entre les utilisateurs et les systèmes de télécommunications appuyé sur la transduction de l'énergie ou des signaux.

Transduction

- Principe de transformation d'une énergie en une autre énergie
- Conversion de signaux assurée par des transducteurs

Transducteur

- ✓ Dispositif convertissant une grandeur physique en une autre
- ✓ Elément intégré dans le terminal du consommateur (dans l'interface entre l'homme et le système de télécommunications) à des fins de conversion dans les deux sens

Transducteurs pour le son et la parole humaine

- o Microphone : transducteur convertissant les ondes acoustiques en signal électrique
- o Haut - parleur : transducteur convertissant un signal électrique en ondes acoustiques

Transducteurs pour l'image et la vidéo

- o Camera et vidéo camera : transducteur convertissant les images fixes et mobiles en signaux électriques
- o Ecran : transducteur convertissant (restituant) les signaux électriques sous forme d'image et de vidéo exploitable par l'homme

Transducteurs pour le texte et les données

- o Clavier : transducteur convertissant le texte et les données en signal électrique
- o Ecran : transducteur convertissant (restituant) le signal électrique sous forme de texte et de données exploitables par l'homme

Disponibilité des services de télécommunications

- ✓ Téléphone en mode veille (voie balise du réseau maintenant la connexion avec le terminal téléphonique)
- ✓ Allumage du poste de radio ou de télévision pour la captation des signaux émis par les stations de radio et de télévision (Stations de radio et de télévision émettant en continu)
- ✓ Allumage de l'ordinateur pour l'accès aux services divers (sons, voix, images, vidéos, données)

Applications des communications électroniques

Applications simplex

- ✓ Radiodiffusion AM et FM
- ✓ Radio numérique
- ✓ Radiodiffusion télévisuelle
- ✓ Télévision numérique
- ✓ Télévision câblée
- ✓ Télécopie
- ✓ Télécommandes sans fil
- ✓ Services de radiomessagerie
- ✓ Services de navigation et de radiogoniométrie
- ✓ Télémétrie
- ✓ Télésurveillance
- ✓ Services musicaux
- ✓ Radio et télévision par Internet

Applications duplex

- ✓ Téléphonie
- ✓ Vidéoconférence
- ✓ Messagerie instantanée
- ✓ Two -way radio
- ✓ Radar
- ✓ Sonar
- ✓ Radio amateur
- ✓ Citizen's bands
- ✓ Internet
- ✓ Réseaux locaux, étendus, métropolitains

Besoins des utilisateurs des télécommunications

Différents besoins en télécommunications à la maison, au bureau et en déplacement

Télévision

- ✓ Choix d'un bouquet de chaînes selon les intérêts de l'utilisateur
- ✓ Visionnage de films à la demande (VOD)
- ✓ Enregistrement de programmes

Téléphonie fixe

- ✓ Appel téléphonique
- ✓ Messagerie vocale
- ✓ Transfert d'appels

Téléphonie mobile

- ✓ Appel téléphonique
- ✓ Échange de SMS et de MMS
- ✓ Echange de courriers électroniques
- ✓ Envoi de photos
- ✓ Téléchargement de vidéo ou de la musique
- ✓ Visionnage de la télévision
- ✓ Visioconférence
- ✓ Navigation sur Internet

Internet

- ✓ Échange de courriers électroniques
- ✓ Navigation sur Internet
- ✓ Achats en ligne
- ✓ Visionnage de la télévision et des vidéos
- ✓ Téléchargement de musique ou de films
- ✓ Jeux en ligne
- ✓ ✓Visioconférence[61]

Triple Play

Accès à trois services via une seule connexion (un seul opérateur)

- ✓ Téléphonie
- ✓ Télévision
- ✓ Internet

Quadruple Play

Accès à quatre services via une seule connexion (un seul opérateur)

- ✓ Diffusion de programmes de télévision sur n'importe quel terminal (GSM, écran de TV, écran d'ordinateur, etc.)
- ✓ Accès à ces services à n'importe quel endroit du monde
- ✓ Visio téléphonie sur un terminal spécifique ou sur un ordinateur, un écran de télévision, un GSM, etc.
- ✓ Accès à Internet avec un ordinateur, un écran télévision, un GSM, etc.[62]

Services de télécommunications pour les personnes handicapées

- ✓ Services conçus et mis en œuvre pour faciliter les communications électroniques :
  - o De personnes handicapées à personnes handicapées
  - o De personnes handicapées à personnes sans handicap

Encadrement des services de télécommunications pour les personnes handicapées

- ✓ Droits des personnes handicapées
- ✓ Accessibilité pour tous aux services
- ✓ Elaboration de normes techniques
  - o Pour la fabrication des terminaux destinés aux personnes handicapées
  - o Pour la conception et la fourniture des services de télécommunications destinés aux personnes handicapées

Services de télécommunications pour les personnes handicapées (sourds et malentendants)

Principales options

- ✓ Dispositif de telescription pour les malentendants (TTY : Teletypewriter)
  - o Echange de textes entre deux personnes handicapées via le réseau téléphonique
- ✓ Service de relais (Telecommunications Relay Service)

61 Guide pratique http://www.mediateur-telecom.fr/ressources/media/files/Guide_pratique_chapitre02.pdf

62 Les enjeux de la télévision numérique http://www.awt.be/web/img/index.aspx?page=img,fr,tel,020,030

- o Communication électronique entre une personne handicapée et une personne sans handicap à l'aide d'un relais
- o Principe : Traduction des mots répétés, des textes saisis et des vidéos (signes) par un opérateur pour les deux correspondants

✓ Sous – titrage (Télévision)

- o Transcription des sons en texte sur l'écran du téléviseur

Principales options des services de relais

- o Service de relais texte
- o Service de relais texte avec VCO (Parler sans intervention)
- o Service de relais téléphonique à sous - titrage
- o Service de relais à vidéo[63]

Utilisation des télécommunications

✓ Communications en temps réel (appels téléphoniques, vidéoconférences, etc.)

✓ Communications en différé (SMS, courrier électronique, etc.)

✓ Divertissements en ligne (films, jeux en ligne, etc.)

✓ Accès à d'autres services (urgence, recherches, banque en ligne, etc.)

Activités dépendantes des télécommunications

Dépendance totale des opérations de certaines activités des systèmes de télécommunications

✓ Armée

✓ Police

✓ Services de secours

✓ Banques et commerce

✓ Aviation et aéronautique

✓ Navigation maritime

Utilisateurs et services de télécommunications

2 caractéristiques fondamentales des utilisateurs

✓ Inconscience des difficultés techniques liées à la fourniture des services

✓ Exigences par rapport aux services fournis

L'homme et les systèmes de télécommunications

2 interventions de l'homme

✓ Homme : Source d'information et destinataire de l'information transmise

✓ Homme : Elément de commande du système de télécoms par ses informations (signaux)

- o Dictée d'ordres au système pour l'obtention de réponses appropriées
- o Utilisation d'un réseau téléphonique[64]

Exploitation des services de télécommunications

3 éléments fondamentaux pour l'exploitation des services : Accès, Utilisation et Compétence

Accès aux services de télécommunications

✓ Terminal de l'utilisateur (poste de radio ou de TV, téléphone, ordinateur)

✓ Connexion (Liaison filaire ou sans fil entre le terminal et le réseau)

✓ Réseau (système fournissant et gérant le service)

Indicateurs d'accès

✓ Nombre d'abonnements au téléphone fixe pour 100 habitants

✓ Nombre d'abonnements au téléphone cellulaire mobile pour 100 habitants

✓ Largeur de bande Internet internationale (bit/s) par internaute

✓ Pourcentage de ménages ayant un ordinateur

✓ Pourcentage de ménages ayant un accès à l'Internet

Conditions d'utilisation des services de télécommunications

✓ Acquisition du terminal

✓ Connexions au réseau

✓ Paiement à la consommation ou abonnement mensuel

63 Des services relais pour les personnes malentendantes https://itunews.itu.int/fr/NotePrint.aspx?Note=1468

64 Systèmes de télécommunications, Bases de transmission P.- G. Fontolliet

Indicateurs d'utilisation

- ✓ Nombre d'abonnements au téléphone fixe pour 100 habitants
- ✓ Nombre d'abonnements au téléphone cellulaire mobile pour 100 habitants.
- ✓ Nombre d'abonnements au réseau à large bande hertzien pour 100 habitants

Compétence dans le domaine des télécommunications

- ✓ Niveau de formation académique
- ✓ Initiation à l'Informatique et à l'Internet

Indicateurs de compétence

- ✓ Taux d'alphabétisation des adultes
- ✓ Taux brut de scolarisation dans le secondaire
- ✓ Taux brut de scolarisation dans le supérieur[65]

Types d'accès aux services de télécommunications

- ✓ Accès filaire : raccordement de l'utilisateur au réseau par un câble
  - o Câbles métalliques : paires torsadées, câbles coaxiaux
  - o Fibre optique
- ✓ Accès sans fil : Connexions sans fil de l'utilisateur final au réseau de cœur
  - o Diffusion par ondes radioélectriques (Radio AM/FM, Télévision)
  - o Liaison micro -ondes (liaisons point à point, point à multipoint)
  - o Liaison par satellite (radio, télévision, téléphonie, etc.)
  - o Liaison sans fil aux terminaux

Types d'accès sans fil

- ✓ Accès fixe sans fil
- ✓ Accès mobile sans fil

Mécanismes de fourniture des services sans fil

- ✓ Liaisons terrestres
- ✓ Liaisons satellitaires

65 Rapport: Mesurer la société de l'information 2014 https://www.itu.int/dms_pub/itu-d/opb/ind/D-IND-ICTOI-2014-SUM-PDF-F.pdf

Services de radiocommunication

Services fournis à l'aide de liaisons radioélectriques

- ✓ Service fixe sans fil
- ✓ Service mobile sans fil
- ✓ Service mobile par satellite
- ✓ Service fixe par satellite
- ✓ Etc.

Connexion et utilisation des services de télécommunications

- ✓ Connexion et utilisation des services basées sur un échange d'informations (fréquences, numéro de téléphone, nom d'utilisateur et mot de passe) avec le système

Pour les Utilisateurs humains : Interprétation et utilisation de noms

- ✓ Exemples
  - o Radio Super Etoile
  - o Télé super action
  - o Site web de l'association des hommes doués

Pour les Machines, serveurs et systèmes : interprétation et utilisation de chiffres (numéros de téléphone, fréquences, Internet Protocol)

- ✓ Exemples
  - o 90.5 MHz : Fréquence de la radio Super Star
  - o Canal 8 : Bande de fréquences correspondant à la télé super Action
  - o + 5093415 0000 : Numéro de téléphone de l'institution X
  - o 192.167.113.9 : « IP du site web **xyz** »

Accès et utilisation des services de télécommunications

- ✓ Réception : Réglage du récepteur sur la fréquence de l'émetteur (radio. TV,..)
- ✓ Téléphones déjà réglés sur les bandes de fréquence des opérateurs téléphoniques

Accès et utilisations des services de télécommunications

Connexions physique et logique

Connexion logique

- ✓ Sélection de l'utilisateur (station de radio ou de télévision) ou saisie des informations personnelles de l'utilisateur (nom d'utilisateur et mot de passe pour la connexion aux réseaux informatiques, e-mail, réseaux sociaux, etc.)

Connexion physique

- ✓ (Disponibilité du signal) : Récepteur connecté (dans une zone couverte par la station de radio et de télévision, le réseau téléphonique, Internet)
- ✓ Raccordement du terminal de l'utilisateur au réseau (télévision, téléphonie, Internet)

Accès et utilisation basés sur une connexion quelconque

- ✓ *Radio* : réglage du récepteur sur la fréquence de la station voulue (forme de connexion)
- ✓ *Télévision* : réglage du récepteur sur le canal (bande de fréquences) de la chaine sélectionnée (forme de connexion)
- ✓ *Téléphonie fixe (filaire et sans fil)* : décrochage du combiné commutateur pour demander la connexion au réseau
- ✓ *Téléphonie cellulaire* : Composition et envoi du numéro de téléphone pour demander une connexion
- ✓ *Réseaux informatiques* : Connexion préalable (nom d'utilisateur et mot de passe) avant l'accès aux services
- ✓ *Courrier électronique* : Saisie du Nom d'utilisateur et du mot de passe
- ✓ *Réseaux sociaux* : Saisie du nom d'utilisateur et du mot de passe

Déconnexion des services de télécommunications

- ✓ Fermeture du récepteur de radio ou de télévision
- ✓ Raccrochage après une conversation téléphonique
- ✓ Déconnexion occasionnée par la distance par rapport au système (signal affaibli)
- ✓ Déconnexion volontaire d'un réseau (courrier électronique, réseaux sociaux, Forums, réseaux informatiques, etc.)

Perceptions du consommateur des services de télécommunications

- ✓ Service (accès et utilisation des services)
- ✓ Disponibilité en permanence
- ✓ Terminal et système complexes

Attentes des consommateurs

- ✓ Fiabilité
  - o qualité des équipements utilisés et permanence des services
- ✓ Convivialité des terminaux
  - o simples à utiliser, robustes, sujets à des manipulations intempestives, minimum d'apprentissage préalable à leur utilisation
- ✓ Respect du secret des communications garanti

Exigences spécifiques des utilisateurs

- ✓ *Mobilité* : accès aux services partout
- ✓ *Fiabilité* : disponibilité des services en tout temps
- ✓ *Multimédia* : capacité d'accès à tous types d'informations (voix, images, vidéos et données) via un même terminal
- ✓ *Haut débit* : vitesse élevée pour le transfert de grands volumes d'information
- ✓ *Portabilité* : mise à disposition de terminaux portables pour l'accès et l'utilisation des services partout
- ✓ *Rapport qualité - prix* : services de qualité exigés pour chaque centime facturé

Conséquences des exigences pour les opérateurs de télécommunications

- ✓ Mise à niveau du réseau : augmentation de la capacité du système
  - o Exploitation de nouvelles technologies
  - o Expansion du réseau
- ✓ Amélioration des infrastructures
  - o Déploiement continu d'infrastructures nouvelles pour la fiabilité des services

Principaux piliers de l'expérience client dans le secteur des télécommunications66

4 expériences principales

1.- Expérience du réseau de télécommunications

- ✓ Couverture (portée du signal, disponibilité du signal dans certaines zones, zones couvertes)
- ✓ Qualité du signal (force du signal par rapport au seuil du récepteur)
- ✓ Débit binaire (vitesse d'accès du signal)
- ✓ Fiabilité (disponibilité en permanence)

2.- Expérience commerciale

- ✓ Prix des services (abordabilité)
- ✓ Offres (différentes options, solutions adaptées aux besoins, etc.)
- ✓ Marketing (communication de l'offre au client, précision et clarté du message
- ✓ Facturation (transparence et justesse, reflet de la consommation réelle)
- ✓ Paiement (méthodes et moyens de paiement des factures)

3.- Expérience du produit de télécommunications

Convivialité du terminal permettant d'accéder au service

- ✓ Téléphone
- ✓ Télécopieur
- ✓ Modem
- ✓ Téléviseur

4.- Expérience du service

- ✓ Relation entre le service à la clientèle et le client
- ✓ Traitement des demandes des consommateurs
- ✓ Fourniture de réponses appropriées
- ✓ Fonctionnement du libre -service
- ✓ Convivialité des interfaces du libre –service
- ✓ Exactitude des réponses fournies par le libre -service

Facteurs influençant l'expérience client

1. Couverture, accessibilité et qualité du réseau
2. Service à la clientèle
3. Multiplicité des technologies
4. Qualité des terminaux
5. Relation tripartite : Opérateur – Régulateur- Abonné (Consommateur)

Accès universel

- ✓ Possibilité pour tout le monde d'accéder au service quelque part à un lieu public

Service universel

- ✓ Possibilité pour chaque individu ou ménage de disposer du service, soit à titre privé, soit à la maison, soit porté de plus en plus chez l'individu par des dispositifs sans fil

Objectifs poursuivis par l'accès et le service universels

3 objectifs clés

- ✓ Disponibilité
- ✓ Accessibilité
- ✓ Abordabilité

Fracture (fossé) numérique

- ✓ Disparité en matière d'accès, d'utilisation et de compétence en matière des TIC
- ✓ Disparité entre les nantis et les démunis dans le domaine des TIC
- ✓ Abondance de moyens (terminaux, connexions, compétences) TIC pour un groupe de personnes, d'une part, et absence de moyen pour un autre groupe de personnes, d'autre part
- ✓ Plusieurs moyens de communications pour les nantis
  - o Accès à l'information (radio et télévision)
  - o Lignes téléphoniques et téléphones cellulaires
  - o Accès à Internet à haut débit

66 The four pillars of the telecoms customer experience http://www.telesperience.com/blog/the-four-main-pillars-of-the-telecoms-customer-experience

- ✓ Seul moyen traditionnel pour les démunis (stations de radio ou de télévision)

Types de fossé numérique

- ✓ Fracture numérique entre deux continents
- ✓ Fracture numérique entre deux pays
- ✓ Fracture numérique au sein d'un même pays

Catégories de fracture (fossé) numérique

- ✓ *Fracture numérique au premier degré* : Inégalité d'accès
    - o Absence de moyen d'accès (terminaux, connexions)
- ✓ *Fracture numérique au deuxième degré* : Inégalité d'utilisation
    - o Absence d'offre de services liés aux usages des TIC
- ✓ *Fracture numérique au troisième degré* : Inégalité de compétence
    - o Absence de compétence de toutes sortes pour l'exploitation des services de télécommunications

Causes de la fracture numérique

- ✓ Indisponibilité d'infrastructures de télécommunications de base dans certaines régions
- ✓ Indisponibilité d'infrastructure de télécommunications à large bande dans certaines régions
- ✓ Politique de démocratisation des TIC inadéquate
- ✓ Pouvoir d'achat faible des consommateurs
- ✓ Absence de formation en TIC
- ✓ Manque de sensibilisation sur les bienfaits des TIC

Erreurs les plus fréquentes dans l'exploitation des services de télécommunications

Les erreurs les plus fréquentes dans l'utilisation des TIC

Services TIC : Respect des principes et règles techniques

1.- Oubli du mot de passe

Erreur commise le plus souvent

- ✓ *Mot de passe* : deuxième outil après le nom d'utilisateur pour l'accès aux services Internet
- ✓ *Mot de passe* : une exigence de chaque compte ouvert

Causes d'oubli du mot de passe

- ✓ Multiplicité de mots de passe
- ✓ Complication du mot de passe
- ✓ Utilisation peu fréquente

Solutions

- ✓ Définition de 2 ou 3 mots de passe à utiliser pour tous les comptes

2.- **Choix d'un mot de passe faible**

- ✓ Mot de passe facilement imaginable ou détectable
- ✓ Exemple de mot de passe faible
    - o 1234
    - o password
    - o date de naissance
    - o prénom d'un fils ou de l'épouse

Conséquences d'un mot de passe faible

- ✓ Accès non autorisé à quelqu'un d'autre aux contenus des comptes (courrier électronique, réseaux sociaux, banque en ligne, mobile Banking, etc.)

Solution

- o Choix d'un mot de passe fort (mot de passe compliqué)
- o Techniques : Combinaison de lettres, chiffres, caractères spéciaux (@, #, etc), majuscule, minuscule

3.- **Oubli de se déconnecter**

- ✓ Erreur fréquente après une session sur Internet
- ✓ Compte ouvert = accès à d'autres personnes
- ✓ Compte ouvert : conséquences irréparables

Solution

- ✓ Déconnexion à chaque fois quel que soit le terminal utilisé (ordinateur, tablette électronique, téléphone cellulaire, etc.)

4.- **Ordinateur toujours allumé**

- ✓ Situation occasionnée par différentes circonstances (besoin urgent de déplacement, oubli, etc.)
- ✓ Ordinateur ouvert : accès à des personnes non autorisées

Conséquences

- ✓ Modification de documents
- ✓ Effacement de fichiers
- ✓ Vol de document
- ✓ Utilisation de comptes personnels par une tierce personne

Solution

- ✓ Fermeture l'ordinateur à chaque déplacement

5.- **Oubli de joindre les fichiers**

- ✓ Erreur peu fréquente
- ✓ Pièces jointes (fichiers joints) : Documents importants accompagnant un courrier électronique, pièce maitresse du message

Solution

- ✓ Chargement de la pièce jointe ou des pièces jointes juste après avoir saisi l'adresse du destinataire et avant la rédaction du message de couverture

6.- **Réponse à tous par erreur**

- ✓ Erreur fréquente dans les échanges administratifs
- ✓ Conséquences : réponse envoyée ne concernant pas tous les destinataires copiés dans le message

Solution

- ✓ Effacement des adresses des destinataires non ciblés par la réponse avant la rédaction du message

7.- **Ajout d'un fichier non indiqué**

- ✓ Erreur fréquente dans les courriers électroniques avec pièces jointes
- ✓ Erreur : choix d'un autre fichier ou dossier à la place de celui indiqué

Conséquences

- ✓ Dérangement ou nuisance pour l'expéditeur et le destinataire

Solution

- ✓ Vérification du nom du fichier avant tout envoi (vérification de la nouvelle version des fichiers modifiés)

8.- **Affichage d'une image non indiquée**

- ✓ Erreur fréquente dans les réseaux sociaux
- ✓ Image non indiquée : affichage de photos intimes ou d'images à caractère privé

Conséquences

- ✓ Nuisance à l'image personnelle de l'utilisateur

Solution

- ✓ Appellations appropriées des photos et vérification avant tout affichage

9.- **Envoi d'un message au destinataire non indiqué**

- ✓ Erreur survenue le plus souvent dans les courriers électroniques, parfois sur les réseaux sociaux

Conséquence

- ✓ Nuisance pour l'expéditeur, attente retardée pour le destinataire indiqué, etc.

Solution

- ✓ Saisie correcte de l'adresse électronique du destinataire ou double vérification dans le cas d'un choix dans une liste de contacts

10.- **Téléchargement de n'importe quel fichier**

- ✓ Erreur survenue dans les courriers électroniques, réseaux sociaux, recherches.

Conséquences

- ✓ Infection par virus, perte de fichiers, formatage de l'ordinateur, etc.

Solutions

- ✓ Téléchargement de messages en provenance de contacts sûrs
- ✓ Attention aux alertes de l'ordinateur pendant le téléchargement pour arrêter à temps le processus

11.- **Négligence du dossier des courriers électroniques non désirés**

- ✓ Erreur survenue dans l'utilisation des courriers électroniques
- ✓ Courriers non désirés (courriers indésirables, junk mail, spam) : dossier contenant les messages suspects par un filtre
- ✓ Messages importants et authentiques envoyés par le filtre au dossier spam par erreur

Conséquences

- ✓ Perte de messages importants (nuisance et perte d'opportunités liées à ce message)

Solution

- ✓ Consultation au moins 2 fois par jour le dossier spam et transfert des messages authentiques vers la boite de réception (signalement de l'adresse électronique du message comme non indésirable pour les prochaines fois)

Liste des indicateurs fondamentaux relatifs aux TIC[67]

Indicateurs fondamentaux sur l'accès et l'infrastructure

Liste restreinte d'indicateurs fondamentaux

- ✓ Lignes téléphoniques fixes par 100 habitants
- ✓ Abonnés à des services de téléphonie mobile cellulaire par 100 habitants
- ✓ Ordinateurs par 100 habitants
- ✓ Abonnés Internet par 100 habitants
- ✓ Abonnés à une desserte Internet à large bande par 100 habitants
- ✓ Largeur de bande Internet internationale par habitant
- ✓ Pourcentage de la population couverte par la téléphonie mobile cellulaire
- ✓ Tarifs d'accès à l'Internet (20 heures par mois), en USD, en pourcentage du revenu par personne
- ✓ Tarifs de la téléphonie mobile cellulaire (100 min d'utilisation par mois), en USD, en pourcentage du revenu par personne
- ✓ Pourcentage de localités (rurales/urbaines) disposant de centres publics d'accès à l'Internet, par nombre d'habitants

Liste étendue d'indicateurs fondamentaux

- ✓ Postes de radio par 100 habitants
- ✓ Postes de télévision par 100 habitants

Indicateurs fondamentaux sur l'accès aux TIC et leur utilisation par les ménages et les particuliers

Liste restreinte d'indicateurs fondamentaux

- ✓ Proportion des ménages disposant d'un poste de radio
- ✓ Proportion des ménages disposant d'un poste de télévision
- ✓ Proportion des ménages disposant d'une ligne téléphonique fixe
- ✓ Proportion des ménages disposant d'un téléphone mobile cellulaire
- ✓ Proportion des ménages disposant d'un ordinateur
- ✓ Proportion des personnes ayant utilisé un ordinateur (tous lieux de connexion confondus) au cours des 12 derniers mois
- ✓ Proportion des ménages disposant d'un accès à l'Internet à domicile
- ✓ Proportion des personnes ayant utilisé l'Internet (tous lieux de connexion confondus) au cours des 12 derniers mois

67 INDICATEURS FONDAMENTAUX RELATIFS AUX TIC https://www.itu.int/en/ITU-D/Statistics/Documents/partnership/CoreICTIndicators_f.pdf

- ✓ Lieu d'utilisation de l'Internet par des particuliers au cours des 12 derniers mois :
  - o Domicile
  - o Lieu de travail
  - o Lieu d'étude
  - o Domicile d'un autre particulier
  - o Centre public d'accès gratuit à l'Internet);
  - o Centre d'accès payant à l'Internet ;
  - o Autres
- ✓ Activités liées à l'Internet entreprises par des particuliers au cours des 12 derniers mois
  - o Pour obtenir des informations :
    - – Concernant des biens ou des services;
    - – Concernant la santé ou des services de santé ;
    - – Auprès d'organisations gouvernementales ou d'autorités publiques via des sites Web ou des courriers électroniques ;
    - – Autres ou navigation générale sur le Web
  - o Pour communiquer
  - o Achat ou commande de biens ou de services
  - o Services bancaires ou autres services financiers
  - o Activités éducatives
  - o Relations avec des organisations gouvernementales ou des autorités publiques
  - o Activités de loisirs:
    - – Téléchargement/pratique de jeux vidéo ou électroniques;
    - – Acquisition de films, musiques ou logiciels;
    - – Lecture/téléchargement de livres, journaux ou revues en ligne;
    - – Autres activités récréatives

Liste étendue d'indicateurs fondamentaux

- ✓ Proportion des personnes utilisant un téléphone mobile
- ✓ Proportion des ménages disposant d'un accès à l'Internet, par type d'accès depuis le domicile
- ✓ Fréquence des accès individuels à l'Internet au cours des 12 derniers mois (tous lieux de connexion confondus):
  - o Au moins une fois par jour ;
  - o Au moins une fois par semaine mais pas chaque jour ;
  - o Au moins une fois par mois mais pas chaque semaine
  - o Moins d'une fois par mois

Indicateurs fondamentaux sur l'accès l'utilisation des TIC par les entreprises

Liste restreinte d'indicateurs fondamentaux

- ✓ Proportion des entreprises utilisant des ordinateurs
- ✓ Proportion des employés utilisant des ordinateurs
- ✓ Proportion des entreprises utilisant l'Internet
- ✓ Proportion des employés utilisant l'Internet
- ✓ Proportion des entreprises présentes sur le Web
- ✓ Proportion des entreprises ayant un Intranet
- ✓ Proportion des entreprises recevant des commandes par l'Internet
- ✓ Proportion des entreprises passant des commandes par l'Internet

Liste étendue d'indicateurs fondamentaux

- ✓ Proportion des entreprises ayant un accès à l'Internet par modes d'accès
- ✓ Proportion des entreprises ayant un réseau local (LAN)
- ✓ Proportion des entreprises ayant un extranet
- ✓ Proportion des entreprises utilisant l'Internet par type d'activité
  - o Réception et envoi de courrier électronique
  - o Pour obtenir des informations:
    - – Sur des biens ou des services;
    - – Auprès d'organisations gouvernementales ou d'autorités publiques, via des sites Web ou des courriers électroniques;

- Autres recherches d'information ou activités de recherche

o Exécution d'opérations bancaires ou accès à d'autres services financiers

o Relations avec des organisations gouvernementales ou des autorités publiques

o Fourniture de services à la clientèle

o Vente en ligne de produits

Indicateurs fondamentaux pour le secteur des TIC

Liste restreinte d'indicateurs fondamentaux TIC

✓ Proportion de la population active du secteur des entreprises présentes dans le secteur des TIC

✓ Valeur ajoutée dans le secteur des TIC (exprimée en pourcentage de la valeur ajoutée totale du secteur des entreprises)

✓ Importations de biens TIC exprimées en pourcentage des importations totales

✓ Exportations de biens TIC exprimées en pourcentage des exportations totales

Droit des consommateurs

Protection du consommateur liée aux éléments suivants

✓ Produit de télécommunications

✓ Equipements de télécommunications

✓ Terminaux de télécommunications

✓ Services de télécommunications

Principaux droits des consommateurs

✓ Droit à la satisfaction des besoins essentiels

✓ Droit à une garantie sur le produit

✓ Droit à l'information

✓ Droit au choix

✓ Droit à la représentation

✓ Droit au recours

✓ Droit à l'éducation

✓ Droit à un environnement sain[68]

✓ Droit à la résiliation et la modification du contrat

✓ Compensation en cas d'interruption du service

✓ Droit au blocage de publicité

✓ Accès aux numéros d'urgence

✓ Droit à la portabilité du numéro de téléphone

Principaux types de litiges entre consommateurs et fournisseurs de service[69]

✓ Facturation

o Migration de forfaits

o Remises

o Majoration

o Application de tarifications spécifiques

✓ Contrats

o Respect des modalités d'exécution

o Respect des conditions générales d'abonnement

✓ Problèmes techniques

o Indisponibilité du service

o Problème d'exploitation du service

✓ Résiliation

o Difficultés liées à la résiliation du contrat

o Frais de résiliation

Qualité de services de télécommunications

Quelques concepts

✓ Qualité de service (QoS, quality of service) : Ensemble des caractéristiques d'un service de télécommunication permettant de satisfaire aux besoins explicites et aux besoins implicites de l'utilisateur du service.

✓ Qualité de service demandée par l'utilisateur/ le client (QoSR, QoS requirements) : Qualité de service demandée par un client/utilisateur ou par un ou plusieurs segments de la population des

68 Droit du consommateur des Telecom et TIC http://actic.over-blog.com/pages/Droits_Du_Consommateur_Des_Telecoms_Et_TIC-2421140.html

69 Résolution des litiges en 2015 http://www.mediateur-telecom.fr/ressources/media/files/AMCE_2015_bd.pdf

clients/utilisateurs ayant les mêmes besoins en matière de qualité de fonctionnement.

- ✓ Qualité de service offerte/prévue par le fournisseur de service (QoSO, QoS offered) : Niveau de qualité prévu et donc offert au client par le fournisseur de service
- ✓ Qualité de service délivrée/obtenue par le fournisseur de service (QoSD, QoS delivered) : Niveau de qualité de service obtenu ou délivré au client
- ✓ Qualité de service perçue ou expérimentée par le client/l'utilisateur (QoSE, QoS experienced) : Niveau de qualité utilisé/exploité effectivement par les clients/utilisateurs[70]

Base de la Qualité des services de télécommunications

- ✓ Qualité de service basée sur différents paramètres ou caractéristiques
- ✓ QOS basée sur les critères définis par des organismes
- ✓ QOS basée sur la perception de l'utilisateur des services

Eléments de la qualité de service

- ✓ Disponibilité des moyens de transfert de l'information
  - o Possibilité pour les équipements et les liaisons de tomber en panne
- ✓ Taux d'erreur maximal
  - o Nombre de bits erronés/modifiés par rapport au nombre de bits émis
- ✓ Débit de transfert
  - o Vitesse de transmission des informations des réseaux d'accès
- ✓ Congestion
  - o Encombrement des réseaux dorsaux
- ✓ Latence
  - o Retard de transmission
- ✓ Gigue
  - o Variation du temps de traitement
- ✓ Délai
  - o Durée entre la décision d'émettre l'information et la réception par le destinataire[71]
- ✓ Fiabilité
  - o Disponibilité du service en permanence
- ✓ Perte
  - o Perte d'information pendant la transmission

Indicateurs de qualité de service de télécommunications

- ✓ Appel téléphonique : possibilité de placer un appel avec facilité dans moins de 30 secondes
- ✓ Communication vocale réussie : appel téléphonique et son maintien durant 2 minutes sans coupure
- ✓ Qualité auditive : qualité auditive notée selon une échelle à 4 niveaux « parfaite, acceptable, médiocre, et mauvaise »
- ✓ Accès à l'internet : accès à une page d'un site web dans un délai inférieur à 10 secondes
- ✓ Diffusion de vidéo en flux : visionnage d'une vidéo de 2 minutes sur un smartphone et vérification de la capacité de l'utilisateur à accéder au contenu normalement

Sensibilité de l'utilisateur par rapport aux paramètres suivants :

- ✓ Délai de transmission
- ✓ Variation du délai de transmission
- ✓ Perte d'informations

Critères de qualité de service définis par l'UIT

- ✓ Disponibilité de la liaison (lien reliant les deux consommateurs finals)
- ✓ Nombre d'erreurs binaires
- ✓ Délai de transfert
- ✓ Variation dans le délai de transfert

70 Série e: exploitation générale du réseau, service téléphonique, exploitation des services et facteurs humains https://www.itu.int/rec/dologin_pub.asp?lang=e&id=T-REC-E.800...F...

71 Réseaux et Télécommunications - Dominique SERET, Ahmed MEHAOUA, Neilze DORTA http://www.mi.parisdescartes.fr/~mea/cours/L3/L3.poly06.pdf

Qualités de service du point de vue de l'utilisateur et de celui du fournisseur de service

- ✓ Qualité de service demandée par l'utilisateur
- ✓ Qualité de service prévue par le fournisseur de service
- ✓ Qualité de service délivrée par le fournisseur de service
- ✓ Qualité de service perçue par l'utilisateur[72]

Niveaux de service

3 niveaux de service

- ✓ Meilleur effort (best effort ou lack of QoS) : aucune différenciation entre plusieurs flux réseaux et *ne permet aucune garantie.*
- ✓ Service différencié (differenciated service ou soft QoS) : définition des niveaux de priorité aux différents flux réseau sans toutefois fournir une garantie stricte
- ✓ Service garanti (guaranteed service ou hard QoS) : réservation de ressources réseau pour certains types de flux[73]

Obligations incombant à tout opérateur en matière de qualité de service

- ✓ Assurer de manière permanente et continue l'exploitation du réseau et des services de communication
- ✓ Remédier aux effets de la défaillance du système dégradant la qualité de service
- ✓ Mettre en œuvre les équipements et procédures nécessaires
- ✓ Mesurer les indicateurs de qualité de service
- ✓ Respecter les normes internationales (ETSI, ITU-T, AFNOR, ITIL, ITSEL, CENISSS, etc.)[74]

Obligations pour le service fixe

- ✓ Permanence du service
- ✓ Durée cumulée d'indisponibilité
- ✓ Taux de perte des communications internes au réseau

Obligation pour le service mobile

- ✓ Mise en œuvre des moyens pour atteindre des niveaux de qualité de services comparables aux standards internationaux
- ✓ Respect des conditions minimales (taux de blocage des appels, taux de coupure des appels, puissance du champ et qualité auditive)[75]

Liste des critères de qualité de service

1. Débit (ou bande passante) : volume maximal d'information par unité de temps
2. Délai de transmission (ou latence) : retard entre l'émission et la réception d'un paquet
3. Variation du délai de transmission (ou gigue) : fluctuation du signal numérique, dans le temps ou en phase
4. Perte de paquet : non délivrance d'un paquet de données, la plupart du temps due à un encombrement du réseau
5. Déséquencement : modification de l'ordre d'arrivée des paquets[76]

Qualité de Service relative aux Réseaux mobiles

- ✓ Critères de qualité
- ✓ Qualité du réseau
- ✓ Performance du terminal
- ✓ Type de contrat (plan)
- ✓ Situation de l'utilisateur (à l'intérieur ou à l'extérieur d'un bâtiment)
- ✓ Localisation par rapport aux stations de base
- ✓ Nombre d'utilisateurs connectés simultanément (données variables à tout instant)[77]

72 http://www.fratel.org/wp-content/uploads/2013/10/Pr%C3%A9sentation-Gide-R%C3%A9my-Fekete.pdf

73 http://www.fratel.org/wp-content/uploads/2013/10/Pr%C3%A9sentation-Gide-R%C3%A9my-Fekete.pdf

74 La qualité de service : quel rôle du régulateur pour quels objectifs ? http://www.fratel.org/wp-content/uploads/2013/10/Pr%C3%A9sentation-Gide-R%C3%A9my-Fekete.pdf

75 La qualité de service : quel rôle du régulateur pour quels objectifs ? – http://www.fratel.org/wp-content/uploads/2013/10/Pr%C3%A9sentation-Gide-R%C3%A9my-Fekete.pdf

76 La qualité de service : quel rôle du régulateur pour quels objectifs ? – http://www.fratel.org/wp-content/uploads/2013/10/Pr%C3%A9sentation-Gide-R%C3%A9my-Fekete.pdf

77 Qualité des services de communications électroniques – www.telecom-infoconso.fr/qualite-des-services-de-communications-electroniques/?

Services interactifs et en temps réel (téléphonie, visiophonie, jeux vidéo en temps réel)

Services exigeants en termes de contraintes temporelles

2 contraintes

✓ Délai de transfert ou délai de transmission du signal de la source a la destination

✓ Délai de transfert ou délai de transmission du signal : temps de traitement + temps de transmission et de propagation

✓ Délai de transfert ou délai de transmission du signal : faible et rigoureux

✓ Variation dans le délai de transfert ou gigue

✓ Service de téléphonie et de vidéoconférence : tolérance d'une certaine erreur (mais pas de délai)

Contraintes de qualité pour les services de données

2 contraintes

✓ Débits : débit minimal à garantir, débit de crête, débit moyen

✓ Erreurs : taux d'erreur binaire (nombre de bits erronés sur nombre de bits transmis), duplication ou insertion de paquets, ordre des paquets, etc.

✓ Service de données : tolérance d'un certain délai de transmission (mais pas d'erreur binaire)

Contrainte pour le service de type multimédia

✓ Nécessité pour le réseau de supporter plusieurs types de services avec des contraintes différentes[78]

78 Réseaux publics de télécommunications (Ed. 3.4. Revision : 9/01) – http://www.ulb.ac.be/students/bep/files/intro3.4.pdf

QUELQUES SERVICES DE TÉLÉCOMS

Télécopie (Facsimile, Fax)

✓ Transmission de documents graphiques par des moyens électriques ou électroniques via une ligne téléphonique

✓ Techniques de reproduction à distance de documents graphiques au moyen de terminaux (télécopieurs) raccordés au réseau téléphonique (accès conditionné par la composition d'un numéro de fax similaire en format et fonctionnement avec un numéro de téléphone)

✓ Reproduction identique à l'original, généralement en noir et blanc, certaines fois en nuance de gris, ou en couleur

✓ Document électronique numérisé par une machine et envoyé électroniquement **à** une autre machine pour impression

Télécopieur ou téléfax

✓ Dispositif électronique utilisé pour transmettre des documents électroniquement à travers un réseau téléphonique.

Principe de fonctionnement de la télécopie

✓ Insertion du document à transmettre dans le télécopieur

✓ Composition du numéro du télécopieur destinataire (format d'un numéro de téléphone classique)

✓ Validation de l'envoi par un appui sur le bouton « *send* » pour envoyer la télécopie

✓ Analyse ligne par ligne du document physique inséré pour transmission par le scanneur du télécopieur

✓ Conversion de l'image du document en impulsions électriques (signaux électriques)

✓ Transmission des impulsions électriques via une ligne téléphonique ordinaire ou une liaison louée

✓ Réception des signaux électriques par le télécopieur de destination

✓ Conversion par le télécopieur de réception des impulsions électriques en images

✓ Transcription des images sur du papier ou un écran

Classification des télécopieurs

4 groupes de télécopieurs

- ✓ *Groupe 1 :* télécopieurs analogiques de faible résolution (inexistant aujourd'hui)
    - o Transmission par la modulation de fréquence
    - o Six minutes pour la transmission d'une page A4
- ✓ *Groupe 2 :* télécopieurs analogiques de faible résolution
    - o Transmission par la modulation d'amplitude
- ✓ *Groupe 3 :* télécopieurs « numériques » sur réseau analogique de bonne résolution (200×196 points par pouce)
- ✓ *Groupe 4 :* télécopieurs « numériques » utilisant le réseau RNIS à 64 kbit/s
    - o Qualité photocopie numérique (400×400 points par pouce[79]

Fax par Internet (e -fax, online fax)

- ✓ Techniques permettant d'utiliser les réseaux IP pour la transmission de documents
- ✓ Remplacement de toutes les infrastructures de transmission de bout en bout par un logiciel de télécopie
- ✓ Envoi à un télécopieur de documents numériques à partir d'un ordinateur ou d'un terminal numérique grâce à un logiciel

Services par Internet Fax

- ✓ Email vers fax (fax en provenance d'une application de messagerie électronique existante)
- ✓ Fax vers email (réception de fax dans la boite aux lettres électroniques)
- ✓ Envoi de courriers électroniques avec pièces jointes à des télécopieurs traditionnels (reliés par une ligne téléphonique ou raccordés au réseau téléphonique) au moyen d'une ligne téléphonique
- ✓ Conversion en courriers électroniques de télécopies reçues de télécopieurs traditionnels
- ✓ Envoi de documents numérisés (scannés) à des courriers électroniques
- ✓ Ordinateur vers fax (télécopie à partir d'un ordinateur)

Courrier électronique

Courrier électronique, courriel, e-mail (electronic mail), mail ou mél, adresse électronique

- ✓ Service de transmission de messages écrits accompagnés de pièces jointes (texte, son, musique, image, vidéo, données)
- ✓ Transmission de messages multimédia à travers un réseau informatique, principalement Internet
- ✓ *Courrier électronique* : terme utilisé pour désigner à la fois l'adresse électronique et le message électronique envoyé par ce moyen
- ✓ Premier courrier électronique envoyé à l'automne de 1971 par Ray Tomlinson, inventeur de la messagerie électronique

Constitution d'un courrier électronique

5 éléments

1. Nom d'utilisateur ou nom de compte ou identifiant (Jean, Pierre, Simone, contact, info)
2. @ : Symbole utilisé pour séparer le nom d'utilisateur du domaine (lire arobase, chez)
3. Domaine (hébergement, Serveur d'hébergement, serveur de courrier)
4. . (point) : utilisé pour séparer l'hébergeur de son extension
5. Extensions de domaine (com, fr, org, int, edu)
    - – E-mail : dupont@domain1.fr
    - – E-mail : gregorydomond@hotmail.com
    - – E-mail : itumail@itu.int

Parties d'un Courrier électronique (message électronique)

2 parties

1.- En-tête

- ✓ Objet du message
- ✓ Expéditeur
- ✓ Courrier électronique de l'expéditeur
- ✓ Date et heure de réception

79 Télécopieur
https://fr.wikipedia.org/wiki/Telecopieur

- ✓ Réponse (possibilité de répondre à)
- ✓ Adresse électronique du destinataire

2.- Contenu

- ✓ Corps du message (contenu)
- ✓ Fichiers joints éventuels
- ✓ Signature de l'expéditeur

Principe de fonctionnement du courrier électronique

- ✓ Une adresse électronique pour l'expéditeur du message (ouverture d'un compte chez un prestataire de service de messagerie électronique ou un compte professionnel chez un employeur)
- ✓ Adresses électroniques des destinataires du message
- ✓ Accès au compte par l'utilisateur (expéditeur) grâce au mot de passe secret et sécurisé
- ✓ Saisie de l'adresse électronique du destinataire (ou des adresses électroniques des destinataires) du message dans l'espace réservé
- ✓ Saisie de l'objet du message dans l'espace réservé
- ✓ Saisie du message dans l'espace réservé (possibilité de copier et coller un texte pris ailleurs)
- ✓ Ajout éventuel de pièces jointes (texte, son, musique, vidéo, données)
- ✓ Appui sur le bouton « envoyer » pour transmettre le message
- ✓ Transit du message de serveurs en serveurs jusqu'au serveur de destination
- ✓ Dépôt du message dans la boite aux lettres électronique du destinataire
- ✓ Boite aux lettres électroniques : espace réservé dans un serveur de messagerie à chaque utilisateur (titulaire d'un compte chez un prestataire)
- ✓ Accès pour le destinataire au message par la saisie de son nom d'utilisateur et son mot de passe
- ✓ Lecture du message et téléchargement éventuel des documents joints au message sur son terminal (ordinateur, tablette numérique, téléphone intelligent)

Fonctionnalités d'une adresse électronique (courrier électronique)

- ✓ Boîte aux lettres électronique pour chaque utilisateur
- ✓ Notification du destinataire de l'arrivée de chaque message
- ✓ Confirmation de la réception du message par un accusé de réception
- ✓ Message original inclus dans la réponse
- ✓ Envoi d'un même message à plusieurs destinataires en même temps
- ✓ Possibilité de récupération des messages effacés pendant un certain temps[80]
- ✓ Possibilité de sauvegarder les adresses électroniques des contacts dans un répertoire du compte
- ✓ Possibilité d'envoi simultané de message aux destinataires principaux, aux destinataires en en copie conforme (Cc : copie carbone) et aux destinataires en copie conforme invisible (Cci ou Bcc)
- ✓ Notification par le serveur de messagerie de la non délivrance du message en cas d'adresse erronée

Accès au service de courrier électronique

- ✓ Ordinateur, ou tablette numérique ou un téléphone cellulaire relié à un réseau de télécommunications
- ✓ Accès à un serveur de messagerie électronique (fournisseur d'accès à Internet ou un serveur de messagerie public tel que : Hotmail. Gmail, Yahoo, etc.)
- ✓ Adresse électronique
- ✓ Logiciel de messagerie installé sur le terminal (dans certains cas)

Avantages du courrier électronique

- ✓ Rapidité de la circulation des messages
- ✓ Possibilité d'envoyer des messages aux destinataires non connectés
- ✓ Consultation des messages au moment opportun
- ✓ Distance abolie

80 La messagerie électronique http://hautrive.developpez.com/reseaux/?page=page_20

- ✓ Facilité d'utilisation
- ✓ Economie (par rapport au courrier traditionnel)
- ✓ Universalité technique (utilisation du service sur tous types de matériels, réseaux, etc.)
- ✓ Communication de groupe (possibilité d'envoi groupé, liste de diffusion personnelle, diffusion de messages dans les groupes de discussion et forums)
- ✓ Trace écrite des messages (archivage des messages, exploitation des données, classement des messages)
- ✓ Réutilisation des messages (réponse, transfert de message, etc.)[81]

Inconvénients du courrier électronique

- ✓ Confidentialité des messages réduite (possibilité d'interception des messages pendant leur transmission à travers les réseaux)
- ✓ Propagation de virus (principal vecteur de propagation de virus informatiques)
- ✓ Messages abusifs (courriers non sollicités, spams, etc.)
- ✓ Propagation de rumeurs (hoax)
- ✓ Surinformation ou déluge informationnel (volume important de courriers électroniques à traiter par un utilisateur pendant une journée)[82]

Services de messagerie des réseaux cellulaires

SMS et MMS

SMS (Short Message service)

- ✓ Service de messagerie textuelle fourni par les réseaux mobiles
- ✓ Contenu du message : 160 caractères alphanumériques
- ✓ Service *Store and Forward* : Message stocké d'abord dans les serveurs, et acheminé après vers le destinataire
- ✓ Réseau utilisé : à partir de 2 G
- ✓ Livraison du SMS
  - o quasi instantanée
  - o après un certain temps (aux heures de pointe)
  - o message non délivré à cause de certaines contraintes techniques

MMS (Multimedia Messaging Service) : Service de messagerie multimédia

- ✓ Envoi et réception de messages multimédias par téléphone mobile
- ✓ MMS : Extension des capacités d'un SMS
- ✓ Service fourni par un réseau 2.5 G
- ✓ Taille : entre 300 et 600 KB
- ✓ Service *store and forward (*Message stocké d'abord dans les serveurs, et acheminé après vers le destinataire)
- ✓ Réseau utilisé : à partir de 2.5 G
- ✓ Livraison du MMS
  - o quasi instantanée
  - o après un certain temps (aux heures de pointe)
  - o message non délivré à cause de certaines contraintes techniques

Messagerie instantanée

- ✓ Dialogue en ligne ou clavardage
- ✓ Echange de messages textuels ou de fichiers (images, vidéo, son,...) en temps réel entre plusieurs utilisateurs connectés à un même réseau (réseau informatique ou Internet)
- ✓ Logiciel ou application Internet permettant la communication en temps réel entre utilisateurs connectés (en ligne)
- ✓ Logiciel ou application Internet permettant de se parler à l'aide de micro, de se voir à l'aide de webcam, et de partager des fichiers multimédia en temps réel
- ✓ Service permettant de visualiser en temps réel la présence et la disponibilité des contacts

81 Principes de fonctionnement de la messagerie électronique https://www.sites.univ-rennes2.fr/urfist/messagerie_electronique_fonctionnement

82 Principes de fonctionnement de la messagerie électronique https://www.sites.univ-rennes2.fr/urfist/messagerie_electronique_fonctionnement

- ✓ Echange possible seulement avec les personnes de la liste de contacts (diffèrent du chat : échange en direct avec n'importe quel inconnu)

Types de messagerie instantanée

2 types de messagerie instantanée

Messagerie instantanée fixe

- ✓ *Exploitation basée sur un ordinateur*

Messagerie instantanée mobile

- ✓ *Exploitation basée sur un téléphone cellulaire*

Exemples : Aol, yahoo, MSN et google talk

Principe de fonctionnement

- ✓ Connexion au réseau (connexion physique au réseau, généralement Internet)
- ✓ Connexion au serveur contenant les informations sur les utilisateurs inscrits, connectés ou non (Logiciel client pour la connexion avec le serveur de messagerie instantanée)
- ✓ Notification de l'utilisateur connecté de la présence en ligne de contacts
- ✓ Transmission des messages via le serveur du fournisseur de messagerie
- ✓ Connexion de la messagerie avec le serveur à chaque lancement
- ✓ Interrogation de la base de données par la messagerie pour voir les utilisateurs connectés
- ✓ Echange possible de messages entre les personnes connectées

Télégraphie

- ✓ Système permettant de transmettre des messages appelés télégrammes sur de grandes distances à l'aide de codes

Types de télégraphie

- ✓ Télégraphie optique
- ✓ Télégraphie électrique
- ✓ Télégraphie sans fil

Télégraphe optique de Chappe

- ✓ Transmission de signaux (messages codés) de proche en proche grâce à un réseau de sémaphores

Télégraphe électrique

- ✓ Transmission de signaux par l'intermédiaire de fils électriques de jour comme de nuit et quelles que soient les conditions atmosphériques
- ✓ Etablissement de liaisons intercontinentales grâce à des câbles sous -marins

Principe de fonctionnement de la Télégraphie optique (télégraphie aérienne)

- ✓ Echange basé sur des stations (tours Chappe construits sur des points hauts) à vue directe l'une de l'autre
- ✓ Equipement de chaque tour d'une machine
- ✓ Un grand bras et de plusieurs petits bras en bois dans chaque machine
- ✓ Pivotement des bras pour prendre des centaines de positions distinctes
- ✓ Indication d'un message spécifique par chacune des positions
- ✓ Transmission des messages sous forme de code
- ✓ Communication réalisée grâce à des bras supportés par un mât mobile de la machine
- ✓ Reproduction des signaux émis par les bras
- ✓ Utilisation des mêmes codes à l'émission et à la réception
- ✓ Service non exploitable pendant la nuit, ni par mauvaise visibilité

Principe de fonctionnement de la Télégraphie électrique

- ✓ Utilisation de piles, d'un interrupteur, d'un électro aimant et de deux fils pour transmettre les deux signes : un court et un long (un point et un trait)
- ✓ Utilisation des mêmes codes à l'émission et à la réception

Principe de fonctionnement de la télégraphie sans fil

- ✓ Transmission des informations à l'aide d'ondes électromagnétiques
- ✓ Utilisation de l'alphabet Morse pour le codage des informations à transmettre
- ✓ Utilisation des mêmes codes à l'émission et à la réception

Télex

- ✓ Service télégraphique permettant à ses abonnés de correspondre directement et temporairement entre eux au moyen d'appareils arythmiques et de circuits de télécommunication du réseau télégraphique public[83]
- ✓ Réseau international de communication reliant les télescripteurs (appareils terminaux permettant d'envoyer et de recevoir des messages au moyen de signaux électriques)
- ✓ Réseau de communication entre télescripteurs
- ✓ Service dérivé de la télégraphie

Principes de fonctionnement du télex

- ✓ Réseau commuté de télescripteurs pour l'envoi de messages textuels
- ✓ Routage des messages textuels par l'utilisation d'une adresse télex (par exemple : 15710 GD H, 15710 : Numéro de l'utilisateur, GD : abréviation du nom de l'utilisateur et H : Indicatif de pays)
- ✓ Possibilité de routage des messages à différents terminaux télex dans une même compagnie en utilisant les identités des différents terminaux (par exemple : T150, T151, etc.)
- ✓ Accusé de réception du message télex par le message « Answerback »

Vidéotex (vidéographie interactive)

- ✓ Service de vidéographie supporté par un réseau de télécommunications assurant la transmission des demandes de l'utilisateur et des messages obtenus en réponse
- ✓ Accès aux informations par le dialogue avec une banque de données ou un terminal
- ✓ Service permettant d'envoyer des pages de textes et de graphismes à un utilisateur en réponse à sa demande
- ✓ Système d'information basé sur les technologies des télécommunications, de l'informatique et de la télévision

Types de vidéotex

2 *types de vidéotex*

1.- vidéotex diffusé ou télétexte

- o Système informatique permettant à l'utilisateur de choisir et d'afficher des pages d'informations sur l'écran d'un récepteur de télévision
- o Message unilatéral (sans interaction avec le récepteur)

Principes de fonctionnement du vidéotex diffusé ou télétexte

- ✓ Pages transmises par télédiffusion ou par câble
- ✓ Utilisation des ondes porteuses de la télévision pour intercaler les signaux des pages d'information entre ceux des images des émissions de télévision
- ✓ Affichage des pages d'informations à l'écran du téléviseur grâce à un décodeur (Accès aux pages d'informations via un décodeur)

2.- Vidéotex interactif ou vidéotex commuté (système télétel)

- o Système permettant de choisir et d'afficher des pages d'information sur un écran de récepteur de télévision
- o Système informatique bidirectionnel pour l'obtention de renseignements ou la réalisation de transactions
- o Sélection de l'information par dialogue avec l'ordinateur central du système
- o Sélection et affichage de pages d'informations pour consultation

Principes de fonctionnement du vidéotex interactif ou commuté

- ✓ Connexion de l'abonné au centre télétel à l'aide d'un clavier alphanumérique (terminal minitel)
- ✓ Demande d'un service par la composition du numéro de ce dernier sur le clavier
- ✓ Etablissement par le centre d'une liaison avec l'ordinateur gérant le service demandé
- ✓ Démarrage du dialogue entre l'usager et l'ordinateur gérant le service

Utilisations du vidéotex interactif

- o Commandes auprès des fournisseurs de services

83 Recommandation UIT- R v.662-3
Termes et définitions
https://www.itu.int/rec/R-REC-V.662/fr

- o Réservation de billets
- o Envoi de courrier électronique

Visiophonie

- ✓ Association de la téléphonie et de la télévision permettant aux usagers de se voir pendant leur conversation téléphonique[84]
- ✓ Service supporté par les réseaux de téléphonie fixe ou mobile ou Internet

Principes de fonctionnement

- ✓ Codage et décodage des signaux analogiques audio et vidéos en signaux numériques aux deux extrémités grâce à un Codec (Codeur et décodeur)
- ✓ Compression des signaux numérisés par le codec
- ✓ Transmission des signaux via le réseau téléphonique
- ✓ Décompression et conversion des signaux numériques en signaux analogiques à la réception

Exigences minimales du service de visiophonie

- ✓ Téléphones mobiles 3G aux deux extrémités (meilleure qualité avec un terminal 4G)
- ✓ Réseau de téléphonie mobile 3G (UMTS) (Meilleure qualité avec un réseau 4G/LTE)

Visioconférence ou vidéoconférence

- ✓ Vidéo téléconférence ou Télévision interactive
- ✓ Ensemble de technologies de télécommunication interactives permettant à deux ou plusieurs sites distants d'interagir par des transmissions audio et vidéo dans les directions simultanément
- ✓ Transmission simultanée des informations audio et vidéo entre deux ou plusieurs endroits distants.
- ✓ Conversation téléphonique accompagnée d'images entre deux ou plusieurs personnes dans deux administrations publiques ou privées, ou par une vidéoconférence multi -sites entre plusieurs personnes dans des salles de réunion

Composantes d'un système de vidéoconférence

Principales composantes aux deux extrémités

- ✓ *Codec (Codeurs et décodeurs)* : dispositifs pour la conversion des signaux sous une forme numérique comprimée avant la transmission
- ✓ *Cameras* : Prise d'images
- ✓ *Ecrans* : Affichage des images
- ✓ *Microphones* : Prise et conversion du son en signal électrique
- ✓ *Haut-parleurs* : Réception du signal électrique et conversion en message audio
- ✓ *Projecteur de vidéo* : dispositif projetant des images issues d'un ordinateur
- ✓ *Système de transmission* : mise en place d'un système de transmission privé ou Connexion au réseau RNIS ou IP

Phases d'une vidéoconférence

- ✓ Communication du numéro de téléphone de la conférence à tous les participants
- ✓ Appel au numéro de téléphone indiqué à l'heure indiquée
- ✓ Connexion automatique des participants après l'appel (virtuellement dans la salle de réunion : apparition du participant à l'écran de l'autre salle de conférence)
- ✓ Début de la vidéoconférence après la connexion de tous les participants (virtuellement dans la salle de réunion)
- ✓ Echange de sons et d'images en temps réel

Audioconférence ou conférence téléphonique

- ✓ Service de téléconférence basée sur la mise en relation de plusieurs participants par des circuits téléphoniques (avec ajout éventuel de la transmission de signaux tels que ceux de la télécopie ou de la téléécriture)
- ✓ Service permettant à plusieurs personnes situées dans différents endroits de communiquer par téléphone en temps réel

Principes de fonctionnement de l'audioconférence

- ✓ Mise en place d'une conférence bridge (équipement connectant les lignes téléphoniques)
- ✓ Connexion de chaque participant à la conférence bridge par la composition d'un numéro de téléphone
- ✓ Démarrage de la conversation après connexion de tous les participants

84 Visiophonie https://tutovideo.ch/actualites/tooltip/videophonie/

CHAPITRE 4

TECHNIQUES ET TECHNOLOGIES DES TELECOMMUNICATIONS

OBJECTIF PRINCIPAL DES TECHNIQUES ET TECHNOLOGIES DES TÉLÉCOMMUNICATIONS

- ✓ Transmettre l'information de bout en bout sous formes électrique, électromagnétique et lumineuse

Objectifs spécifiques des techniques et technologies des télécommunications

- ✓ Acquisition de l'information
- ✓ Conversion de l'information sous d'autres formes
- ✓ Traitement de l'information (coté émission)
- ✓ Transmission de l'information
- ✓ Traitement de l'information (coté réception)
- ✓ Conversion de l'information sous sa forme originale (restitution de l'information sous sa forme originale)

Stratégies utilisées dans les télécommunications

- ✓ Dispositifs électroniques terminaux pour l'acquisition de l'information
- ✓ Dispositifs électroniques pour le traitement de l'information
- ✓ Supports de transmission pour Transmission de l'information
- ✓ Dispositifs électroniques terminaux pour l'exploitation de l'information

Principes de base des télécommunications

- ✓ Lois physiques et électromagnétiques
- ✓ Lois électriques et mécaniques
- ✓ Principes électroniques
- ✓ Principe de radio conduction
- ✓ Principe des Semi -conducteurs
- ✓ Propagation des ondes électromagnétiques
- ✓ Technologies analogiques
- ✓ Technologies numériques
- ✓ Optique

Fondements techniques des télécommunications

Techniques appuyées sur

- ✓ Lois de la physique (propagation dans les milieux guidés et non guidés)
- ✓ Théorie des circuits
- ✓ Théorie de l'électromagnétisme
- ✓ Traitement du signal (codage, modulation, détection,)
- ✓ Electronique et optoélectronique (réalisation des dispositifs)
- ✓ Liaisons de télécommunications

Techniques des Télécommunications

- ✓ Techniques de transmission (transmission de l'information à distance)
- ✓ Techniques de mise en relation de deux usagers quelconques conformément à leurs ordres (*commutation*)[85]

Base des services de télécommunications

- ✓ Techniques
- ✓ Technologies
- ✓ Equipements terminaux
- ✓ Infrastructures
- ✓ Liaisons
- ✓ Ressources de télécommunications
- ✓ Normalisation

Moyens utilisés dans les télécommunications

- ✓ Systèmes électriques et électroniques
- ✓ Propagation dans des milieux guidés
- ✓ Propagation dans des milieux non guidés (dans l'espace vide)
- ✓ Techniques
- ✓ Technologies
- ✓ Systèmes et dispositifs
- ✓ Canaux de communication

85 Introduction aux télécommunications http://www.volle.com/ENSPTT/introtcom.htm

Solutions aux problèmes de transmission d'information à distance par des moyens techniques

Appuyés sur les facteurs suivants

- ✓ Rapidité de propagation des phénomènes électromagnétiques
- ✓ Propagation sans support matériel
- ✓ Propagation sur support immatériel
- ✓ Conversion facile des grandeurs physiques en signaux électriques
- ✓ Rapidité d'exécution des dispositifs électroniques
- ✓ Extrême variété des fonctions électroniques réalisables
- ✓ Miniaturisation offerte par les technologies micro-électroniques
- ✓ Avènement de moyens de transmission (fibres optiques), de sources cohérentes (lasers), de modulateurs et de détecteurs travaillant efficacement aux fréquences optiques[86]

Etapes des Télécommunications

1- *Acquisition de l'information*
   - o Exploitation d'un terminal pour la captation de l'information
   - o Transduction de l'information en signal

2- *Traitement du signal*
   - o Transformation du signal

3- *Transmission du signal*
   - o Transfert du signal d'un point à un autre

4- *Exploitation*
   - o Utilisation d'un terminal pour la transduction du signal en information
   - o Restitution de l'information sous sa forme originelle

Informations de l'utilisateur

- ✓ Parole
- ✓ Musique
- ✓ Textes
- ✓ Images fixes
- ✓ Images mobiles
- ✓ Données[87]

Sources primaires d'information

- ✓ Etre humain : voix, image, geste
- ✓ Machines : Informations de contrôles, résultats de calculs
- ✓ Banque d'informations : Livres, disques, bandes magnétiques, mémoires d'ordinateurs
- ✓ Environnement naturel : Phénomènes physiques observés[88]

Nature des informations transmises

- ✓ Texte (télégraphie, télex)
- ✓ Sons (téléphonie et radiodiffusion)
- ✓ Images (télévision et fac-similé)
- ✓ Données (téléinformatiques)
- ✓ Mesures (radar, télémétrie)
- ✓ Ordres (télécommandes, radioguidage)[89]

Flux d'Information

- ✓ Dialogue entre les humains
- ✓ Dialogue entre les humains et la machine
- ✓ Dialogue entre les machines
- ✓ Observation (mesure) de phénomènes physiques[90]

Informations échangées à travers un système de télécommunications

- ✓ Informations des utilisateurs finals
- ✓ Informations destinées à des systèmes automatiques

86 Cours/Lecture series – 1986 -1987 Academic Training Programme – F. de COULON/EPF, Lausanne

87 Systèmes de télécommunications, Bases de transmission – P.-G. FONTOLLIET

88 Introduction à l'Electronique – http://www.epsic.ch/cours/electronique/techn99/elniq/ELNELT.html

89 A5 Systèmes électroniques http://www.epsic.ch/cours/electronique/techn99/elniq/elnsystxt.html

90 A1 Electronique - Electrotechnique http://www.epsic.ch/cours/electronique/techn99/elniq/ELNELT.html

- ✓ Informations de contrôle

Information et message

- ✓ *Information* : contenu du message envoyé
- ✓ *Message* : enveloppe de l'information
- ✓ Message avec information
- ✓ Message sans information

Informations analogiques

- ✓ Voix humaine (parole)
- ✓ Musique
- ✓ Image animée de la télévision
- ✓ Lumière, température

Informations numériques

- ✓ Fichier numérique
- ✓ Image numérique
- ✓ Textes et données

Processus de transfert de l'information

- ✓ Sélection des messages par la source d'information
- ✓ Transformation du message par l'émetteur en signal électrique ou optique
- ✓ Transfert du signal électrique ou optique via un canal de communication
- ✓ Transformation du signal électrique ou optique en message par le récepteur
- ✓ Exploitation du message par le destinataire[91]

Outils de traitement de l'information

- ✓ Convertisseur
- ✓ Filtre
- ✓ Codeur
- ✓ Modulateur

Structure générale d'une chaine de transmission (information analogique)

- ✓ Source
- ✓ Transducteur
- ✓ Emetteur
- ✓ Canal
- ✓ Récepteur
- ✓ Transducteur
- ✓ Destination

Source d'information

Production de l'information (Message)

- ✓ Son
- ✓ Lumière
- ✓ Température
- ✓ Vitesse
- ✓ Accélération
- ✓ Déplacement
- ✓ Force

Transducteur d'émission

Transformation de l'information en signal électrique

- ✓ Transducteur d'émission : dispositif convertissant le message issu de la source en signal électrique
- ✓ Exemples :
  - o Microphone
  - o Camera

Emetteur

Dispositif de traitement et de transmission du signal électrique

- ✓ Pré-amplification
- ✓ Conversion Analogique -Numérique
- ✓ Codage
- ✓ Modulation
- ✓ Filtrage
- ✓ Amplification de puissance

Canal

Voie de transmission du signal électrique de l'émetteur vers le récepteur

Lien physique ou logique connectant une source de don-

91 Cours/Lecture series – 1986 -1987 Academic Training Programme F. de COULON/EPF, Lausanne

nées à un collecteur de données

Pouvant être

- ✓ Ligne bifilaire
- ✓ Câble coaxial
- ✓ Fibre optique
- ✓ Espace libre

Récepteur

Dispositif de captation et traitement des signaux électriques transmis

- ✓ Amplification de réception
- ✓ Filtrage
- ✓ Démodulation
- ✓ Décodage
- ✓ Conversion Numérique-analogique
- ✓ Amplification de puissance

Transducteur de réception

Transformation des signaux électriques en information initiale

- ✓ Transducteur de réception : dispositif convertissant un signal électrique en un message original
- ✓ *Exemples :*
  - o Haut-parleur
  - o Ecran de visualisation

Destinataire

Réception et utilisation du message transmis

Exemples :

- o Utilisateurs
- o Systèmes

Structure générale d'une chaine de transmission (information numérique)

- ✓ Terminaux informatiques ou autres (Ordinateurs ou autres)
- ✓ ETTD (Equipements terminaux de traitement de Données) à la source
  - o Source/collecteur de données
  - o Contrôleur de communication
- ✓ Interfaces numériques (échange entre ETTD et ETCD)
- ✓ ETCD (Equipements de Terminaison de Circuit de Données = modem)
- ✓ Interfaces analogiques (échange entre ETCD et le canal de transmission et vice versa)
- ✓ Canal (ligne de transmission - transmission en bande de base)
- ✓ ETCD (Equipements de Terminaison de Circuit de Données = modem)
- ✓ ETTD (Equipements terminaux de traitement de Données) à la destination[92]

Organisation fonctionnelle de la chaine d'information

6 éléments

1. - Acquisition

- ✓ Acquisition et transformation d'une grandeur physique en une information pouvant être un signal électrique (chaine analogique) ou un ensemble de valeurs numériques (chaine numérique)[93]

Résultats de l'acquisition

- ✓ Signal électrique
- ✓ Données binaires

2.- Codage

Adaptation des valeurs numériques à transférer au canal de transmission

Etapes de codage

- ✓ Codage de source : réduction de la taille de la quantité d'information à transmettre (compression de données)
- ✓ Codage de canal : protection des informations à transmettre ou à stocker contre les erreurs

92 Communications analogiques EII1 http://slidegur.com/doc/7603257/communications-analogiques-eii1-organisation-cm-td

93 Tronc commun - Approche fonctionnelle des systèmes

- ✓ Modulation : transformation des valeurs binaires en un signal analogique adapté au canal de transmission

Résultats du codage

- ✓ Données adaptées au canal de transmission

3.- Transmission - Stockage

Transmission : Transfert de l'information de la source vers la destination via un canal de transmission

Stockage : Sauvegarde des informations sur un support physique

4.- Décodage- traitement

Réalisation des opérations inverses de celles du « codage »

Démodulation

Transformation du signal électrique en une suite de symboles binaires.

Décodage de canal

Détection et correction d'éventuelles erreurs

Décodage de source

Reconstitution des données initiales en minimisant l'écart dû à la compression

5.- Traitement

Transformation des données initiales en fonction des choix de présentation de l'utilisateur

6.- Restitution

Mise de la grandeur physique initiale à disposition de l'utilisateur dans le format souhaité (transformation du signal électrique ou flux de données binaires en une grandeur physique)[94]

Electronique et Information

- ✓ *Electronique* : Branche de la physique appliquée, traitant de la mise en forme et de la gestion de signaux électriques, permettant de transmettre ou recevoir des informations[95]
- ✓ *Electronique :* Ensemble des techniques utilisant des signaux électriques pour capter, transmettre et exploiter une information[96]
- ✓ *Electronique :* Branche de la physique appliquée étudiant et concevant les structures effectuant les traitements de signaux électriques (courants ou tensions électriques) porteurs d'informations[97]

Electronique : Base des Télécommunications

Base incontournable des télécommunications

- ✓ Outils de captation ou d'acquisition de l'information
  - o Microphone, camera, clavier et écran
- ✓ Outils de traitement de l'information
  - o Filtre, convertisseur, amplificateur, codeur, modulateur
- ✓ Outils de transmission de l'information
  - o Mouvement des électrons dans un conducteur
  - o Propagation des ondes radioélectriques dans l'espace libre
- ✓ Outils d'exploitation de l'information
  - o Haut-parleur, écran

Apports de l'Electronique aux télécommunications

- ✓ Rapidité de propagation des phénomènes électromagnétiques
- ✓ Possibilité de propagation (transmission) sans support matériel

94 Tronc commun - Approche fonctionnelle des systèmes

95 Chapitre 2 http://cedric.cnam.fr/~bouzefra/cours/Arduino1erePartie.pdf

96 A1 Electronique – Electrotechnique http://www.epsic.ch/cours/electronique/techn99/elniq/elnelttxt.html

97 L'Electronique http://electronique-web.blogspot.com/p/lelectronique.html

- ✓ Conversion des grandeurs physiques sous forme électrique
- ✓ Rapidité d'exécution des dispositifs électroniques
- ✓ Extrême variété des fonctions électroniques réalisables
- ✓ Miniaturisation des technologies microélectroniques[98]

Apports de la Science aux télécommunications

- ✓ Développement des télécommunications grâce aux divers apports de différentes disciplines scientifiques
- ✓ Exploitation de 4 domaines scientifiques : Mathématiques, Physique, Génie logiciel et Chimie

Apports des mathématiques aux télécommunications

- ✓ Contributions significatives des mathématiques au développement des télécommunications
- ✓ Description des signaux de télécommunications par des équations mathématiques
- ✓ Intervention des outils mathématiques dans le traitement du signal, la cryptographie, la théorie de l'information et les technologies numériques
- ✓ Fonctions de la cryptographie (confidentialité, intégrité, authentification et non -répudiation sont appuyés par des outils mathématiques) appuyées par des outils mathématiques
- ✓ Développement des technologies numériques par des logiques mathématiques

Apports de la physique aux télécommunications

- ✓ Apports considérables de la physique aux télécommunications
- ✓ Infrastructure des télécom supportée par des principes physiques
- ✓ Exploitation de la radiocommunication (radio, télévision, téléphonie cellulaire, Internet sans fil, etc.) grâce à la théorie sur la propagation des ondes électromagnétiques
- ✓ Mobilité des télécommunications basée sur des principes physiques
- ✓ Applications des principes de l'Electronique de base pour l'acquisition, le traitement, la transmission et l'exploitation des informations
- ✓ Rôles indispensables des diodes, thyristors, circuits intégrés et lasers fabriques à partir des semi -conducteurs
- ✓ Rôles de l'optoélectronique (Electronique et Photonique) s'occupant de l'émission et la réaction à la lumière tant indispensable aux interfaces opto-électriques.

Apports de l'Informatique aux télécommunications

- ✓ Apports significatifs de l'Informatique au développement des télécommunications
- ✓ Dépendance des Télécommunications modernes de l'Informatique
- ✓ Développement de logiciels adaptés aux besoins des télécommunications grâce au génie logiciel
- ✓ Nombreuses fonctions remplies par les logiciels dans les systèmes de télécommunications
- ✓ Rôles d'un logiciel dans le traitement automatique d'un appel téléphonique (outils informatiques supportant la logique de programmation)
- ✓ Exploitation des micro -ordinateurs tant dans les opérations de télécommunications que pour l'accès à l'Internet

Apports de la Chimie aux télécommunications

- ✓ Rôles fondamentaux de la chimie dans les systèmes de télécommunications
- ✓ Exploitation des services de télécommunications basée sur des principes chimiques
- ✓ Réaction d'oxydo – réduction pour la réduction du poids et l'autonomie des batteries des dispositifs portatifs[99]

Principes des Télécommunications

- ✓ Suite logique garantissant
  - o l'acquisition de l'information
  - o le traitement de l'information
  - o la transmission de l'information

98 A1 Electronique – Electrotechnique http://www.epsic.ch/cours/electronique/techn99/elniq/elnelttxt.html

99 Télécommunications et sciences http://www.techno-science.net/?onglet=glossaire&definition=3982

o l'exploitation de l'information

- ✓ Fonctionnement des Télécommunications basé sur les interactions entre des signaux et des systèmes électroniques
- ✓ Energie électrique : « langue parlée » par les systèmes de télécommunications
- ✓ Transformation du message de l'utilisateur en signal électrique par des interfaces
- ✓ Système de télécommunications traversé de bout en bout par le signal électrique
- ✓ Etablissement d'un lien matériel ou immatériel entre l'émetteur et le récepteur
- ✓ Accord de fréquence entre le terminal et le système (le réseau)
- ✓ Codes communs (même langue) entre l'émetteur et le récepteur pour faciliter la communication
- ✓ Infrastructure et « intelligence » embarquée
- ✓ Equipements et connexions

Principes de fonctionnement des systèmes de télécommunications

Principes basés sur les Interactions entre signaux et systèmes

- ✓ Signaux de l'utilisateur (messages de l'utilisateur transformés en signaux électriques)
- ✓ Signaux générés par les systèmes en support aux activités de télécommunications
- ✓ Systèmes (émetteurs et récepteurs, commutateurs, serveurs, etc.)
- ✓ Actions des signaux (commandes des signaux) sur les systèmes de télécommunications
- ✓ Réponses fournies par les systèmes de télécommunications

Processus d'échange d'information entre deux utilisateurs

- ✓ Production du message (enveloppe de l'information) à transmettre par la source
- ✓ Conversion du message en signal électrique par une interface
- ✓ Production du signal adapté au canal de transmission par l'émetteur (adaptation du signal au support de transmission)
- ✓ Transmission du signal à travers un canal de transmission : lien entre l'émetteur et le récepteur
- ✓ Captation du signal par le récepteur
- ✓ Conversion du signal électrique en message
- ✓ Réception du message par le destinataire

Signaux et systèmes

2 éléments incontournables dans les opérations des télécommunications

Signal

- ✓ Représentation physique de l'information en cours de transmission
- ✓ Quantité variable dans le temps, utilisée pour causer un effet quelconque ou produire une action quelconque
- ✓ Support physique de l'information
- ✓ Moyen de véhiculer de l'information
- ✓ Grandeur physique variant au cours du temps et véhiculant de l'information : voix, son, musique, image, vidéo, texte, données
- ✓ Fonction du temps utilisée pour représenter une variable d'intérêt associé à un système
- ✓ Courant électrique, onde électromagnétique ou onde lumineuse utilisé pour transmettre l'information
- ✓ Entité (courant électrique, onde acoustique, onde lumineuse, suite de nombres) engendrée par un phénomène physique et véhiculant une information (musique, parole, son, image, température)[100]

Exemples de signal

- ✓ Signaux sonores : fluctuations de la pression de l'air transportant un message à l'oreille
- ✓ Signaux visuels : ondes de lumière apportant une information à l'œil[101]

100 Traitement du signal - https://vdocuments.site/cours-traitement-signal-1.html

101 Systèmes de télécommunications, Bases de transmission - P.-G.

Signaux analogiques

Signal analogique : variation continue dans le temps

- ✓ Information produite par la source disposant d'une variation ou d'une gamme continue de nuances[102]
- ✓ Signaux produits de manière naturelle, continus (capteurs, amplificateurs, CNA), traitement réalisé par circuits électroniques, (ou manuellement)
- ✓ Infinité de valeurs différentes dans une plage donnée et se transmettant continuellement dans l'axe temps[103]
    - o Exemples : Parole, Musique, Image

Communication analogique

- ✓ Transmission d'information (voix, image, vidéo, données) sous forme d'onde analogique

Signaux numériques

Signal numérique : succession d'états discrets

- ✓ Représentation de l'information produite par la source par un système conventionnel de signes distincts, ou de grandeurs électriques fixées à l'avance et limitées à très peu de valeurs (0V et 5V, par exemple)
- ✓ Signaux utilisés dans le traitement informatique
- ✓ Facilité et rapidité de traitement grâce à leur nature artificielle
    - o Exemples : Séquence binaire, fichier informatique, Code Morse, texte

Communication numérique

- ✓ Transmission d'information (voix, données, images, etc.) sous forme d'onde numérique
- ✓ Transmission d'information (voix, image, vidéo, données) sous forme numérique, c'est-à-dire, à l'aide des bits « 1 » et « 0 »

Traitement des signaux

Processus rendant l'information convertie en signal électrique apte à la transmission

- ✓ Ensembles d'étapes de transformation du signal à l'émission et à la réception
- ✓ Elaboration des signaux porteurs d'information
- ✓ Interprétation des signaux porteurs d'information[104]

Base du traitement des signaux

- ✓ Théorie du signal et de l'information
- ✓ Ressources de l'Electronique
- ✓ Ressources informatiques
- ✓ Ressources de la physique appliquée[105]

Tâches essentielles du traitement des signaux

- ✓ Extraction des informations utiles incorporées aux signaux
    - o Analyse, filtrage, régénération, mesure, détection, identification
- ✓ Représentation des résultats sous une forme appropriée à l'homme ou à la machine
- ✓ Elaboration de signaux permettant l'étude du comportement des systèmes physiques
    - o Systèmes servant de support pour la transmission ou le stockage d'informations[106]

Système

- ✓ Ensemble isolé de dispositifs établissant un lien de cause à effet entre des signaux d'entrée (excitations, commandes, consignes, perturbations et des signaux de sortie (réponses ou mesures)[107]
- ✓ Ensemble d'éléments interagissant entre eux selon certains principes ou règles[108]
- ✓ Collection organisée d'objets interagissant entre eux pour former un tout

Exemples de systèmes de télécommunications

FONTOLLIET

102 Le signal électronique - http://www.epsic.ch/cours/electronique/techn99/elniq/ELNSIGN.html

103 A1 ELECTRONIQUE - ELECTROTECHNIQUE - http://www.epsic.ch/cours/electronique/techn99/elniq/ELNELT.html

104 Cours/Lecture series – 1986 -1987 Academic Training Programme – F. de COULON/EPF, Lausanne

105 Cours/Lecture series – 1986 -1987 Academic Training Programme – F. de COULON/EPF, Lausanne

106 Cours/Lecture series – 1986 -1987 Academic Training Programme – F. de COULON/EPF, Lausanne

107 Généralités – signaux et systèmes – https://fr.slideshare.net/jbakkoury/chap1-generalitessignauxsystemes

108 Système – https://fr.wikipedia.org/wiki/ Système

- ✓ Station de radio et de télévision
- ✓ Réseau téléphonique
- ✓ Courrier électronique
- ✓ Vidéoconférence

Composants de base d'un système de communication

Principaux éléments de base

- ✓ Technologies de la communication
- ✓ Dispositifs de communication
- ✓ Canaux de communication
- ✓ Logiciels de communication

Processus de communications numériques

- ✓ Conversion de l'information analogique en signal numérique (émission)
- ✓ Transmission des signaux numériques sous forme d'ondes analogiques
- ✓ Conversion du signal numérique en information analogique (réception)

Avantages des systèmes de communication numérique

- ✓ Immunité au bruit
- ✓ Capacité de traitement du signal
  - o Signaux numériques plus adaptés au traitement
  - o Stockage plus facile
  - o Adaptation du débit
- ✓ Exploitation de répéteur contre le bruit
- ✓ Facile à mesurer et évaluer
- ✓ Détection et correction d'erreurs de transmission
- ✓ Mise en œuvre de matériel numérique plus flexible
- ✓ Capacité de transporter une combinaison de trafic (signaux téléphoniques, données, vidéos, télétexte)

Inconvénients des systèmes de communication numérique

- ✓ Consommation d'une plus grande bande passante (plus de fréquence)
- ✓ Complexité des circuits (plusieurs conversions analogiques – numériques et vice versa)
- ✓ Synchronisation précise (entre les horloges de l'émetteur et ceux du récepteur)[109]

Dispositifs de communication

- ✓ Tout type de matériel capable de transmettre des données, instructions et informations entre les dispositifs
  - o Exemples : Modems DSL, Cartes d'interface[110]
  - o Bornes d'accès, téléphones intelligents

Fonctions d'un dispositif de communication

- ✓ Transmission (émetteur)
- ✓ Réception (récepteur)
- ✓ Conversion (convertisseur)
- ✓ Adaptation (adaptateur)

Caractéristiques de base d'un dispositif de communication

- ✓ Rapidité
- ✓ Couverture (portée)
- ✓ Capacité

Etapes fondamentales des Télécommunications

4 étapes fondamentales

1.- Acquisition de l'information

2.- Traitement de l'information

3.- Transmission de l'information

4.- Exploitation de l'information

1.- Acquisition ou captation de l'information de l'utilisateur

Techniques utilisées pour l'acquisition de l'information à transmettre (Information convertie sous une forme exploitable par les systèmes de transmission)

- ✓ Utilisation d'interfaces pour capter et transférer l'information à l'émetteur

109 Chapter 5 : Digital Communication System - Digital Communication System BENG 2413 - Communication Principles Faculty of Electrical Engineering - http://slideplayer.com/slide/9933421/

110 Introduction to Communication Systems and Networks – https://web.sonoma.edu/users/f/farahman/sonoma/courses/es465/lectures/es465_fall2010/introduction.pdf

✓ Transformation d'une grandeur physique en un signal électrique (chaine analogique) ou un ensemble de valeurs numériques (chaine numérique)[111]

✓ Moyen d'alimenter le système de transmission en information

✓ Différentes interfaces pour différentes informations à transmettre

o Microphone pour le son et la musique

o Caméra pour les images et vidéos

o Clavier et écran pour les textes et les données

2.- Traitement de l'information de l'utilisateur

✓ Ensemble d'actions destinées à rendre les signaux (enveloppes de l'information) adaptés à la transmission et à la réception

Types de traitement de l'information transportée par un signal

✓ *Conversion* : Changement de nature du signal pour son traitement et sa transmission

✓ *Numérisation* : Passage des signaux analogiques à l'état numérique

✓ *Codage* : Transformation d'une information continue en une information codée pour son traitement

✓ *Décodage* : Opération consistant à restituer le signal à l'état avant codage

✓ *Filtrage* : Technique permettant de sélectionner les signaux et la bande de fréquence voulus

✓ *Amplification* : Augmentation de l'amplitude d'un signal

✓ *Modulation* : Transposition du spectre du signal en bande de base en une bande de fréquence supérieure pour favoriser la transmission dans l'espace libre

✓ *Démodulation* : Retour du signal dans sa bande de base pour son exploitation

✓ *Mixage* : Mélange de plusieurs sources de signaux

✓ *Multiplexage* : Technique permettant de combiner plusieurs signaux pour transmission simultanée sur un même support de transmission

✓ *Démultiplexage* : Opération inverse du multiplexage

✓ *Compression* : Réduction de la taille physique des informations

Numérisation des informations

✓ Processus de conversion des informations analogiques (signaux analogiques) en données numériques (signaux numériques)

✓ Procédé permettant la construction d'une représentation discrète d'un objet du monde réel[112]

✓ Action de transformer un document en un fichier lisible par un dispositif numérique (ordinateur, tablette, téléphone intelligent)

Exemples de numérisation

✓ Conversion de la voix humaine en signal numérique

✓ Transformation à l'aide d'un scanneur d'un document papier en un fichier informatique

Avantages de la numérisation

✓ Facilité de stockage, traitement et restitution

✓ Intégration multimédia

✓ Faible taux d'erreurs des liaisons numériques par rapport aux liaisons analogiques

✓ Coût de composants (équipements) numériques inférieur à celui des composants analogiques[113]

✓ Composants plus petits (composants miniaturisés)

✓ Composants plus performants

✓ Composants bon marché

Atouts du numérique

✓ Stockage d'informations numériques : disques optiques (CD, DVD, BD), disques durs, mémoire flash... (Supports et composants précis, pratiques, bon marché)

111 Tronc commun
Outils et méthodes d'analyse et de description des systèmes

112 http://www.techno-science.net/?onglet=glossaire&definition=321

113 Liaison de données - Plan
https://www-npa.lip6.fr/~kt/ist/liaison

- ✓ Transmission numérique : circuits numériques bons marches, compacts, possibilité de traitement numérique du signal reçu
- ✓ Plus forte immunité des signaux numériques vis-à-vis du bruit[114]

Justifications de la numérisation

- ✓ Technologies numériques : Base des Telecom/TIC (opérations des systèmes basées sur des bits)
- ✓ Meilleur traitement de toutes sortes d'informations (informations numérisées : informations aptes à tout traitement)
- ✓ Meilleure transmission de toutes sortes d'informations
- ✓ Meilleure gestion des informations numérisées (consultation, indexation, stockage, distribution, modification, mise à jour, conservation)
- ✓ Disponibilité des informations n'importe où (Informations numérisées transportables)
- ✓ Meilleur coût

Conversion des signaux analogiques en signaux numériques

Etape importante pour faciliter le traitement des informations analogiques par des systèmes numériques

- ✓ *Objectif : Exploitation et traitement des signaux par les systèmes numériques*
- ✓ Transformation des informations analogiques en données numériques
  - o Conversion de la voix humaine (naturellement analogique) en données numériques

Conversion des signaux numériques en signaux analogiques

Etape importante pour faciliter l'exploitation des informations numériques par les utilisateurs humains

- ✓ *Objectif : Transmission des signaux et exploitation des informations par l'utilisateur final*
- ✓ Transformation des informations numériques en informations analogiques
  - o Conversion de la voix humaine numérisée en signal analogique

3.- Transmission de l'information de l'utilisateur

- ✓ Ensemble des dispositifs permettant le transport d'une information d'un lieu à un autre
- ✓ Réalisation des communications à distance (télécommunications)
  - o En mode filaire : aluminium, cuivre, guide d'ondes, fibre optique, etc.
  - o En mode sans fil : radiocommunication (liaisons hertziennes)

Chaine de transmission d'information

- ✓ Procédé physique de transmission d'information
- ✓ Ensemble de dispositifs permettant le transport d'une information d'un lieu à un autre[115]

Types de transmission

- ✓ Transmission en bande de base ou transmission numérique
  - o Transmission de signaux dans leur bande de fréquence originale
  - o Exemple : téléphonie : signaux vocaux issus du microphone (100 Hz ......5 KHz) transmis sur les paires symétriques
  - o Télévision : Signaux vidéo (50 Hz.... 5 MHz) issus de la caméra et transmis sur câble coaxial
  - o Transmission de données : signaux codés et mis en forme pour transmission sans transposition de fréquence[116]
- ✓ Transmission en bande transposée ou transmission analogique
  - o Transmission en bande transposée = transmission par modulation
  - o Modulation = transposition du signal d'une bande inferieure à une bande plus large
  - o Impossible de transmettre dans l'espace libre sans modulation

114 Télécommunications fixes et mobiles Module M1108 http://chamilo1.grenet.fr/ujf/courses/M1108CODAGEACQUISITIONETCODAGED/document/Transparents/slides-M1108.pdf

115 https://www.assistancescolaire.com/eleve/TS/physique-chimie/reviser-le-cours/

116 Systèmes de télécommunications, Bases de transmission P.-G. FONTOLLIET

- Exemple : signaux audio AM et FM : Transposition (de 100 Hz – 5 KHz) vers 530 -1700 KHz (AM) et 88 -108 MHz (FM)

Processus de Transmission de l'information

- ✓ Acquisition
- ✓ Codage
- ✓ Transmission
- ✓ Décodage
- ✓ Restitution

Milieux de transmission

2 milieux : matériel et immatériel

- ✓ Milieu matériel
  - Propagation guidée : propagation du signal à l'intérieur d'un câble métallique ou d'un guide d'onde
  - Exemple : télévision câblée, téléphonie filaire, guide d'onde reliant un émetteur à une antenne d'émission
- ✓ Milieu immatériel
  - Propagation non guidée : propagation de l'onde électromagnétique dans le vide ou dans l'espace libre
  - Exemple : radiodiffusion, téléphonie mobile, communication par satellite, Internet mobile

Transmission des signaux de télécommunications : 4 milieux ou environnements

- ✓ Par voie sous-marine : Câbles sous -marins transportant les signaux de télécommunications
- ✓ Par voie souterraine : Câbles de télécommunications enfouis dans le sol
- ✓ Par voie aérienne : Câbles posés sur des pylônes transportant des signaux
- ✓ Dans l'espace vide : Signaux se propageant dans l'espace libre sans support matériel (radiocommunication)

Transmission par ligne

- ✓ Transmission par fils
- ✓ Transmission par câbles
- ✓ Transmission par guides d'onde
- ✓ Transmission par Fibre optique

Transmission radioélectrique

- ✓ Transmission par ondes radioélectriques (Radiocommunication)

Supports de transmission

- ✓ Chemin physique reliant un émetteur et un récepteur dans un système de transmission
- ✓ Tout moyen permettant de transporter des informations sous forme de signaux de leur source vers leur destination

Limite des supports de transmission

2 limites principales

- ✓ Distance (portée)
- ✓ Débit

Défaut des supports de transmission

3 principaux défauts

- ✓ Affaiblissement
- ✓ Déphasage
- ✓ Distortion

Canal de transmission

- ✓ Division d'un support de transmission dédiée à une liaison
- ✓ Milieu physique utilisé comme support pour transférer de l'information entre deux points distants
- ✓ Voie servant de véhicule au transfert de l'information
- ✓ Ligne de transmission, une fibre optique ou les ondes radioélectriques reliant un émetteur à un récepteur

Propagation de signaux

- ✓ Propagation filaire (propagation conduite)

  Propagation de signaux à l'intérieur d'un câble de transmission

  - Câble électrique (câbles coaxiaux, paires torsadées)
  - Fibre optique
- ✓ Propagation radio (propagation rayonnée)

Propagation des ondes radioélectriques (ondes électromagnétiques) dans l'espace vide

- Transmission par ondes radioélectriques
- Liaisons micro-ondes
- Transmission par satellite

Transmission analogique

Transmission de signaux analogiques basée sur la combinaison de deux éléments fondamentaux :

1.- Signal analogique ou numérique modulant ou signal en bande de base ou signal d'information

2.- Signal porteur (porteuse analogique ou porteuse impulsionnelle) généré par l'émetteur pour la réalisation de l'opération « Modulation »

Avantages de la transmission analogique

- ✓ Système simple
- ✓ Meilleur marché

Inconvénients de la transmission analogique

- ✓ Présence de bruit dans le signal
- ✓ Dégradation de la qualité du signal
- ✓ Grande bande passante (par rapport à la transmission en bande de base)[117]

Transmission numérique

Transmission et traitement de signaux binaires

- ✓ Acheminement d'une source d'information « numérique» (ou numérisée) au travers d'un « support physique analogique

2 options

1.- Transmission des signaux binaires à l'état binaire : transmission en bande de base (transmission filaire)

2.- Modulation du signal binaire par une porteuse analogique : transmission dans l'espace libre

Avantages de la Transmission numérique

- ✓ Meilleure qualité
- ✓ Moins de distorsions, atténuation, parasites
- ✓ Immunité aux bruits
- ✓ Multiplexage
- ✓ Plus grande couverture
- ✓ Faibles taux d'erreur des liaisons [118]

Inconvénients de la transmission numérique

- ✓ Bande passante plus grande
- ✓ Circuits de codage et décodage requis
- ✓ Synchronisation précise nécessaire

Types de transmission et d'information

4 scénarios possibles

1.- Transmission analogique d'informations analogiques

- ✓ Transmission du son à travers les ondes radio (radiodiffusion sonore) et des images à travers la télévision hertzienne
- ✓ Transmission du son (téléphonie) à travers le RTC (réseau téléphonique commuté)

2.- Transmission analogique d'informations numériques

- ✓ Transmission de données informatiques sur des lignes téléphoniques ou par satellite
- ✓ Transport de données par modem et télécopie

3.- Transmission numérique d'informations numériques

- ✓ Réseaux locaux, réseaux numériques à intégration de services (RNIS)
- ✓ Transmission de données informatiques sur fibres optiques, etc. (transmission en bande de base)

4.- Transmission numérique d'informations analogiques

- ✓ Voix sur réseau IP (VoIP), Visioconférence sur un réseau local
- ✓ Transmission de la parole, du son ou d'images en bande de base

117 Réseaux informatiques : télécoms & réseaux architectures et concepts fondamentaux - Christian Attiogbé http://pagesperso.lina.univ-nantes.fr/~attiogbe-c/mespages/RESEAUX/Licence/slides_general.pdf

118 Réseaux informatiques : télécoms & réseaux architectures et concepts fondamentaux - Christian Attiogbé http://pagesperso.lina.univ-nantes.fr/~attiogbe-c/mespages/RESEAUX/Licence/slides_general.pdf

Types de support de transmission

- ✓ Supports limités (palpables) : paire torsadée, câble coaxial, fibre optique, guide d'ondes
- ✓ Supports non limités : air (ondes électromagnétiques, infra-rouges)

Caractéristiques communes aux supports de transmission

- ✓ Bande passante
- ✓ Bruit et distorsion
- ✓ Capacité
- ✓ Prix
- ✓ Résistance physico-chimique au milieu ambiant
- ✓ Adaptation aux conditions de pose

Système de transmission filaire

- ✓ Transmission assurée par des câbles : paires torsadées, câbles coaxiaux, fibre optique

Chaine de transmission filaire

- ✓ Captation et conversion du message en signal électrique,
- ✓ Traitement du signal électrique
- ✓ Transmission
- ✓ Amplification du signal
- ✓ Réception du signal électrique
- ✓ Amplification
- ✓ Traitement du signal électrique (filtrage, démodulation, etc.)
- ✓ Conversion du signal électrique en message originel
- ✓ Restitution du message au destinataire

Paires torsadées

- ✓ Câble constitué de deux fils de cuivre ou d'aluminiums enroulés l'un sur l'autre entouré d'un isolant plastique
- ✓ Deux brins de cuivre entrelacés
- ✓ Diamètres : 0.4 ; 0.6 ; 08 ou 1 mm

Constitution des paires torsadées

- ✓ 2 conducteurs
- ✓ 1 câble (enveloppe)
- ✓ 1 Isolant (protection contre la diaphonie)

Types de paires torsadées

2 types de paires torsadées

Type 1 : Paires torsadées non blindées

- o Catégorie 1 : téléphonie
- o Catégorie 2 : transmission de voix et de données (4Mb/s)
- o Catégorie 3 : débit maximal de 10 Mb/s
- o Catégorie 4 : débit maximal de 16 Mb/s
- o Catégorie 5 et catégorie 5 étendue : débit maximal : 155 Mb/s
- o Catégorie 6 : débit maximal de 200 Mb/s
- o Catégorie 7 : débit maximal de 6 Gb/s

Type 2 : Paires torsadées blindées

- ✓ Câble blindé constitué d'une tresse métallique
- ✓ Exploitation d'une gaine de cuivre de meilleure qualité et plus protectrice[119]
- ✓ Débits plus rapides et sur de plus longues distances que la paire torsadée UTP

Signal et paires torsadées

- ✓ Support conçu et adapté à la transmission de signaux électriques (courants ou tensions)
  - o Signaux électriques (signaux obtenus après conversion des informations par les transducteurs d'émission)

Caractéristiques des paires torsadées

- ✓ Affaiblissement moyen (de l'ordre de 0.1 dB/m)
- ✓ Impédance caractéristique élevée (entre 150 ohms à 600 ohms)
- ✓ Paradiaphonie (perturbation d'une paire sur une autre)[120]

Utilisations des paires torsadées

- ✓ Téléphonie (réseaux téléphoniques)

119 Les techniques de transmission – Moula Malmoula http://www.academia.edu/7212786/Chapitre_3_LES_TECHNIQUES_DE_TRANSMISSION_La_couche_physique

120 Réseaux – Formation Telecom Réseaux – Pléneuf – V1.1 –Septembre 2011 – Edition numérique

- ✓ Transmission de données (réseaux informatiques)

Câbles coaxiaux

- ✓ Câble formé de deux conducteurs axés sur un même axe et séparés par une couche diélectrique isolante
- ✓ Ligne de transmission ou liaison asymétrique exploitée en hautes fréquences

Constitution du câble coaxial

- ✓ Ame ou cœur (élément servant de canal de transmission des informations)
- ✓ Gaine (protection de l'environnement extérieur)
- ✓ Blindage (enveloppe métallique protégeant les données en cours de transmission contre le bruit)
- ✓ Isolant (élément protecteur évitant tout contact avec le blindage)[121]

Types de câbles coaxiaux

2 types de câbles coaxiaux

Type 1 : Câble coaxial fin (Thinnet ou Cheapernet)

- ✓ Fil flexible
- ✓ Diamètre : 6 mm
- ✓ Débit : 10 Mb/s
- ✓ Longueur maximale : 185 mètres
- ✓ Utilisation : télévision, etc…

Type 2: Câble coaxial épais (Thicknet ou Thick Ethernet)

- ✓ Fil rigide et Câble blindé
- ✓ Diamètre : 12 mm
- ✓ Débit : 10Mb/s
- ✓ Distance : 500 mètres
- ✓ Utilisation : Liaison des réseaux Ethernet, backbone pour la liaison entre petits réseaux

Signal et câbles coaxiaux

- ✓ Support conçu et adapté à la transmission de signaux électriques (courants ou tensions)
- ✓ Signaux électriques (signaux obtenus après conversion des informations par les transducteurs d'émission)

Caractéristiques des câbles coaxiaux

- ✓ Affaiblissement moyen (45 dB/Km à 10 MHz)
- ✓ Impédance caractéristique : 50 ohms
- ✓ Longueur maximale d'un segment (inferieure à quelques Km)[122]

Utilisations des câbles coaxiaux

- ✓ Télévision
- ✓ Réseau de transmission de données
- ✓ Liaison émetteur – antenne d'émission
- ✓ Liaisons entre les équipements de son
- ✓ Liaisons inter –urbaine téléphoniques et sous - marines

Fibre optique

- ✓ Câble en verre ou plastique très fin ayant la propriété de conduire la lumière
- ✓ Support de transmission utilisé dans les télécommunications
- ✓ Signal lumineux : Moyen de propagation dans la fibre optique

Constitution de la fibre optique

3 *Parties*

- ✓ Cœur : Confinement et propagation de l'énergie lumineuse (signal lumineux, signal optique)
- ✓ Gaine : Aide au confinement du signal lumineux dans le cœur
- ✓ Revêtement de protection: Protection mécanique de la fibre

Types de fibre optique

- ✓ Fibres monomodes
- ✓ Fibres multimodes (à saut ou à gradient d'indice)

121 Les techniques de transmission - Moula Malmoula http://www.academia.edu/7212786/Chapitre_3_les_techniques_de_transmission_La_couche_physique

122 Réseaux - Formation Telecom Réseaux - Pléneuf - V1.1 -Septembre 2011 - Edition numérique

Signal et Fibre optique

- ✓ Exploitations de signaux lumineux ou signaux optiques pour la transmission des informations
- ✓ Signaux aptes à parcourir la fibre optique pour transporter des informations de toutes sortes
- ✓ Signaux optiques (signaux obtenus après conversion de signaux électriques)

Caractéristiques de la fibre optique

- ✓ Bande passante élevée (haut débit)
- ✓ Insensibilité aux parasites électriques et magnétiques
- ✓ Faible encombrement
- ✓ Atténuation très faible
- ✓ Vitesse de propagation élevée (en monomode)
- ✓ Sécurité
- ✓ Légèreté[123]
- ✓ fiabilité
- ✓ Augmentation de la distance entre répéteurs

Chaine de transmission par fibre optique

- ✓ Captation et conversion du message en signal électrique
- ✓ Amplification
- ✓ Traitement du signal électrique
- ✓ Conversion du signal électrique en signal optique
- ✓ Transmission du signal optique via la fibre optique
- ✓ Amplification éventuelle du signal
- ✓ Conversion du signal optique en signal électrique à la réception
- ✓ Amplification du signal
- ✓ Traitement du signal
- ✓ Conversion du signal électrique en message originel
- ✓ Restitution du message au destinataire

123 Réseaux - Formation Telecom Réseaux - Pléneuf - V1.1 -Septembre 2011 - Edition numérique

Utilisations de la fibre optique

Exploitation de la lumière comme signal transportant les informations

- ✓ Transport de tous types de signaux (voix, images, vidéos, etc.)
- ✓ Réseau de transmission (backbone)
- ✓ Raccordement des abonnés
- ✓ Applications télécoms sur longues distances (fibre monomode)
- ✓ Applications télécoms sur courtes distances (Fibre monomode)

Conversion du signal électrique en signal lumineux et vice versa

- ✓ Conversion du signal électrique émis en signal lumineux au point de départ de la fibre optique
- ✓ Conversion du signal lumineux reçu en signal électrique à l'arrivée de la fibre optique

Moyens utilisés dans la conversion

- ✓ Convertisseur opto-électrique (émission) : DEL (diodes électro luminescentes) et LASER (Light *Amplification* of Stimulated Emission of Radiation)
- ✓ Convertisseur opto-électrique (réception) : Photodiode et phototransistor

Processus de transmission par Fibre Optique

- ✓ Conversion du signal électrique à transmettre en signal lumineux
- ✓ Transmission du signal lumineux via une fibre optique
- ✓ Conversion du signal lumineux en signal électrique à l'autre extrémité de la liaison
- ✓ Traitement du signal électrique pour son exploitation appropriée

Déploiement de la Fibre optique

3 modes de déploiement

- ✓ *Déploiement aérien* : Installation de la fibre optique sur des pylônes tout au long de la zone à desservir
- ✓ *Déploiement souterrain* : Installation de la fibre optique sous la terre

- ✓ *Déploiement sous -marin* : Installation de la fibre optique dans le fond marin (dans l'océan)

Câbles sous-marins

- ✓ *Câbles sous -marins* : câbles posés sur le fond marin, destinés à transporter des signaux de télécommunications ou à transporter de l'énergie électrique
- ✓ Câbles utilisés pour le transport de signaux de télécommunications (téléphonie, Internet) entre deux pays ou deux continents
- ✓ Solution alternative aux liaisons par satellite reliant les points très distants

Types de câbles sous-marins

- ✓ Câbles électriques : câbles coaxiaux et paires torsadées
- ✓ Câble optique : fibre optique

Pose des câbles sous -marins

- ✓ Opération réalisée à l'aide d'un navire adapté, appelé câblier
- ✓ *Câblier* : navire spécialisé dans la pose, le relevage et l'entretien des câbles de télécommunications sous – marins
- ✓ *Station de départ* : Point de départ (point de début de déploiement du câble)
- ✓ *Station terrestre d'atterrissage du câble (station terminale)* : Point d'arrivée du câble sous –marin sur la terre

Systèmes de transmission sans fil

Transmission réalisée grâce à la propagation d'ondes radioélectriques dans l'espace libre.

- ✓ Radiocommunication : Communication à distance réalisée à l'aide d'ondes radioélectriques (ondes hertziennes ou ondes électromagnétiques)
- ✓ Radiocommunication : communication réalisée sans support matériel

Support de transmission sans fil

Diffusion par ondes radioélectriques ou ondes hertziennes (radiocommuniation)

- ✓ Diffusion de signaux à travers l'air sur de longues distances

Principes de la radiocommunication

- ✓ Exploitation de l'espace libre comme milieu pour la propagation des ondes radioélectriques
- ✓ Exploitation d'antennes à l'émission et à la réception

Caractéristiques des transmissions sans fil

- ✓ Bande passante moyenne
- ✓ Sensibilité aux parasites électriques et magnétiques
- ✓ Très faible encombrement et poids
- ✓ Performances très dépendantes des conditions de transmission
- ✓ Sécurité et fiabilité difficiles à assurer[124]

Radioélectricité

- ✓ Étude de la transmission hertzienne, la propagation des ondes, et des interfaces avec l'émetteur et le récepteur par l'intermédiaire des antennes[125]
- ✓ Etude de la production, l'émission et la transmission des ondes hertziennes
- ✓ Base de toutes les techniques de communications électroniques réalisées sans support matériel

Applications de la radiocommunication

- ✓ Radiotéléphonie (téléphonie sans fil)
- ✓ Radiodiffusion
- ✓ Liaisons micro-ondes
- ✓ Liaisons par satellite
- ✓ Radar
- ✓ Radio Amateur
- ✓ Etc.

Chaine de transmission sans fil

- ✓ Captation et conversion du message en signal électrique

---

124 Réseaux – Formation Telecom Réseaux – Pléneuf – V1.1 –Septembre 2011 – Edition numérique

125 Gestion d'interconnexion et dérégulation de flux d'appel dans un serveur téléphonique elastix https://www.memoireonline.com/09/14/8917/Gestion-dinterconnexion-et-deregulation-de-flux-dappel-dans-serveur-telephonique-elastix.html

- ✓ Amplification et traitement du signal électrique
- ✓ Transfert via un câble ou un connecteur du signal électrique vers l'antenne d'émission
- ✓ Transformation du signal électrique en ondes électromagnétiques
- ✓ Propagation des ondes électromagnétiques dans l'espace libre
- ✓ Exploitation éventuelle d'un relais passif ou actif
- ✓ Réception des ondes électromagnétiques par une antenne de réception
- ✓ Transformation des ondes électromagnétiques en signal électrique
- ✓ Transfert du signal électrique vers le récepteur via un câble
- ✓ Amplification
- ✓ Traitement du signal électrique
- ✓ Conversion du signal du signal électrique en message originel
- ✓ Restitution du message au destinataire

Antennes de télécommunications

- ✓ Elément fondamental dans les systèmes de radiocommunication
- ✓ Dispositif capable de transmettre et de recevoir des ondes électromagnétiques (ondes hertziennes ou ondes radioélectriques)
- ✓ Interface entre un milieu de propagation guidé (coaxial ou ligne bifilaire) et un milieu de propagation libre Interface entre le système d'émission et l'espace libre (l'air)
- ✓ Interface entre le système de réception et l'espace libre (l'air)
- ✓ Unique façon de faire un pont entre un support de transmission matériel et un support de transmission immatériel

Fonctions des antennes d'émission et de réception

Fonctions à l'émission et à la réception

A l'émission

- ✓ Transformation de l'énergie électrique en ondes électromagnétiques
- ✓ Rayonnement des ondes électromagnétiques dans l'espace libre

A la réception

- ✓ Captation des ondes électromagnétiques rayonnées
- ✓ Transformation par induction des ondes électromagnétiques en énergie électrique

Principe des antennes

- ✓ Emission : Rayonnement de l'énergie électromagnétique dans l'espace libre par tout fil conducteur ou tout métal parcouru par un courant variable
- ✓ Réception : Génération d'un courant induit par tout conducteur ou métal traversé ou frappé par des ondes électromagnétiques

Types d'antennes[126]

Antennes	Types	Utilisation
Antennes directives ou directionnelles	Antennes paraboliques Antennes Yagi	Liaisons micro –ondes Communication par satellite
Antennes omnidirectionnelles	Brin vertical	Radio, Télévision Communication mobiles

126 Antennes
https://fr.scribd.com/doc/21285105/Cour-d-antennes

Télécommunications spatiales

- ✓ Télécommunications assurées à l'aide d'un système installé dans l'espace
- ✓ Télécommunications ayant des infrastructures installées dans l'espace (satellite)
- ✓ Moyen de communications entre la terre et l'espace
- ✓ Exemple : Satellite de télécommunications

Satellite de télécommunications

- ✓ Relais hertzien placé en orbite pour la transmission d'informations de toutes sortes entre deux points éloignés situés sur la terre via des stations terriennes
- ✓ Moyen de transmission et de réception d'information par ondes électromagnétiques

Liaisons de satellite de télécommunications

- ✓ Liaisons montantes : Liaisons radioélectriques ou hertziennes reliant la station terrienne émettrice au satellite
- ✓ Liaisons descendantes : Liaisons radioélectriques ou hertziennes reliant le satellite à la station terrienne réceptrice
- ✓ Liaisons inter satellite : Liaisons établies entre deux satellites de télécommunications

Justification d'un satellite comme moyen de transmission

- ✓ Plus grande couverture radioélectrique grâce à son altitude
- ✓ Couverture des zones reculées
- ✓ Moins de répéteurs installés au sol
- ✓ Moins de risque pour les infrastructures lors des catastrophes naturelles (Principal élément (satellite) installé en orbite)
- ✓ Moyen de contourner les obstacles (montagnes, arbres, bâtiments)
- ✓ Débit élevé

Composants du satellite de télécommunications

Charge utile et plateforme

1.- **Charge utile**

- ✓ Composant jouant le rôle de relais hertzien actif
- ✓ Composition de la charge utile : émetteurs, récepteurs, amplificateurs, antennes et autres accessoires

2.- **Plateforme (module de charge)**

Infrastructure chargée des fonctions suivantes

- ✓ Fourniture de l'Energie électrique (panneaux solaires)
- ✓ Régulation thermique (contrôle thermique)
- ✓ Positionnement et contrôle du satellite placé dans l'espace (Systèmes de propulsion pour les manœuvres de télécommande, stabilisation, contrôle de l'orbite)

Utilisations des satellites de télécommunications

- ✓ Téléphonie fixe et mobile
- ✓ Radio et Télévision
- ✓ Transmission de données, Internet
- ✓ Réseau de transmission (backbone) pour les réseaux
- ✓ Géolocalisation

Acteurs des télécommunications par satellite

- ✓ *Constructeur* : entreprise fabriquant les satellites (Alcatel, Hugues, Lockheed Martin, Loral Space Systems)
- ✓ *Lanceur* : entreprise spécialisée dans le lancement des satellites artificiels (Ariane Space, Delta, Titan, Atlas Centaur)
- ✓ *Opérateurs de satellites* : Entreprise gérant des satellites destinés à fournir des liaisons de télécommunications (Intelsat, Eutelsat, Arabsat)
- ✓ *Opérateurs de services par satellite* : Opérateurs de téléphonie ou de télévision par satellite (Iridium, Inmarsat, Globaltar, CanalSat, Canal+)
- ✓ *Opérateurs de télécommunications* : Opérateurs louant des liaisons satellitaires pour la fourniture des services (téléphonie, télévision, satellite, (appels téléphoniques internationaux, Internet)
- ✓ *Opérateur de Station terrienne* : Opérateur spécialisé dans l'établissement de connexions avec les satellites de télécommunications

- ✓ Consommateurs de services de télécommunications

Fréquences utilisées par les communications par satellite

- ✓ Bandes des 6/4 GHz (Bande C)
  - o Bande des 6 GHz pour les liaisons montantes
  - o Bande des 4 GHz pour les liaisons descendantes
- ✓ Bandes des 14/10-12 GHz (Bande Ku)
- ✓ Bandes des 30/20 GHz (Bande Ka)

Types de satellites de télécommunications

Satellite fixe et satellite à défilement

1.- Satellites géostationnaires ou géosynchrones

- ✓ Altitude : 36 000 km (35 863 km plus précisément)
- ✓ Couverture : 1/3 de la terre (3 satellites Géo : couverture de toute la planète terre)
- ✓ Utilisations
  - o Prévisions météorologiques
  - o Communications (Diffusion, communication globale, communications militaires

2.- MEO: Medium Earth Orbit (Satellite a moyenne altitude)

- ✓ Altitude : 10.000 – 15.000 km
- ✓ Environ 15 MEO pour une couverture globale
- ✓ Utilisations
  - o Navigation (GPS, Galileo, Glonass)
  - o Communications (Inmarsat)

3. - LEO: Low Earth Orbit (Satellite à basse altitude)

- ✓ Altitude: 700 - 2000 Km
- ✓ Plus d'une trentaine LEO pour une couverture globale
- ✓ Utilisations
  - o Observation de la terre (Google earth)
  - o Communications (Iridium, Globalstar)
  - o Recherche et secours

4.- HEO : Highly Elliptical Orbit

- ✓ Altitude : 38000 km - 50000 Km
- ✓ Grande couverture
- ✓ Utilisations
  - o Radio Satellite
  - o Reconnaissance de données

Satellites passifs

- ✓ Relais hertzien jouant seulement le rôle de réflecteur pour les signaux reçus de la station terrienne (premier satellite mis en orbite)

Fonctions d'un satellite passif

- o Réception du signal d'une station terrienne
- o Réflexion du signal vers la station terrienne réceptrice

Satellites actifs

- ✓ Relais hertzien muni de capacité d'amplification, de traitement et de réémission des signaux reçus de la station terrienne

Fonctions d'un satellite actif

- o Réception d'un signal d'une station terrienne
- o Amplification du signal reçu
- o Changement de fréquence éventuel du signal
- o Réémission du signal traité vers une autre station terrienne

Allocation d'orbite et de fréquence pour les communications par satellite

- ✓ Orbite allouée par l'UIT (Union Internationale des Télécommunications)
- ✓ Fréquences des liaisons montantes et descendantes assignées par l'UIT

Stations terriennes

- ✓ Interface entre les réseaux terrestres et le satellite de télécommunications placé en orbite

- ✓ VSAT (Very Small Aperture Terminal) : Micro station terrienne installée chez les utilisateurs pour l'accès aux signaux de télévision et d'Internet par satellite

Rôles d'une station terrienne

- ✓ Transmission de signaux reçus des réseaux de télécommunications vers les satellites de télécommunications
- ✓ Réception de signaux émis par les satellites de télécommunications et acheminement vers des réseaux de télécommunications
- ✓ Réception de signaux de stations de télévision d'autres pays facilitée par des antennes de réception satellite, appelées couramment dish

Composantes d'une station terrienne

- ✓ Emetteur/récepteur radioélectrique
- ✓ Antennes et câbles d'alimentation
- ✓ Equipements de traitement de signaux
- ✓ Low Noise Block - Converter (LNB)

Liaisons infrarouge

- ✓ Infrarouge : onde électromagnétique de fréquence supérieure à celle de la lumière
- ✓ Communication établie à l'aide rayons infrarouges
- ✓ Support de transmission sans fil transportant l'information via des faisceaux lumineux

Principe des liaisons infrarouge

- ✓ *Emission* : Diodes électroluminescentes (émission des rayonnements infra rouges) / conversion du signal électrique en rayonnement infrarouge par un DEL)
- ✓ Modulation des faisceaux infrarouges générés par les DEL
- ✓ Envoi de signaux à travers l'air via des ondes lumineuses
    - o Transmission à vol d'oiseau (émetteur et récepteur en visibilité sur de courtes distances)
- ✓ *Réception* : utilisation des photodiodes silicone pour convertir les radiations infra rouges en courant électrique

Caractéristiques des liaisons infrarouge

- ✓ Débit : 10 Mb/s
- ✓ Distance : 30 mètres

Utilisations des liaisons infrarouges

- ✓ Télécommandes (commande à distance)
- ✓ Connexion entre plusieurs dispositifs (ordinateurs portables)
- ✓ Réseaux locaux sans fil
- ✓ Modems sans fil
- ✓ Connexion entre ordinateurs et périphériques (claviers sans fil, souris sans fil, etc.)
- ✓ Liaisons de données sur courte distance entre ordinateurs ou téléphones mobiles
- ✓ Transmission de données sur courtes distances dans le domaine de la robotique
- ✓ Surveillance et applications de contrôle
- ✓ Systèmes de guidage de missile
- ✓ Lumières de sécurité

Comparaison transmission filaire et transmission sans fil[127]

Avantages et inconvénients des communications filaires (transmission filaire)

Avantages	Inconvénients
Fiabilité (pas affecté par d'autres signaux sans fil : téléphones cellulaires, liaisons micro-onde)	Manque de protection contre la moisissure et d'autres conditions climatiques
Moindre coût	Manque de protection contre les bruits en provenance de la machinerie et des champs magnétiques
Longue espérance de vie	Longueur limitée des câbles
Haut débit	
Qualité de service	

Avantages et inconvénients des communications sans fil (transmission sans fil)

Avantages	Inconvénients
Commodité	Manque de fiabilité (Affectée par d'autres signaux sans fil : téléphones cellulaires, liaisons micro –ondes)
Portée	Interception des signaux
Longue Espérance de vie	Vitesse limitée dans les transmissions sans fil
	Qualité de service faible

Comparaison des différents supports de Transmission

Support	Paires torsadées	Câbles coaxiaux	Ondes radio	Infra Rouge	Fibre optique
Propagation	Guidée	Guidée	non guidée	non guidée	guidée
Matériau	Cuivre	Cuivre	-	-	Silice, polymères
Bande passante	KHz – MHz	MHz	GHz	GHz	THz
Atténuation	Forte	forte avec fréquence	Variable	obstacles	très faible
Sensibilité, perturbations électromagnétiques	Forte	Faible	Forte	forte	nulle
confidentialité	Limitée	Correcte	Nulle	relative	élevée
Transport d'énergie	Oui	Oui	Non	non	expérimental
Coût interface	très faible	Faible	assez faible	moyen	élevé
Coût support	très faible	Elevé	Nul	nul	élevé
Applications	téléphone, réseaux bas et moyens débits, hauts débits courtes distances	réseaux locaux haut débits, vidéo	mobiles, satellites, hertzien	télécommande, communications «indoor»	hauts débits longues distances

127 Wired and wireless technologies https://fr.slideshare.net/AKHILSabu1/wired-and-wireless-technologies

Débit binaire des supports de transmission filaires

- ✓ Paire torsadée : 16 Mb/s
- ✓ Câble coaxial : 10 Mb/s
- ✓ Fibre optique : jusqu'à des Tb/s

Débit des supports de transmission sans fil

- ✓ Radiodiffusion : jusqu'à 2 Mb/s
- ✓ Liaisons micro-ondes : 45 Mb/s
- ✓ Liaisons par satellite : 50 Mb/s
- ✓ Système cellulaire : 100 Mb/s
- ✓ Système infra rouge : jusqu'à 4 Mb/s

Temps et télécommunications

- ✓ *Temps* : facteur sensible dans la transmission des signaux
- ✓ *Temps :* paramètre très sensible dans les communications en temps réel
- ✓ Une seconde : 7.5 tours de la terre par la lumière (300 000 km/sec)
- ✓ De multiples et longues opérations effectuées en une seconde (milliseconde et microseconde)
- ✓ Vitesse du signal électrique dans les câbles métalliques et optique à une vitesse inférieure à 300 000 km à la seconde
- ✓ *Temps de propagation* : Durée nécessaire au signal pour parcourir un support d'un point à un autre

Temps de propagation et retard introduits par les équipements de télécommunications

Temps de propagation : durée de transfert de l'information de la source à la destination

- ✓ Fibre optique : 0.54 milliseconde par 100 km
- ✓ Faisceau hertzien : 0.38 milliseconde par 100 km
- ✓ Câble coaxial : 0.42 milliseconde par 100 km
- ✓ Câble en cuivre : 1.08 milliseconde par 100 km
- ✓ Satellite géostationnaire : 240 milliseconde (2 par 120 milliseconde)
- ✓ Satellite à basse altitude : 10 milliseconde (2 par 5 milliseconde)

Retard dû aux équipements (dans un seul sens)

- ✓ Multiplexage analogique : 2 millisecondes
- ✓ Commutateur ATM : 1.6 milliseconde
- ✓ Commutateur numérique : 0.5 à 1.2 millisecondes
- ✓ Compression numérique : 5 à 150 millisecondes
- ✓ Codeur MPEG -2 : 150 millisecondes
- ✓ Equipement MIC : 0.125 à 0.5 millisecondes
- ✓ Connexion numérique : 1.2 milliseconde
- ✓ Téléphone mobile : 10 millisecondes (DECT), 90 millisecondes (GSM)[128]

Distance et télécommunications

Atténuation du signal directement proportionnel à la distance parcourue

- ✓ *Distance :* source d'affaiblissement du signal en cours de transmission
- ✓ *Distance* : plus d'investissement dans les infrastructures de télécommunications
- ✓ *Distance* : plus de ressources (humaines, techniques, énergétiques, logistiques) pour la fourniture du service
- ✓ *Distance* : Implications techniques (amplificateurs et relais actifs à installer sur les liaisons)

Critères de choix d'un support de transmission

- ✓ Coût (acquisition et maintenance)
- ✓ Capacité de transmission (quantité de canaux disponibles)
- ✓ Qualité de transmission (reproduction fidèle de l'information, sans interférence, etc.)
- ✓ Distance (portée)
- ✓ Débit (Bande passante)
- ✓ Atténuation (niveau d'atténuation du signal)
- ✓ Immunité aux bruits et aux interférences
- ✓ Facilité de déploiement
- ✓ Durée de vie

128 Cours B11 – Transmission des Télécommunications – Partie 2 – Chapitre 2

4. Exploitation de l'information de l'utilisateur

Utilisation de l'information transmise

Moyens

- ✓ Réception des signaux par le récepteur
  - o Réglage des récepteurs sur la fréquence de transmission des signaux
- ✓ Traitement des signaux électriques par le récepteur
- ✓ Utilisation d'interfaces pour l'utilisation de l'information
  - o Haut – parleur pour le son et la musique
  - o Ecran pour les images et vidéos
  - o Ecran approprié pour les textes et les données

Technologies des Télécommunications

Technologies de réseau, transmission et de communication

Technologies de réseau

- ✓ Wi -Fi
- ✓ Token Ring
- ✓ Frame Relay
- ✓ PSN (Packet Switching Network)
- ✓ RNIS (Réseau numérique à Intégration de services)
- ✓ ATM (Asynchronous Transfer Mode)
- ✓ FDDI (Fiber Distributed Data Interface)
- ✓ SONET (Synchronous Optical Network)
- ✓ DDN (Digital Data Network)
- ✓ Ethernet
- ✓ Etc.

Technologies des réseaux numériques

- ✓ Technologies de transmission numériques transmettant l'information sous d'impulsion discrète

Bénéfices des technologies de réseaux numériques

- ✓ Plus grands débits de transmission
- ✓ Transmission de grandes quantités d'information
- ✓ Plus grande économie
- ✓ Faible taux d'erreur

Technologies de transmission filaire

- ✓ Courant porteur en ligne
- ✓ Fibre optique
- ✓ Modem câble
- ✓ Ligne d'abonné numérique (Digital subscriber Line : DSL)

Technologies de transmission sans fil

- ✓ Radiodiffusion hertzienne
- ✓ Liaisons micro -ondes
- ✓ Satellite
- ✓ Bluetooth
- ✓ Technologies cellulaires (2G, 2,5 G, 3G, 4G, 5G)
- ✓ Wi –fi (Wireless Fidelity)
- ✓ Wimax (Worldwide Interoperability for Microwave Access)
- ✓ FSO (Free Space Optics)
- ✓ LMDS (Local Multipoint Distribution Service)
- ✓ MMDS (Multi Channel Multipoint Distribution Service)
- ✓ Infra rouge
- ✓ Transfert de puissance sans fil (Wireless Power Transfer)

Technologies de commutation

- ✓ Commutation de circuit (téléphonie)
- ✓ Commutation de paquet (Internet)
- ✓ Commutation de message
- ✓ Commutation de trame
- ✓ Commutation de cellules

Applications des technologies de télécommunications

Exploitation de ces technologies dans la fourniture des services suivants

- ✓ Téléphonie
- ✓ Vidéoconférence
- ✓ Courrier électronique
- ✓ Messagerie instantanée
- ✓ Messagerie vocale
- ✓ Espace de bavardage (clavardage, Chat rooms)
- ✓ Groupe de discussion (newsgroup)
- ✓ Collaboration
- ✓ Logiciel de travail en groupe (collecticiel, groupware)
- ✓ Système de géolocalisation (GPS)

Technologies de réseaux de données

- ✓ Token Ring
- ✓ 802.11
- ✓ 802.11n
- ✓ WiMAX
- ✓ Bluetooth
- ✓ Zigbee

Réseaux de Télécommunications

- ✓ Système électronique de liens et de commutateurs, incluant les contrôles des opérations, du transfert des informations et de l'échange entre de multiples utilisateurs
- ✓ Moyen de communication entre un émetteur et un récepteur
- ✓ Dispositif rendant possibles les communications de l'émetteur vers le récepteur
- ✓ Ensemble formé d'émetteurs, de récepteurs et de canaux de communications pour échanger des informations
- ✓ Moyen de communication à distance entre ou plusieurs usagers (homme/machine) d'un service (téléphonie/télécopie/Internet) échangeant des informations (voix, données, images,) via un terminal (téléphone à touche, fax)[129]
- ✓ Combinaison de ressources de télécommunications et d'informatique pour faciliter la communication à distance
- ✓ Combinaison de ressources de télécommunications et informatiques pour le partage d'information entre des points éloignés
- ✓ Réseau d'arcs (liaisons de télécommunications) et de nœuds (commutateurs, routeurs...), mis en place pour la transmission de messages d'un bout à l'autre au travers de multiples liaisons[130]
- ✓ Système conçu pour transmission de signaux de toutes sortes en utilisant de l'énergie électrique et électromagnétique

Nécessité d'un réseau de télécommunications

- ✓ Mise en relation des usagers
- ✓ Diffusion d'information
- ✓ Accès à des ressources distantes (serveurs, imprimantes)

Types de réseau de télécommunications

- ✓ Réseau de diffusion : transmission d'une source vers de nombreux utilisateurs
  - o Radiodiffusion sonore et télévisuelle
  - o Exemples : stations de radio et de télévision
  - o Moyens : liaisons permanentes établies (ondes électromagnétiques) et terminaux
- ✓ Réseau de collecte : transmission en provenance de plusieurs sources vers un même destinataire
  - o Télémesure (télémétrie)
  - o Exemple : Réseau de surveillance océanographique
  - o Moyens : Liaisons permanentes établies (Ondes électromagnétiques) et Collecteur de données
- ✓ Réseau commuté : liaisons établies sur ordre de l'utilisateur
  - o Téléphonie
  - o Exemple : Réseau téléphonique

129 Réseau
http://www.etudier.com/dissertations/Reseau/518363.html

130 Gestion de réseaux de télécommunications
http://helpforafricanstudents.org/francais/index.php/message-introductif-important/42-carrieresprofessionelles-/communications-c/122-gestion-de-reseau-des-telecommunications-

o Moyens : systèmes de transmission filaire et sans fil, commutateurs et terminaux

Eléments fondamentaux d'un réseau de télécommunications

2 éléments fondamentaux

- ✓ Nœuds
  - o Routage de l'information
  - o Commutation de l'information
  - o Pilotage du réseau
- ✓ Liens
  - o Interconnexion des nœuds entre eux
  - o Transport de l'information[131]

Exemples de réseaux de télécommunications

- ✓ Réseau de télévision
- ✓ Réseau téléphonique commuté
- ✓ Réseau de téléphonie mobile
- ✓ Réseau informatique
- ✓ Réseau Internet

Principaux composants d'un réseau de télécommunications

- ✓ Terminaux de l'utilisateur pour l'accès et l'utilisation du service
- ✓ Ordinateurs destinés à traiter les informations et interconnectés par le réseau
- ✓ Processeur ou machine de traitement (dispositifs effectuant les contrôles et supportant les fonctions : commutateur, routeur, concentrateur, passerelle)
- ✓ Canaux de transmission (voie de transmission des informations)
- ✓ Liaisons de télécommunications formant un canal de communication entre un terminal émetteur et un terminal récepteur
- ✓ Equipements de télécommunications conçus pour faciliter la transmission d'information
- ✓ Logiciels de télécommunications destinés à contrôler la transmission des messages à travers le réseau
- ✓ Interfaces entre équipements et utilisateurs
- ✓ Concentrateurs
- ✓ Multiplexeurs

Réseau de télécommunications et l'utilisateur des services

2 types

- ✓ Services réseau
  - o Capacité de supporter les services de télécommunications : téléphonie, vidéo-conférence, courrier électronique, etc.
  - o Capacité de réponse aux exigences des services (bande passante, contraintes de temps réel)
  - o Solutions envisagées (commutation de circuit, commutation de paquet)[132]
- ✓ Gestion du réseau
  - o Evolution perpétuelle du réseau
  - o Nouveaux abonnés à raccorder
  - o Nouveaux matériels à installer
  - o Nouveaux services à introduire
- ✓ Fonctionnement du réseau
  - o Opérations de maintenance
  - o Opérations d'observation du traficOpérations +d'observation de la qualité de service[133]

131 Trafic et performances des réseaux de télécoms - Georges Fiche et Gérard Hébuterne http://197.14.51.10:81/pmb/TELECOMMUNICATION/Trafic%20et%20performances%20des%20reseaux%20de%20telecoms.pdf

132 Trafic et performances des réseaux de télécoms - Georges Fiche et Gérard Hébuterne http://197.14.51.10:81/pmb/TELECOMMUNICATION/Trafic%20et%20performances%20des%20reseaux%20de%20telecoms.pdf

133 Trafic et performances des réseaux de télécoms - Georges Fiche et Gérard Hébuterne http://197.14.51.10:81/pmb/TELECOMMUNICATION/Trafic%20et%20performances%20des%20reseaux%20de%20telecoms.pdf

Informations, réseaux de télécom et services134

Type d'information	Réseau	Service
Parole	Réseau de Diffusion, réseau commuté, réseau banalisé	Téléphonie (Conférence téléphonique, Horloge parlante) Radiodiffusion Interphone
Musique	Réseau de diffusion	Radiodiffusion Télédiffusion
Textes	Réseau fixe point à point, réseau commuté, réseau banalisé	Télégraphie, télex, télétex, courrier électronique
Images fixes	Réseau de diffusion, réseau fixe point à point, réseau commuté, réseau banalisé	Télécopie, bélinographe, vidéotex
Images animées	Réseau de diffusion, réseau fixe point à point, réseau commuté et banalisé	Télévision, visiophonie
Données	Réseau de collecte, réseau fixe point à point, réseau commuté, réseau banalisé	Téléinformatique (télémesure, télésurveillance, télécommande)

134 Systèmes de télécommunications, Bases de transmission – P.-G. FONTOLLIET

Relations entre le réseau et les terminaux

- ✓ Liaison physique ou immatérielle reliant le réseau au terminal
- ✓ Réglage sur la même fréquence
- ✓ Compatibilité entre le réseau et les terminaux

Fonctions d'un réseau de télécommunications

- ✓ Mise en relation des usagers
- ✓ Mise en relation des usagers avec des serveurs
- ✓ Fourniture des services de télécommunications
- ✓ Gestion des services de télécommunications[135]

Constituants fondamentaux d'un réseau de télécommunications

- ✓ *Cœur du réseau (Core network)* : Infrastructure permettant l'interconnexion des usagers entre eux
- ✓ *Réseau d'accès* : Liaison entre l'utilisateur et le réseau du cœur
- ✓ *Terminal de l'utilisateur (Equipement terminal de l'usager)* : Moyen d'accès aux services

Moyens mis en œuvre dans les réseaux de télécommunications

- ✓ Organes de traduction du message en signal électrique, et inversement (transducteurs électriques)
- ✓ Circuits électriques de conditionnement du signal
  - o Compatibilité du signal avec le canal de transmission
  - o Acheminement simultané, par multiplexage, de plusieurs messages sur le même canal (amplification, modulation, démodulation, filtrage, etc.)
- ✓ Equipements de sélection des artères de communication (centraux de commutation)
- ✓ Canaux de transmission (lignes, faisceaux hertziens, etc.)[136]

Disponibilité des réseaux de télécommunications

- ✓ Systèmes disponibles en permanence (station de radio, Télévision, téléphonie, Internet)
- ✓ Connexion et utilisation des services au besoin (réglage sur la fréquence d'une station de radio, composition d'un numéro de téléphone, envoi d'un sms, lancement d'un navigateur web pour l'accès à l'Internet

Phases d'un réseau de télécommunications

- ✓ Conception du réseau
- ✓ Planification du réseau
- ✓ Mise en œuvre du réseau (déploiement)
- ✓ Optimisation du réseau

Mission d'un opérateur de réseau

- ✓ Conception du système
- ✓ Installation
- ✓ Mise en place
- ✓ Exploitation
- ✓ Entretien

Avantages de la numérisation du réseau de Télécommunications

- ✓ Utilisation de composants électroniques plus simples, plus économiques et plus intégrés par rapport aux composants analogiques utilisés précédemment
- ✓ Multiplexage temporel plus simple et plus fiable que le multiplexage fréquentiel utilisé sur les lignes analogiques à grandes distances
- ✓ Meilleure adaptation aux différentes informations à véhiculer (Sons, images, données)
- ✓ Signalisation plus facile à véhiculer par incorporation dans les données
- ✓ Régénération plus simple des signaux et sans apport de souffle ou de bruits supplémentaires (taux d'erreur nettement plus faible qu'en analogique)
- ✓ Signaux plus faciles à manipuler

135 Trafic et performances des réseaux de télécoms - Georges Fiche et Gérard Hébuterne – http://197.14.51.10:81/pmb/TELECOMMUNICATION/Trafic%20et%20performances%20des%20reseaux%20de%20telecoms.pdf

136 Cours/Lecture series – 1986 -1987 Academic Training Programme – F. de COULON/EPF, Lausanne

Inconvénients de la numérisation du réseau de Télécommunications

- ✓ Bande passante des supports plus importante (d'où l'usage de la fibre optique).[137]

Enjeux liés à la gestion d'un réseau de télécommunications

- ✓ Planification de capacité et prévision de la demande
- ✓ Mise à jour du réseau
- ✓ Problème de gestion de données
- ✓ Monitoring du réseau
- ✓ Utilisation optimale des ressources
- ✓ Gestion des problèmes de la clientèle
- ✓ Problème dans la prise de décision

Réseaux à valeur ajoutée (RVA)

- ✓ Réseau fermé fournissant à un ensemble d'utilisateurs des services de télécommunications d'une qualité différente de celle fournie sur le réseau public (le plus souvent supérieure), et permettant d'accéder à des applications propres[138]
- ✓ Réseau ajoutant de la valeur par le traitement à l'information acheminée

Exemples de réseaux à valeur ajoutée

- ✓ SITA (Société Internationale de Télécommunication Aéronautique)
- ✓ SWIFT ((Society for Worlwide Interbank Financial Telecommunications)

Modèle de gestion des réseaux de télécommunications

2 modèles de gestion

1.- TMN (Telecommunications Network Management)

2. - SNMIP (Simple Network Management Protocol)

Fonctionnalités d'une application de gestion de réseau

- ✓ Supervision du fonctionnement du réseau
- ✓ Signalisation des pannes
- ✓ Détection des erreurs et anomalies
- ✓ Evaluation des coûts
- ✓ Récupération des données statistiques[139]

Fonctions de l'administration de réseau

5 fonctions pour satisfaire les besoins fonctionnels

Gestion des anomalies

- ✓ Surveillance du réseau
- ✓ Détection des anomalies
- ✓ Localisation des pannes
- ✓ Essais et mesures

Gestion de la configuration (gestion des paramètres de configuration)

- ✓ Fonction d'installation de composants
- ✓ Fonction de contrôle et surveillance
- ✓ Fonction de gestion des noms
- ✓ Gestion de la mise en service
- ✓ Gestion des états
- ✓ Gestion des commandes

Gestion de la sécurité

- ✓ Protection
- ✓ Gestion de l'authentification
- ✓ Gestion du niveau d'habilitation

Gestion des performances

- ✓ Collecte des données
- ✓ Gestion du trafic
- ✓ Gestion de la qualité de service

Gestion des informations comptables

- ✓ Collecte des relevés de compte
- ✓ Gestion des paramètres de facturation[140]
- ✓ Déclaration des abonnés et des terminaux
- ✓ Facturation
- ✓ Statistiques

137 Les signaux http://aldevar.free.fr/data/14-Telephonie/signaux.pdf

138 Introduction aux télécommunications http://www.volle.com/ENSPTT/introtcom.htm#réseau à valeur ajoutée

139 TMN : Telecommunication management network https://wapiti.telecom-lille.fr/commun/ens/peda/options/st/rio/pub/exposes/exposesrio1998ttv/TMN/EXPOTMN1.HTM#Principes

140 Tmn : Telecommunication management network https://wapiti.telecom-lille.fr/commun/ens/peda/options/st/rio/pub/exposes/exposesrio1998ttv/TMN/EXPOTMN1.HTM#Principes

Gestion d'un réseau de télécommunications

- ✓ Gestion du trafic
- ✓ Sécurité
- ✓ Surveillance du réseau
- ✓ Planification de la capacité

Couches d'une application de gestion de réseau

5 couches

Gestion commerciale (Business Management Layer)

- ✓ Aspects commerciaux
- ✓ Aspects marketing et parts de marché
- ✓ Aspects législatifs
- ✓ Retour sur investissement
- ✓ Satisfaction de la clientèle
- ✓ Atteinte des buts de la communauté et du gouvernement

Gestion des services (Service Management Layer)

- ✓ Interface entre les utilisateurs des services
- ✓ Gestion des services offerts à la clientèle
- ✓ Qualité de service
- ✓ Coûts et durée relatifs aux objectifs de marché

Gestion du réseau (Network Management Layer)

- ✓ Aspects réseau de la gestion
- ✓ Acheminement et adressage
- ✓ Ajout, suppression et modification de capacités
- ✓ Gestion du réseau et des systèmes fournissant les services
  - o Capacité, diversité et congestion

Gestion d'éléments du réseau (Element Management Layer)

- ✓ Gestion des éléments comprenant les réseaux et systèmes
- ✓ Gestion de la charge des éléments par la planification des
  - o Séquencements, demandes contradictoires

Elément du réseau (Network Element Layer)

- ✓ Aspects relatifs à la gestion des commutateurs
- ✓ Aspects relatifs à la gestion des supports de transmission
- ✓ Aspects relatifs à la gestion des systèmes de distribution

Equipements de télécommunications

- ✓ Elément matériel permettant de fournir et d'accéder aux services de télécommunications (équipements de réseau et terminaux)
- ✓ Outil permettant de surmonter le temps et la distance
  - o Exemples : Emetteur, récepteur, antennes, routeur, commutateur, multiplexeur, routeur, téléphone, tablette numérique

Equipements de transmission

- ✓ Lignes de transmission
- ✓ Fibre optique
- ✓ Emetteur radioélectrique
- ✓ Station de base
- ✓ Multiplexeurs
- ✓ Boucle locale
- ✓ Satellite de télécommunications
- ✓ Etc.

Equipements terminaux (Equipements des utilisateurs)

- ✓ Téléphones cellulaires
- ✓ Poste d'abonné
- ✓ Récepteur de radio et de télévision
- ✓ Ordinateur
- ✓ Modem
- ✓ Télécopieur
- ✓ Autocommutateur privé
- ✓ Routeur
- ✓ Réseau local
- ✓ Etc.

Réseau numérique à Intégration de Services (RNIS)

- ✓ RNIS : Réseau fournissant une connectivité numérique de bout en bout avec une grande variété de services[141]
- ✓ RNIS : Réseau de télécommunications constituées de liaisons numériques
- ✓ Intégration de services = utilisation d'une partie ou de la totalité du réseau de télécommunications pour l'acheminement en commun de diverses informations relatives à des services de nature différente
- ✓ RNIS : Réseau entièrement constitué par des connexions numériques et permettant à ses usagers d'échanger des informations de nature différente : sons, images, données
- ✓ RNIS : Raccordement numérique des abonnés
- ✓ RNIS : Conséquence directe de la numérisation du réseau de transmission et de commutation
- ✓ RNIS : Echange de sons, des données ou des images, de telle téléphonie, la visiophonie, la télécopie, la messagerie électronique
- ✓ RNIS : Transmission par l'abonné de différents types d'informations par une interface unique
- ✓ RNIS : réseau conçu pour associer la voix, les données, la vidéo et toute autre application ou service
- ✓ Services disponibles : identification de l'appelant, double appel, transmission de mini-messages, etc.)
- ✓ Débit disponible : 64 Kbit/s à 2Mbit/s

Exemples de services intégrés

- ✓ Téléphonie
- ✓ Téléinformatique
- ✓ Télex et télétex
- ✓ Télécopie
- ✓ Visiophonie
- ✓ Diffusion de programmes musicaux ou télévisuels
- ✓ Téléaction, télémesure, téléalarme, etc[142]

141 Technologie RNIS – Philippe Latu – https://www.inetdoc.net/pdf/rnis.pdf

142 Systèmes de télécommunications, Bases de transmission –P.-G. FONTOLLIET

CHAPITRE 5

TELEPHONIE TRADITIONNELLE ET IP
TELEPHONIE CELLULAIRE

TÉLÉPHONIE

- ✓ Transmission de la voix humaine et du son entre deux lieux distants
- ✓ Système de télécommunication assurant essentiellement la transmission et la reproduction de la parole (et plus rarement d›autres signaux sonores)

Types de téléphonie

Téléphonie fixe et téléphonie mobile

Téléphonie fixe (téléphonie traditionnelle)

- ✓ Exploitation des réseaux fixes
- ✓ Fourniture des services fixes de base

Téléphonie mobile

- ✓ Exploitation des réseaux de radiocommunication (radiotéléphonie et radiomessagerie)
- ✓ Fourniture des services de téléphonie aux abonnés en mobilité

Téléphonie TDM et téléphonie IP

TDM (Time Division Multiplexing)

- ✓ Commutation de circuit (allocation d'un circuit pendant toute la durée de la communication)
- ✓ Multiplexage temporel

IP (Internet Protocol)

- ✓ Commutation de paquet (Transformation des messages numérisés en paquet et transfert des paquets de nœud en nœud)
- ✓ Multiplexage statistique

Généralités sur la Téléphonie

- ✓ *Coté abonné* : Terminal fixe ou cellulaire
- ✓ *Liaisons* : liaisons filaires et sans fil
- ✓ Numéro de téléphone unique à chaque abonné
- ✓ Centralisation de l'intelligence du système téléphonique

Principes de la téléphonie

- ✓ Conversion des messages sonores en signaux électriques par un microphone (émission)
- ✓ Utilisation de la commutation de circuit pour des services vocaux
- ✓ *Circuit* : voie physique de communication entre deux ou plusieurs points du réseau
- ✓ Fonctionnement en mode connecté (établissement d'un circuit entre les deux correspondants)
- ✓ Acheminement via un support des signaux électriques à l'abonné demandé
- ✓ Conversion des signaux électriques en messages sonores par un haut - parleur (réception)

Conditions d'accès au service téléphonique

Accès conditionné par

- ✓ Disponibilité d'un terminal téléphonique
- ✓ Raccordement au réseau téléphonique
- ✓ Alimentation électrique du poste téléphonique
- ✓ Disponibilité de crédit sur le compte ou abonnement mensuel
- ✓ Coordonnées du correspondant (numéro de téléphone)

Modes d'accès à la téléphonie fixe

3 modes d'accès

- ✓ Ligne téléphonique traditionnelle (RTCP)
- ✓ Connexion ADSL via Internet (Un logiciel installé sur un ordinateur via Internet/FAI)
- ✓ Téléphonie via le câble (Une connexion d'un réseau câblé via un modem –câble fourni par les Câblo –opérateurs)[143]

Raccordement d'abonné au réseau téléphonique

Boucle locale ou dernier kilomètre ou last mile

- ✓ Boucle locale : Segment du réseau filaire ou radioélectrique reliant les équipements terminaux aux équipements de commutation
- ✓ Boucle locale : Liaison filaire ou sans fil établi entre le poste d'abonné et le commutateur de rattachement ou de raccordement
- ✓ Moyens de raccordement
  - ○ ○ Câbles coaxiaux et paires torsadées

143 Guide pratique des communications électroniques http://www.economie.gouv.fr/files/files/conseilnationalconsommation/guide_interactif_securise.pdf

- o Fibre optique
- o Liaison cellulaire
- o Wimax
- o Satellite (mobilité et zones d'accès difficiles)

Equipement terminal d'usager

- ✓ Moyen d'accès et d'utilisation des services de télécommunications
- ✓ Exemple : Téléphone, tablette numérique, ordinateur, etc.

Eléments d'un poste téléphonique

- ✓ Microphone : Conversion des sons en signal électrique
- ✓ Haut-parleur : Conversion du signal électrique en son
- ✓ Cadran d'appel ou clavier de numérotation : composition de numéro de téléphone
- ✓ Crochet - commutateur : Alerte au central au décrochage du combiné
- ✓ Sonnerie : Alerte à l'abonné pour l'arrivée d'un appel
- ✓ Circuit équilibreur : Circuit utilisé pour la prévention d'écho

Liaison d'abonné

- ✓ Ligne entre le réseau public (commutateur de rattachement) et l'installation d'abonné

Lignes SPA (Spécialisées arrivée Point A)

- ✓ Lignes acheminant des appels sortants seulement (vers le réseau de l'opérateur ou point A)
  - o Lignes de télémarketing

Lignes SPB (Spécialisées arrivée Point B)

✓ Lignes acheminant des appels entrants seulement (vers l'installation d'abonné ou point B)

- o Lignes d'urgence
- o Services à la cliente

Lignes mixtes

- ✓ Lignes acheminant indifféremment les appels entrants ou sortants (à la fois SPA et SPB)[144]

Numérotation téléphonique en mode fixe

2 types de clavier téléphonique

- ✓ Numérotation décimale (génération d'impulsions)
- ✓ Numérotation par fréquences vocales (transmission de signaux audibles reconnaissables par le central)

Services téléphoniques

2 catégories : Services de base et service à valeur ajoutée

Services téléphoniques de base

- ✓ Appels téléphoniques
- ✓ Conférence téléphonique

Services téléphoniques à valeur ajoutée

- ✓ Messagerie vocale
- ✓ Identification de l'appelant
- ✓ Appel en instance
- ✓ Horloge parlante

Types d'appels téléphoniques

- ✓ Appel local : communication téléphonique entre deux correspondants vivant dans la même zone et desservis par le même central local (applicable en téléphonie fixe)
- ✓ Appel interurbain : Communication téléphonique entre deux correspondants se trouvant dans deux villes
- ✓ Appel international : Communication téléphonique entre deux correspondants de deux pays
  - o Téléphone fixe vers téléphone fixe
  - o Téléphone fixe vers téléphone mobile
  - o Téléphone mobile vers téléphone fixe
  - o Téléphone mobile vers téléphone mobile

Phases d'un appel via un poste fixe[145]

- ✓ Présélection
  - o Décrochage du combiné par l'abonné appelant

144 Téléphonie - IUT de Nice iutsa.unice.fr/~frati/telephonie_DUT/Telephonie-2008-2009-Print.pdf

145 Réseau téléphonique : du RTC au RNIS Large Bande - Patrice KADIONIK ftp://ftp-developpez.com/kadionik/reseau/reseau-telephonique.pdf

- o Détection de la demande de service/connexion par le commutateur
- o Envoi d'une tonalité de numérotation à l'appelant par le commutateur

✓ Enregistrement et traduction

- o Composition du numéro de téléphone par l'appelant
- o Décodage et stockage des numéros par l'enregistreur du commutateur (enregistrement)
- o Détermination grâce aux tables de routage du commutateur l'acheminement de l'appel (traduction)

✓ Sélection

- o Transmission par le commutateur A de la signalisation nécessaire à l'appel au commutateur B
- o Analyse du numéro et identification de l'abonné appelé par le commutateur B (abonné disponible, abonné déjà en communication, impossibilité d'établir la communication)
- o Appelé libre : envoi d'une signalisation vers le commutateur A pour indiquer la progression de l'appel
- o Réservation d'une connexion et activation de la sonnerie de l'appelé par le commutateur B
- o Envoi d'une tonalité vers le commutateur A par le commutateur B
- o Impossibilité d'établir une communication : envoi d'une signalisation par le commutateur B au commutateur A
- o Génération d'une tonalité d'occupation et libération de la ligne réservée par le commutateur A

✓ Connexion

- o Etablissement de la connexion entre l'appelant et l'appelé
- o Transmission dans les deux sens des échanges entre les deux correspondants

✓ Taxation

- o Démarrage de la taxation de l'appel au décrochage de l'appelé

✓ Supervision

- o Surveillance de la qualité du signal
- o Détection de défaillance

✓ Fin de la communication

- o Déconnexion des abonnés
- o Libération des ressources exploitées pour la communication

Etablissement d'un appel international

2 options

✓ Option 1 : Interconnexion directe entre les deux opérateurs téléphoniques

✓ Option 2 : Acheminement de l'appel via un transporteur d'appel (carrier)

- o Acteurs : Opérateur d'origine + transporteurs + Opérateur de terminaison

Temps d'un appel téléphonique

3 temps

✓ Temps de connexion (Durée nécessaire à l'établissement de la communication entre les abonnés)

✓ Durée de la conversation (Durée écoulée pendant les échanges)

✓ Temps de déconnexion (Durée nécessaire à la déconnexion des abonnés)

Eléments nécessaires au service téléphonique

3 éléments

✓ Commutateurs (centraux) : Organes de gestion des connexions téléphoniques (intelligence pour l'établissement des communications)

✓ Postes d'abonnés (Terminaux) : téléphones, fax, modem, PDA

✓ Supports de transmission (liaisons) : Liaisons filaires (câbles métalliques ou fibre optique) ou sans fil (liaisons hertziennes ou liaisons par satellite) entre les différents centraux et les abonnés

Facturation des services téléphoniques

- ✓ Services prépayés (débit du crédit du compte à la consommation)
- ✓ Services post-payés (services facturés après utilisation)
- ✓ Abonnement (accès à un niveau d'utilisation mensuelle moyennant paiement)
- ✓ Plan spécial (offres soumises à des conditions)

Réseau d'un opérateur de téléphonie

- ✓ Réseau de transmission
  - o Transport de tout type d'information (voix, données, vidéo)
  - o Constitution : Nœuds (multiplexeurs) et de liens
  - o Technologies du lien : fibre optique, liaisons micro -ondes et câble coaxial
- ✓ Réseau de commutation
  - o Commutation du trafic entre l'appelant et l'appelé
  - o Constitution : Ensemble de commutateurs
  - o Transfert par le réseau de transmission de trafic vers le commutateur via des ports d'entrée

Fonctions d'un réseau téléphonique classique

3 fonctions de base

- ✓ *Interconnexion des abonnés*
  - o Connexion des abonnés et transport des informations via un support dédié pendant toute la durée de la communication
- ✓ *Signalisation*
  - o Echange d'informations nécessaires à l'accès, l'appel et la connexion
  - o Echange de messages ou encore de signaux de fréquence pour l'établissement, la rupture de la communication et de son support (sur la base de la numérotation)
- ✓ *Exploitation*
  - o Echange d'informations et de commandes (messages) pour la gestion du réseau (mesure de trafic, mises en service, etc.)[146]

146 Trafic et performances des réseaux de télécoms - Georges Fiche et Gérard Hébuterne

Parties d'un réseau téléphonique conventionnel

- ✓ *Distribution :* Partie du réseau reliant les abonnés téléphoniques au commutateur le plus proche par différents moyens et technologies
- ✓ *Commutation :* Partie « intelligente » du réseau mettant en relation les abonnés téléphoniques en allouant des circuits temporaires
- ✓ *Transmission :* Ensemble de liaisons reliant les commutateurs du réseau (Faisceaux hertziens et fibre optique)

Fonctions de la commutation téléphonique

Traitement de toutes les demandes de connexion en temps réel

- ✓ Aiguillage des communications
- ✓ Concentration du trafic téléphonique
- ✓ Taxation de l'abonné
- ✓ Fonctions de connexion (raccordement de l'appelant à l'appelé par l'allocation d'une ressource de transmission)
- ✓ Fonctions de traitement d'appel et de signalisation (traitement des demandes de connexion et de services)
- ✓ Fonctions d'administration[147]
- ✓ Transfert du trafic vers d'autre commutateur via le réseau de transmission
- ✓ Surveillance de la communication

Réseau téléphonique et ses sous - réseaux

Différents sous - réseaux d'un réseau téléphonique

4 sous - réseaux

Réseau d'accès

- o Rattachement de l'équipement terminal au réseau de commutation
- o Accès analogique ou numérique (RNIS, xDSL, ligne louée, etc.)
- o Liaisons filaires ou sans fil

147 Réseaux d'accès : du Réseau Téléphonique Commuté à la fibre optique, Telecom ParisTech http://perso.telecom-paristech.fr/~coupecho/cours/reseaux-dacces.pdf

Réseau de signalisation

- Réseau chargé de transporter les informations (données) de signalisation au sein du réseau de télécommunications

Réseau intelligent

- Réseau exploité pour la fourniture de services à valeur ajoutée orientés voix tels que les services numéro vert, télévote, carte de facturation, prépayé, etc.
- Réseau constitué de serveurs d'application contenant des logiques de services (programmes) et les données de services)

Réseau de gestion

3 éléments constitutifs

- EMS (Element Management System) : système de gestion d'équipement fourni par le constructeur de télécommunication pour l'exploitation des équipements
- OSS (Operation Support System) : système d'information réseau (gestion du réseau et du service technique)
- BSS (Business Support System) : système d'information commercial (gestion des services commerciaux et des clients[148]

Critères d'évaluation d'un réseau téléphonique

3 critères principaux

- ✓ Qualité de service : Fiabilité du service fourni
- ✓ Capacité : Nombre de communications supportées simultanément
- ✓ Couverture : Portée du service (Etendue du territoire desservi)

Critères de performance d'un réseau téléphonique

- ✓ Disponibilité du réseau (probabilité d'obtention d'un nouvel appel)
- ✓ Maintien de la communication (probabilité de coupure d'une communication)
- ✓ Couverture du réseau (niveau du signal reçu)
- ✓ Capacité du réseau (quantité de communications simultanées)
- ✓ Taux de congestion (pourcentage de demande de connexion non établi)

148 Réseaux et Services de Télécommunication Concepts, Principes et Architectures http://efort.com/r_tutoriels/ARCHITECTURES_EFORT.pdf

TÉLÉPHONIE IP

Téléphonie IP ou téléphonie sur IP

- ✓ Ensemble des services téléphonique utilisant une infrastructure IP comme moyen de transport
- ✓ Numérisation de la voix humaine et transmission par le protocole TCP/IP sous forme de paquet de données

Voix sur IP (Voice Over IP)

- ✓ Ensemble de protocoles permettant de transporter des communications vocales sur un réseau de données IP (réseau privé ou Internet)
- ✓ Alternative à l'infrastructure du réseau téléphonique traditionnel pour transporter la voix humaine

Voix sur Internet

- ✓ Transmission de la voix humaine via le réseau public Internet

Equipements nécessaires à la *voix sur IP*

- ✓ *Routeur* : Elément essentiel assurant l'acheminement des paquets
- ✓ *Passerelle* : Interconnexion entre le réseau IP et le RTC (codage, décodage mise en paquet de la voix)
- ✓ *Portier* : Authentification, autorisation et supervision des appels (conversion de numéro téléphonique en adresse IP et vice versa)
- ✓ *Serveur d'administration* : Facturation des clients en post ou prepaid à travers la collecte des CDR.[149]

Fonctionnement de la téléphonie IP

- ✓ Voix numérisée et mise sous forme de paquet
- ✓ Acheminement des paquets par des routeurs et serveurs jusqu'à la destination finale
- ✓ Reclassement des paquets grâce au numéro de séquence
- ✓ Conversion des paquets en voix à la réception

Paquet de données

- ✓ Paquet de données : 4 éléments
  - o Un en-tête indiquant la source et la destination
  - o Numéro de séquence
  - o Bloc de données
  - o Code de vérification d'erreur

Types de téléphonie sur IP

3 types de téléphonie IP

1.- Téléphonie d'Ordinateur à ordinateur (PC à PC)

- ✓ Appel entre deux ordinateurs via le réseau Internet
- ✓ Appel entre deux ordinateurs via Intranet ou encore extranet

Eléments intervenant dans le scenario entre 2 ordinateurs

- ✓ Un ordinateur à chaque extrémité
- ✓ Un Modem à chaque extrémité
- ✓ Raccordement de part et d'autre au RTC (Réseau téléphonique commuté)
- ✓ Un fournisseur d'accès à Internet reliant le RTC au réseau Internet de part et d'autre
- ✓ Réseau Internet (au centre)

2.- Téléphonie d'Ordinateur à un Poste téléphonique

- ✓ Appel entre un ordinateur et un poste téléphonique

Eléments intervenant dans le scenario entre un ordinateur et un poste téléphonique

2 catégories de liaison

Du côté de l'ordinateur

- ✓ Un Modem
- ✓ Raccordement au RTC (Réseau téléphonique commuté)
- ✓ ✓Un fournisseur d'accès à Internet reliant le RTC au réseau Internet

Du côté du poste téléphonique

149 La Voix sur le Réseau IP https://www.itu.int/ITU-D/finance/work-cost-tariffs/events/tariff-seminars/cameroon-04/abosse_voix_sur_le_reseau_ip_fr_final.pdf

- ✓ Raccordement au RTC (Réseau téléphonique commuté)
- ✓ Une passerelle

3.- Téléphonie de Poste téléphonique à Poste téléphonique

Pour une communication entre 2 téléphones IP

Eléments intervenant dans le scenario entre 2 postes téléphoniques

- ✓ Poste téléphonique de part et d'autre
- ✓ PBX de part et d'autre
- ✓ Passerelle de part et d'autre
- ✓ Raccordement de la passerelle de part et d'autre à l'Internet ou Intranet ou extranet

Logiciels de voix sur IP

2 catégories : logiciels libres et logiciels propriétaires

- ✓ Logiciels libres : Ekiga, Kphone, Linghone, Wengophone, etc,
- ✓ Logiciels propriétaires: Microsoft netmeeting, Teamspeak, Skype, Google talk, Windows live messenger, etc.

Comparaison entre la téléphonie traditionnelle et la téléphonie IP

Critères de comparaison	Téléphonie classique	Téléphonie IP
Commutation	Circuit	paquet
Temps	Réel	différé
Bande passante	Mauvaise exploitation	Meilleure exploitation
Services	Nombre limité	Nouveaux services
Coûts des équipements	Elevés	faibles
Qualité de service	Bonne	Moins bonne

PABX (Private automatic Branch Exchange)

- ✓ Autocommutateur privé
- ✓ Commutateur téléphonique privé utilisé dans les entreprises
- ✓ Commutation des appels au sein d'une institution
  - o Gestion des appels entrants et sortants
  - o Etablissement de communication/appels téléphoniques entre bureaux au sein d'une entreprise

Fonctions principales d'un PABX

- ✓ Connexion des postes internes d'une entreprise
- ✓ Connexion des postes internes au RTPC

Types de solutions PABX

- ✓ PABX (PABX conventionnel)
  - o Routage des appels par des commutateurs physiques
- ✓ PBX Virtuel (PBX Hébergé sur un serveur distant ou Service PBX délocalisé)
- ✓ IPBX (PBX-VoIP) : système PBX logiciel
  - o Routage des appels par Internet
- ✓ IPBX Virtuel (IPBX Hébergé sur un serveur distant ou Service PBX délocalisé)

Services d'un PABX

- ✓ *Composition abrégée* : Code de numérotation abrégé pour certains numéros
- ✓ *Rappel automatique* : Essai de recomposition automatique pour toute ligne appelée occupée
- ✓ *Identification de ligne* : Affichage à l'écran de l'appelé du numéro de l'appelant
- ✓ *Conférence téléphonique* : Appel téléphonique à plusieurs (Ajout d'autres abonnés au cours d'une même conversation téléphonique)
- ✓ *Haut-parleur (opérations mains libres)* : Possibilité de parler sans saisir le combiné grâce au microphone et au haut-parleur
- ✓ *Indicateur de message* : Indication de la réception d'un message

✓ *Recomposition du dernier numéro* : Opération facilitée par la pression d'une touche dédiée

✓ *Messagerie vocale* : Enregistrement des messages (messages relatifs aux appels en absence)

✓ *Transfert d'appels* : Possibilité de transfert d'un appel à un autre numéro[150]

150 Téléphonie numérique et téléphonie IP – David BENSOUSSAN

TÉLÉPHONIE CELLULAIRE

Téléphonie mobile ou téléphonie cellulaire

✓ Moyen de communication téléphonique sans fil

✓ Infrastructure de télécommunications permettant d'utiliser des téléphones mobiles ou portables ou téléphones cellulaires

✓ *Système de télécommunications répondant aux contraintes de mobilité de l'abonné dans le réseau*

- o Motivation : Communications électroniques en déplacement (Mobilité des abonnés)
- o Moyen technique : Communications sans fil
- o Support de transmission : ondes radioélectriques (ondes hertziennes)

Généralités sur la téléphonie cellulaire

✓ Accès aux services de téléphonie et de données en déplacement (partout)

✓ Raccordement de l'abonné au réseau par des ondes hertziennes

✓ Territoire à desservir découpé en cellules de différentes dimensions

✓ Cellule : zone couverte par une station de base (BTS)

✓ BTS : Infrastructure de télécommunications (émetteurs/récepteurs, antennes, câbles, etc.) installée dans différents emplacements

✓ Prise en charge par la cellule des abonnés se trouvant dans sa zone de couverture

✓ Liaison de chaque station de base au commutateur via le BSC (Base Station Controller)

✓ Transfert automatique des communications d'une cellule à une autre pour garantir la continuité des communications (mobilité des utilisateurs, affaiblissement du signal, interférence, etc.)

✓ Utilisation par chaque téléphone mobile d'un canal radio séparé et temporaire pour communiquer avec le BTS

Fondement de la téléphonie cellulaire

Radiotéléphonie et Cellule : couverture continue d'un espace géographique avec des stations de base connectant les

terminaux par des ondes électromagnétiques

- ✓ *Radiotéléphonie* : Techniques de communication (voix humaine, texte) supportées par des liaisons sans fil
- ✓ *Radiotéléphonie* : Téléphonie par voie radioélectrique avec des appareils mobiles
- ✓ *Cellule* : zone géographique de service du réseau cellulaire couverte par une station de base
    - o Portée d'une cellule : de quelques mètres à quelques dizaines de kilomètres

Fonctions du réseau de téléphonie cellulaire

Mêmes fonctions de base que le réseau téléphonique de base

- ✓ Interconnexion des abonnés
- ✓ Signalisation
- ✓ Exploitation

Fonction spécifique du réseau cellulaire

- ✓ Gestion de la mobilité des terminaux téléphoniques

Fonctionnement d'un réseau cellulaire

- ✓ Demande par l'abonné cellulaire d'attribution d'une paire de fréquence via le canal de signalisation
- ✓ Analyse des numéros des deux correspondants par une base de données du central
- ✓ Après résultats concluants, recherche de l'abonné demandé dans la base de données
- ✓ Pour un abonné du réseau câblé PSTN, établissement d'une liaison avec le central du RTCP
- ✓ Pour un abonné du réseau cellulaire, réponse du BTS en charge à l'ordinateur central ordonnant une connexion en passant par le commutateur central[151]

Fréquences des systèmes de téléphonie cellulaire

Ensemble de bandes de fréquences attribuées aux systèmes de téléphonie cellulaire

- ✓ Fréquences GSM (2G) utilisées à travers le monde
    - o 850 MHz, 900 MHz, 1800 MHz, 1900 MHz
- ✓ Fréquences UMTS (3G) utilisées à travers le monde
    - o 700 MHz, 800 MHz, 850 MHz, 900 MHz, 1500 MHz, 1800 MHz, 1900 MHz, 2100 MHz, 2600 MHz, 3500 MHz
- ✓ Fréquences LTE (4G) utilisées à travers le monde
    - o 700 MHz, 800MHZ, 900MHz, 1700MHz, 1800 MHZ, 1900 MHz, 2100 MHz, 2300 MHz, 2500 MHz, 2600 MHZ
- ✓ Une paire de fréquence pour chaque communication
    - o Une fréquence pour la liaison téléphone cellulaire – BTS (Liaison montante)
    - o Une fréquence pour la liaison BTS – téléphone cellulaire (Liaison descendante)
- ✓ Utilisation d'autres bandes de fréquences (bande des GHz) pour les liaisons BTS -Commutateur

Accès à la téléphonie mobile

- ✓ Téléphone mobile compatible raccordé au réseau cellulaire
- ✓ Tablettes numériques dotées de capacité d'appel

Types de Terminal d'abonné

3 Types

1.- Poste portable ou portatif

- ✓ Plus populaire, miniaturisé et léger
- ✓ Puissance : 0.6 watt

2..- Poste transportable

- ✓ Transporté en voiture
- ✓ Puissance élevée (3 watts)
- ✓ Utilisation de la batterie du véhicule de transport

3.- Poste fixe

- ✓ Installé dans des bureaux
- ✓ Puissance d'émission (3 watts)

151 Généralités sur les réseaux cellulaires - http://www.memoireonline.com/03/12/5461/Interconnexion-entre-deux-reseaux-cellulaires-des-normes-GSM-par-faisceau-hertziens-cas-de-CCT-et.html

✓ Alimentation électrique fournie par secteur 110V ou 220V[152]

Caractéristiques des réseaux mobiles

7 caractéristiques de tout réseau de téléphonie mobile

1.- Liaisons sans fil entre le mobile et le système

✓ Liberté de mouvement de l'abonné

o Liaisons établies à l'aide d'ondes électromagnétiques

2.- Besoin d'identification des terminaux

✓ Mise en place d'un mécanisme d'identification des terminaux connectés au réseau

3.- Besoin de localiser les abonnés

✓ Mécanisme permettant de déterminer à tout instant la localisation d'un abonné

o Gestion de la mobilité

4.- Besoin d'un terminal complexe

✓ Plusieurs fonctions complexes à remplir

o Communication téléphonique

o Transmission et réception de signaux

o Gestion de puissance

o Gestion de l'identification

o Capacité de traitement avancé

5.-Utilisation d'un modèle commercial complexe

3 options

✓ Fournisseurs de services mobiles

o Vente de services aux abonnés

o Gestion de la relation client

o Gestion globale du service

✓ Opérateurs de réseaux mobiles

o Déploiement des infrastructures et fourniture des services

✓ Opérateurs de réseaux mobiles virtuels

o Location de capacité d'un opérateur de réseau mobile pour la desserte de la clientèle

6.- Besoin d'un service support spécialisé

✓ Service support spécialisé à mettre en place pour la gestion des quêtes d'information, commandes, pannes et la facturation à cause de la complexité des services fournis

7.- Modèle générique simple d'un système mobile

✓ Définition d'un mécanisme d'accès des terminaux aux ressources centralisées du réseau

o Techniques d'accès multiple[153]

Supports de transmission des réseaux cellulaires

✓ Liaisons sans fil entre les terminaux et les stations de base

✓ Liaisons filaires et sans fil entre les stations de base et les contrôleurs des stations de base

Principales étapes d'un appel via un système cellulaire

✓ Conversion des sons en signaux électriques par le microphone

✓ Numérisation des signaux électriques par un convertisseur analogique – numérique

✓ Transformation par l'antenne d'émission des signaux en ondes électromagnétiques

✓ Envoi des ondes électromagnétiques vers la station de base par le terminal de l'utilisateur

✓ Envoi des ondes électromagnétiques vers le MSC via le BSC par le BTS après traitement du signal

✓ Envoi des ondes électromagnétiques via le BSC au BTS de l'abonné appelé par le MSC après traitement du signal

✓ Transmission des ondes électromagnétiques vers le téléphone cellulaire appelé par le BTS de desserte

152 Chapitre 1 : Généralités sur les réseaux cellulaires http://www.memoireonline.com /03/12/5461/Interconnexion-entre-deux-reseaux-cellulaires-des-normes-GSM-par-faisceau-hertziens-cas-de-CCT-et.html

153 Understanding Telecommunications Networks - _ANDY VALDAR – http://www.theiet.org/resources/books/telecom/19273.cfm

- ✓ Conversion des ondes électromagnétiques reçues en signal électrique
- ✓ Conversion du signal électrique en son par le haut -parleur

De la parole à la transmission radio

- ✓ Transformation des ondes sonores en signal électrique
- ✓ Numérisation du signal électrique
- ✓ Codage de source
- ✓ Codage de canal
- ✓ Entrelacement du signal
- ✓ Chiffrement du signal électrique
- ✓ Mise en forme des rafales
- ✓ Modulation du signal électrique
- ✓ Transmission dans l'espace libre

De la transmission radio à la parole

Processus inverse

- ✓ Captation de l'onde radioélectrique
- ✓ Démodulation du signal électrique
- ✓ Opération inverse de mise en forme des rafales
- ✓ Déchiffrement
- ✓ Opération inverse de l'entrelacement du signal
- ✓ Décodage de canal
- ✓ Décodage de source
- ✓ Transformation du signal électrique en ondes sonores

Déroulement d'un appel téléphonique via un réseau cellulaire

- ✓ Captation de la voix par le téléphone cellulaire
- ✓ Conversion de la voix en signal électrique (analogique) par le microphone
- ✓ Numérisation du signal électrique analogique par le terminal
- ✓ Transmission du signal numérisé sous forme d'ondes électromagnétiques par le téléphone jusqu'à la station de base (BTS)
- ✓ Transfert par le BTS du signal après traitement vers le BSC
- ✓ Transfert par le BSC du signal au centre de commutation mobile
- ✓ Recherche de l'abonné demandé par le MSC
- ✓ Transfert de l'appel vers le BTS desservant l'abonné demandé via le BSC de rattachement
- ✓ Transmission du signal vers le téléphone par le BTS
- ✓ Conversion par l'antenne du téléphone cellulaire de l'onde électromagnétique en signal électrique
- ✓ Conversion du signal électrique après traitement en son par le haut-parleur

Etat du terminal cellulaire

- ✓ En mode veille : Terminal de l'utilisateur connecté en tout temps et en tout lieu au réseau grâce à la voie balise
- ✓ En utilisation : activation de la voie de trafic (voie balise maintenue active)

Parties du téléphone cellulaire

2 parties : matériels et logiciels

1.- Eléments matériels d'un téléphone cellulaire

- ✓ Une antenne
- ✓ Un circuit imprimé (carte de circuit : cerveau du téléphone)
- ✓ Un écran à cristaux liquides
- ✓ Un clavier
- ✓ Un microphone
- ✓ Un haut – parleur
- ✓ Une batterie
- ✓ Une carte SIM (exceptés certains types de téléphones CDMA)

2- Logiciels ou Systèmes d'exploitation des téléphones cellulaires

- ✓ Système d'exploitation : Logiciels de fonctionnement
- ✓ Rôles du système d'exploitation : Interfaçage entre l'utilisateur et le matériel

- o Démarrage, accès aux services disponibles, fermeture
- o Fonctionnement des différents périphériques du matériel

✓ Principaux systèmes d'exploitation : Androïd, iOS, Windows phone, Black Berry OS, Symbian, Limo, Bada, Meego, Palm webos.

Quelques caractéristiques du téléphone cellulaire

✓ Liaison avec la station de base : ondes électromagnétiques

✓ Interface avec l'utilisateur : indicateur de niveau de signal sur l'écran

✓ Autonomie d'énergie : batterie amovible ou intégrée

Carte SIM

✓ Carte SIM (Subscriber Identity Module) : Carte d'identité d'abonné

✓ Puce électronique contenant les informations sur l'utilisateur, les services souscrits et l'opérateur

✓ Elément accessible à l'utilisateur

✓ Réalisation de l'ensemble des fonctionnalités nécessaires à la transmission et à la gestion des déplacements

✓ Fonction de la carte SIM : stockage et gestion d'une série d'informations

✓ SIM : mini -base de données

Données de la carte SIM

✓ Données administratives

✓ Données liées à la sécurité

✓ Données relatives à l'utilisateur

✓ Données de "roaming"

✓ Données relatives au réseau[154]

Utilisations du Téléphone cellulaire

Principales utilisations du téléphone cellulaire

✓ Appel téléphonique

✓ Messagerie vocale

✓ Envoi/réception de SMS/MMS

✓ Envoi/réception de courrier électronique (e-mail)

✓ Connexions aux réseaux sociaux (envoi/réception de textes, photos et vidéos)

✓ Navigation sur le web

✓ Messagerie instantanée

✓ Recherche sur Internet

✓ Banque en ligne

✓ Téléchargement d'applications

✓ Géolocalisation

D'autres utilisations possibles du téléphone intelligent

✓ Camera (prise de photo et enregistrement de vidéos)

✓ Montre

✓ Alarme

✓ Calculatrice

✓ Agenda

✓ Stockage des informations sur les contacts (carnet d'adresse)

✓ Liste des tâches

✓ Surveillance des rendez -vous et réglage de rappel

✓ Jeux

✓ PDA

✓ Lecteur MP3

✓ Etc.

Téléphone intelligent (smartphone)

✓ Téléphone mobile muni d'un écran tactile, d'un appareil photographique numérique, des fonctions d'un assistant numérique personnel et de certaines fonctions d'un ordinateur portable[155]

✓ Saisie des données réalisée par un clavier ou un écran tactile

154 Principes de base du fonctionnement du réseau gsm - cédric demoulin, Marc Van Droogenbroeck https://orbi.ulg.ac.be/bitstream/2268/1381/1/demoulin2004principes.pdf

155 Smartpone https://fr.wikipedia.org/wiki/Smartphone

Critères de choix d'un téléphone cellulaire

Plusieurs critères à vérifier avant de choisir un téléphone cellulaire

1.- Norme utilisée par le terminal

- ✓ Norme : indication des services accessibles sur le terminal
- ✓ GSM (Groupe Mobile Spécial devenu par la suite Global System for mobile communication, 2G) : première norme de la téléphonie cellulaire numérique
- ✓ 2G : Téléphonie et SMS
- ✓ GPRS (General Packet Radio Service, 2.5G) : Téléphonie, SMS, Internet à bas débit
- ✓ EDGE (Enhanced Data Rate for GSM Evolution, 2.75 G): Téléphonie, SMS/MMS, débit amélioré
- ✓ 3G : Tous les services de base et Internet à haut débit
- ✓ 3.5G et 3.75G : Tous les services de base et Internet avec débit amélioré dans les deux sens
- ✓ 4G : Tous les services de base et Internet avec haut débit support vidéo, télévision mobile, multimédia en temps réel, jeux en ligne, etc.

2.- Bandes de fréquences utilisées

- ✓ Bandes de fréquences attribuées aux communications cellulaires : 800MHz, 900MHz, 1800MHz, 1900MHz, 2100MHz et 2500 MHz
- ✓ Téléphones bi -bande (dual band) : 2 bandes de fréquence
- ✓ Téléphones tri-bande (tri -band) : 3 bandes de fréquence
- ✓ Téléphones quadri -bande : 4 bandes de fréquence
- ✓ Téléphones peta -bande : 5 bandes de fréquence
- ✓ Plusieurs bandes de fréquence : possibilité pour le terminal d'être utilisé sur plusieurs réseaux cellulaires

3.- Niveau de Sensibilité du terminal

- ✓ Capacité de détection de signaux faibles
- ✓ Nécessaire dans les zones mal couvertes par les ondes hertziennes
- ✓ Téléphones très sensibles, plus adaptés aux milieux mal couverts par les signaux radioélectriques

4.- Taille et type d'écran du terminal

- ✓ Importance d'un écran adapté pour le service de données
- ✓ Navigation assurée par des écrans tactiles de grande taille
- ✓ Ecran approprié à la lecture, rédaction de messages, et à la navigation sur Internet
- ✓ Ecrans monochromes ou couleurs

5.- Ergonomie générale du terminal

- ✓ Objet esthétique et facilement manipulable
- ✓ Disposition des menus, emplacement des touches
- ✓ Facilité de navigation

6.- Fonctions du terminal

- ✓ Quantité de services disponibles sur le terminal
- ✓ Fonctions disponibles : téléphonie, SMS/MMS, Visiophonie, reconnaissance vocale, téléchargement de sonnerie ou de logos, jeux, accès à Internet, géolocalisation, etc.

7.- Autonomie énergétique

- ✓ Terminaux alimentés par des batteries amovibles ou incorporées
- ✓ Autonomie : Gros défi des terminaux cellulaires
- ✓ Autonomie de quelques heures à un jour
- ✓ Services + applications = grande consommation de l'énergie électrique
- ✓ Plus grande autonomie énergétique = désactivation de certaines applications

8.- Poids et volume

- ✓ Facteurs importants dans le choix d'un téléphone cellulaire

- ✓ Goûts du consommateur : Téléphone à la fois sophistiqué, léger et de faible volume

9.- Prix du terminal

- ✓ Facteur déterminant dans le choix d'un terminal
- ✓ Plus grande qualité et d'options pour un terminal onéreux
- ✓ Subvention des téléphones chers par des opérateurs de téléphonie pour l'attraction des abonnés[156]

Eléments d'un réseau de deuxième génération (2G)

- ✓ BTS (Base Transceiver Station : Station de base)
- ✓ BSC (Base Station Controller : Contrôleur de station de base)
- ✓ MSC (Mobile Switching Center : Centre de commutation mobile)
- ✓ HLR (Home Location Register : Enregistreur de localisation nominal)
- ✓ VLR (Visitor Location Register : Enregistreur de localisation des Visiteurs)
- ✓ AUC (Authentication Center : Centre d'authentification)
- ✓ EIR (Equipment Identity Register : Registre d'identité d'equipement)
- ✓ GMSC (Gateway Mobile Switching Center: Passerelle du Centre de commutation mobile)

Fonctions des éléments du réseau 2G

Des fonctions spécifiques pour chaque élément

Fonctions d'un BTS

- ✓ Communication entre l'abonné mobile et le réseau cellulaire
- ✓ Transmission et réception de signaux radio du terminal
- ✓ Transmission et réception de signaux radio du réseau (BSC)
- ✓ Interface entre le terminal et le système
- ✓ Affectation des canaux de communication aux mobiles
- ✓ Emission permanente de la signalisation

Considérations relatives au choix d'un BTS

- ✓ Nombre d'utilisateurs potentiels dans la zone
- ✓ Configuration du terrain (relief géographique, présence d'immeubles)
- ✓ Nature et densité des constructions (maisons, immeubles en béton,)
- ✓ Localisation (rurale, suburbaine, ou urbaine)[157]

Fonctions d'un BSC

- ✓ Gestion des BTS
- ✓ Commutation de trafic et de signalisation entre BTS et MSC
- ✓ Contrôle des transferts d'appel exécutés par les BTS
- ✓ Allocation de fréquence et contrôle de puissance

Fonctions du Centre de Commutation mobile (MSC)

- ✓ Enregistrement des usagers
- ✓ Recherche des abonnés mobiles
- ✓ Commutation des communications entre l'abonné demandeur et demandé
- ✓ Etablissement des appels à l'intérieur du même MSC
- ✓ Etablissement des communications entre un mobile et un autre MSC
- ✓ Interconnexion entre le réseau mobile et autres réseaux (fixe et mobile)
- ✓ Surveillance des appels
- ✓ Gestion de la procédure de changement de canal radio en cours de communications, balancement automatique de charge
- ✓ Transmission de messages courts
- ✓ Transferts d'appels de cellule à cellule
- ✓ Surveillance des communications de données
- ✓ Contrôle des sites cellulaires

156 La téléphonie mobile : technologies, acteurs et usages par M. Benjamin Savoure
http://junon.u-3mrs.fr/u3ired01/Main%20docu/telecom/mem-savoure.pdf#sthash.0cjfmV5d.dpuf

157 Chapitre 1 : Généralités sur les réseaux cellulaires - http://www.memoireonline.com

- ✓ Facturation
- ✓ Maintenance

Fonctions du HLR (Enregistreur de localisation nominal)

- ✓ Base de données primaire rattachée au MSC
- ✓ Gestion des données des abonnés du réseau
  - o Gestion de la localisation des abonnés du réseau
- ✓ Informations stockées dans le HLR
  - o Données caractéristiques d'un abonné
  - o Stockage d'enregistrements statiques (abonnements, options souscrites et services supplémentaires accessibles)

Fonctions du VLR (Visitor Location Register)

- ✓ Base de données secondaire rattachée au MSC
  - o Gestion de la localisation des abonnés mobiles se trouvant dans sa zone (zone de service du MSC)
  - o Stockage des informations sur le déplacement de l'abonné mobile dans une zone de localisation
  - o Diminution de la charge du HLR
- ✓ Informations additionnelles stockées dans le VLR
  - o Identité de la zone de localisation
  - o Identité temporaire de l'abonné mobile
  - o Numéro mobile de la station de Roaming
  - o Etat du terminal (occupé/libre/pas de réponse, etc.)

Fonctions de la AUC (Centre d'authentification)

- ✓ Stockage de données pour chaque abonné mobile
  - o Authentification de l'IMSI
  - o Chiffrement de la communication sur le lien radio

Fonctions de la EIR (Registre d'Identité d'équipements)

- ✓ Base de données comprenant les informations de sécurité et d'identification relatives à un téléphone cellulaire
- ✓ Stockage de l'IMEI du téléphone
- ✓ Classification des terminaux
  - o Liste blanche
  - o Liste grise
  - o Liste noire
  - o Terminaux inconnus de l'IER

Fonctions du GMSC (Gateway Mobile Switching Center)

- ✓ Passerelle destinée à permettre l'interconnexion avec d'autres réseaux téléphoniques fixes et mobiles

« Mobilité des services » dans les réseaux de téléphonie cellulaire

- ✓ Mobilité dans les réseaux de communication : capacité d'accéder, à partir de n'importe où, à l'ensemble des services disponibles normalement dans un environnement fixe et câblé[158]
- ✓ Objectifs de la mobilité
  - o Permettre aux usagers de disposer de services télécoms (émission/réception) sur une zone de couverture
  - o Poursuivre une communication tout en se déplaçant[159]
- ✓ Base de la mobilité : transfert d'appel de communication de cellule à cellule
  - o Handover ou Handoff : transfert de communications en cours entre les cellules (mobile en cours d'utilisation et mobile allumé)

Moyen : monitoring du niveau du signal par le réseau pour décider du transfert ou non de la communication

- ✓ Transfert intercellulaire : transfert de la communication vers une autre cellule (conséquence de la mobilité de l'utilisateur)

Fonctions du handover

- ✓ Permettre aux usagers de se déplacer en cours d'appel (de secteur en secteur ou de cellule en cellule)
- ✓ Eviter en permanence la rupture du lien de communication

158 Introduction aux Réseaux Mobiles – Présenté par: Samuel Pierre, Ing., Ph.D. Max Maurice, Ing.

159 Cours Architectures des réseaux mobiles - Gestion de la mobilité – Dept. Télécoms - INSA Lyon Fabrice Valois, Laboratoire CITI

Générations de réseaux cellulaires

5 générations de réseaux cellulaires

Première génération (1G)

✓ Première génération de système cellulaire (1G): communications mobiles analogiques (1981)

✓ Normes de la Première génération de systèmes cellulaires (1G)

o AMPS (*Advanced Mobile Phone System*), lancé aux Etats-Unis, réseau analogique reposant sur la technologie FDMA (Frequency Division Multiple Access)

o NMT (*Nordic Mobile Telephone*) conçu essentiellement dans les pays nordiques et utilisés dans d'autres parties de la planète

o TACS (*Total Access Communications System*), réseau reposant sur la technologie AMPS, et fortement utilisé en Grande Bretagne

Services de la 1G

✓ Service vocal seulement (Multiplexage fréquentiel : FDMA)

Limites de la 1G

✓ Radiotéléphones analogiques: installés dans des voitures ou transportés dans des valises

✓ Qualité de la voix pauvre

✓ Qualité de la batterie pauvre

✓ Terminaux énormes et très énergivores

✓ Couverture limitée du service

✓ Absence de confidentialité dans les communications

✓ Fiabilité du handoff faible

Deuxième Génération (2G)

✓ Seconde génération de réseaux mobiles (2G) : Rupture avec la première génération de téléphones cellulaires grâce au passage de l'analogique au numérique (1991)

✓ 2 normes de téléphonie mobile 2G : TDMA et CDMA

✓ TDMA : Accès Multiple par Répartition dans le Temps (AMRT)

o GSM (Groupe Spécial mobile devenu *Global System for Mobile communications*), norme la plus utilisée en Europe à la fin du XXe siècle, supportée aux Etats-Unis

o Utilisation des bandes de fréquences 900 MHz et 1800 MHz en Europe.

o Utilisation des bandes de fréquences 850 MHz et 1900 MHz aux Etats-Unis

o IDEN : Réseau propriétaire utilisée aux Etats Unis par Nextel

o PDC : Norme utilisée exclusivement au Japon

✓ CDMA : Accès multiple par répartition de code (AMRC)

o IS – 95 : Connu comme CDMA utilisé aux Etats Unis et quelques parties en Asie

Services de la 2G

✓ Voix (communication téléphonique)

✓ SMS (Short message service: 160 caractères)

Caractéristiques de la 2G

✓ Confidentialité des communications téléphoniques

✓ Débit de 9.6kb/s pour la voix

Limites de la 2G

✓ Fonctionnement du terminal basé sur un signal fort

✓ Incapacité de fournir le service de données lourd (vidéo par exemple)

Transition du 2G vers 2.5G (GSM vers GPRS)

o Stratégie : Nouveau réseau cœur IP

2.5G (GPRS)

✓ GPRS: General Packet Radio Service (1997)

✓ Etape intermédiaire entre le 2G et la 3G

✓ Objectif : Transmission de données sur les réseaux 2G

✓ Commutation de paquet pour la transmission de données

Services de la 2.5G

- ✓ Téléphonie numérique sur le réseau GSM
- ✓ SMS (diffusion)
- ✓ MMS (Multimedia Messaging Service)
- ✓ Internet sur le réseau GPRS
- ✓ Débit: 50kb/s à 144kb/s
- ✓ Push to Talk over cellular (PoC)
- ✓ Messagerie instantanée
- ✓ Applications Internet pour les terminaux intelligents via wireless application protocol (WAP)
- ✓ Liaision Point à point (P2P) : inter-networking avec l'Internet (IP)
- ✓ Liaison Point à Multipoint (P2M)

Architecture du réseau 2.5G

- ✓ Conservation de l'architecture du réseau 2G
- ✓ Ajout de quelques autres éléments
  - o Eléments dédiés aux communications de données

Transition du 2.5G vers 2.75G (GPRS vers EDGE)

- o Mise à niveau du réseau cœur et celui d'accès pour atteindre des débits de 384 Kb/s
- o Conservation des fréquences GSM)

2.75G (EDGE)

- ✓ EDGE: Enhanced Date Rates for GSM Evolution (1999)
- ✓ Etape entre la 2.5G et la 3G
- ✓ Objectif: Amélioration du débit de la transmission des données
- ✓ Commutation de paquet

Services de la 2.75G

- ✓ Téléphonie numérique sur le réseau GSM
- ✓ SMS (diffusion de SMS)
- ✓ MMS (Multimedia Messaging Service)
- ✓ Internet sur le réseau EDGE
- ✓ Débit : jusqu'à 384kb/s

Architecture du réseau 2.75G

- ✓ Conservation de l'architecture du réseau 2.5G
- ✓ Renforcement de la capacité de transmission de données

Transition du 2,75G vers 3G (EDGE vers UMTS)

- o Nouvelles bandes de fréquences et amélioration du réseau cœur et celui d'accès

Troisième Génération (3G)

- ✓ UMTS: Universal Mobile Telecommunications Systems
- ✓ Conçu et développé pour les services de données en mode mobile

Services de la 3G

- ✓ Services de base (Téléphonie, SMS/MMS, Internet)
- ✓ Accès Internet haut-débit depuis un équipement mobile ou un ordinateur
- ✓ Visiophonie
- ✓ Messages vidéo
- ✓ Télévision
- ✓ Géolocalisation
- ✓ Multimédia (texte, son, images, vidéos)
- ✓ Applications web (portal d'information, wml)
- ✓ Débit: jusqu'à 2Mb/s

Inconvénients de la 3G

- ✓ Coût de la licence 3G
- ✓ Défis liés à la construction de l'infrastructure 3G
- ✓ Consommation élevée de bande passante (fréquences)
- ✓ Prix élevé des terminaux 3G

- ✓ Consommation énergétique élevée des terminaux 3G

Architecture du réseau 3G

- ✓ Conservation de quelques éléments 2G
- ✓ Remplacement de quelques éléments
  - o BTS, BSC, etc.
- ✓ Ajout de quelques autres éléments
  - o Eléments dédiés à la transmission de données

3.5 G (HSDPA)

- ✓ HSDPA: High Speed Downlink Packet Access
- ✓ HSDPA: Protocole de téléphonie mobile offrant un débit de téléchargement supérieur à celui de la 3G
- ✓ Etape intermédiaire entre la 3G et la 4G pour l'augmentation du débit
- ✓ Technologie basée sur la WCDMA (Wideband - Code Multiple Division Access)

Services de la 3.5G

- ✓ Tous les services de la 3G
- ✓ Débit: 8 - 10 Mb/s (dans le sens descendant)

Architecture de la 3.5G

- ✓ Conservation de l'architecture du réseau 3G
- ✓ Renforcement des capacités de transmission de données

3.75G (HSUPA)

- ✓ HSUPA: High Speed Uplink Packet Access
- ✓ HSUPA: Protocole de téléphonie mobile offrant un débit important dans le sens montant (Amélioration de la 3G)
- ✓ Etape intermédiaire entre la 3.5G et la 4G pour l'augmentation du débit

Service de la 3.75G

- ✓ Tous les services de la 3G
- ✓ Débit : 5.6Mb/s (dans le sens montant)
- ✓ Réduction de la latence

Architecture du réseau 3.75 G

- ✓ Conservation de l'architecture du réseau 3G
- ✓ Renforcement des capacités de transmission de données

Quatrième Génération (4G)

- ✓ Conçue et développée pour les services de vidéo en mode mobile
- ✓ Téléchargement d'un film de 80MB en 40 secondes dans un réseau 4G avancé
- ✓ Débit: jusqu'à 100 Mb/s (mobilité) et des débits supérieurs (1Gb/s pour des communications de basse mobilité (piétons et utilisateurs fixes)
- ✓ Solution à large bande tout IP sécurisée pour les modems sans fil des laptops, smartphones et autres dispositifs mobiles
- ✓ Grande qualité de service et grande sécurité
- ✓ Services partout et toujours

Services de la 4G

- ✓ Tous les services de la 3G (téléphonie, SMS/MMS, Internet)
- ✓ Accès Internet haut-débit depuis un équipement mobile ou un ordinateur
- ✓ Visiophonie
- ✓ Messages vidéo
- ✓ Télévision fixe et mobile
- ✓ Téléphonie IP
- ✓ Jeux en ligne
- ✓ Services multimédia en temps réel

Inconvénients de la 4G

- ✓ Coût de la licence 4G
- ✓ Consommation élevée de bande passante (fréquences)
- ✓ Prix élevé des terminaux 4G

- ✓ Consommation énergétique élevée des terminaux 3G
- ✓ Investissement important dans le réseau

Architecture du réseau 4G

- ✓ Conservation de quelques éléments de l'architecture du réseau 3G
- ✓ Ajouts de quelques éléments
- ✓ Renforcement des capacités de transmission de données

Cinquième Génération (5G)

- ✓ Technologie en développement dans plusieurs pays du monde
- ✓ Conçue et développée pour permettre plus de connexions à large bande
- ✓ Commercialisation prévue en 2020
- ✓ Débit : à partir de 1Gb/s

Services de la 5G

- ✓ Tous les services de la 4G
- ✓ Téléchargement d'un film en quelques secondes
- ✓ Internet à haut débit à des vitesses de 300 miles/heure (480km/heure)
- ✓ Déploiement mondial : 7 trillions de connexions (10 connexions par habitant via Smartphones, tablettes et autres terminaux)
- ✓ Multimédia interactif

Quelques caractéristiques de la 5G

- ✓ 7,35 Gb/s, soit 940 Mo/s, entre une station de base et un terminal fixe
- ✓ 1,17 Gb/s, soit 150 Mo/s, entre une station de base et un terminal embarqué dans un véhicule circulant à une vitesse légèrement supérieure à 100 km/h

Bénéfices de la 5G

- ✓ Haut débit
- ✓ Grande capacité
- ✓ Grande diffusion de données en Gbps (Gigabits par seconde)

Quelques prévisions pour la 5G

- ✓ Réseau super rapide
- ✓ Consommation mensuelle de plus de 50 GB (50 Go) par consommateur
- ✓ Explosion du trafic de données
- ✓ Tout dans les nuages (infonuage)
- ✓ Croissance accélérée des terminaux connectés

Conclusion

- ✓ 1G: Techniquement limitée par rapport à la qualité et la confidentialité
- ✓ 2G : concentrée sur la VOIX

Objectif principal des autres générations (3G, 4G, 5G) : Transmission de DONNEES sur les réseaux mobiles

- ✓ 3G : concentrée sur la transmission de DONNEES (DATA) à haut débit
- ✓ 4G : conçue pour la transmission de VIDEOS à haut débit
- ✓ 5G : conçue pour de multiples CONNEXIONS à haut débit

Portabilité du numéro de téléphone

Possibilité pour un abonné téléphonique de conserver son ou ses numéro (s) de téléphone dans les cas suivants :

- ✓ *Portabilité entre opérateurs téléphoniques* : Possibilité pour un abonné téléphonique de garder son ou ses numéros de téléphone lors d'un changement d'opérateur téléphonique
  - o Conservation du numéro de téléphone en passant d'un opérateur téléphonique A à un opérateur B.
- ✓ *Portabilité géographique* : possibilité pour un abonné téléphonique de garder sou ou ses numéros en changeant de domicile (changement de zone d'habitation)
  - o Un numéro de téléphone fixe attribué à un abonné vivant à New York peut être utilisé par

cet abonné dans sa nouvelle zone d'habitation en Californie

- ✓ *Portabilité de service*: possibilité pour un abonné téléphonique de garder le ou les services associés au numéro de téléphone en passant du service fixe au service mobile et vice versa avec ledit numéro téléphonique

Avantages de la portabilité de numéro de téléphone

- ✓ Liberté de mouvement pour les abonnés téléphoniques
- ✓ Meilleurs services (grâce à la compétition)
- ✓ Recherche de meilleurs coûts pour les services
- ✓ Accès aux nouveaux services

Interconnexion des réseaux de Télécommunications

- ✓ *Interconnexion* : Raccordement de deux ou plusieurs réseaux publics de télécommunications
- ✓ *Interconnexion* : Echange de trafic (voix, sms, national et international) entre les réseaux de deux opérateurs, afin d'acheminer les appels entre les abonnés de ces réseaux, dans les deux sens[160]
- ✓ *Interconnexion* : Mise en place d'installations physiques permettant à deux opérateurs de communiquer entre eux et au-delà de leurs réseaux respectifs[161]

Principe de l'interconnexion des réseaux de télécommunications

- ✓ Permettre à tout usager d'un réseau public de télécommunications d'établir une communication avec tout usager d'un autre réseau public de télécommunications, dans des conditions techniques et économiques les plus favorables[162]

Justification de l'interconnexion des réseaux de télécommunications

- ✓ Obligation règlementaire (service universel pour tous)
- ✓ Possibilité pour un abonné d'un opérateur téléphonique A de joindre celui d'un opérateur téléphonique B.
- ✓ Part de marché limitée d'un opérateur téléphonique donné (autres réseaux ayant d'autres abonnés à mettre en relation)
- ✓ Economie des réseaux de télécommunications

Moyens d'interconnexion des réseaux de télécommunications

- ✓ Etablissement d'une liaison par câbles ou faisceaux hertziens entre les commutateurs des deux opérateurs à interconnecter
- ✓ Programmation dans les plans de numérotation téléphonique des deux opérateurs pour détection immédiate des numéros de téléphone de l'autre opérateur
- ✓ Terminaison d'un appel initié de l'opérateur A vers l'opérateur B : Analyse par le commutateur du réseau A du numéro de téléphone composé et acheminement de la demande de connexion vers le point d'interconnexion et transfert de la demande à l'opérateur B.

Aspects de l'interconnexion des réseaux de télécommunications

- ✓ *Aspects techniques* : Evaluation du trafic à écouler entre les opérateurs dans les deux sens en vue du dimensionnement adéquat des liens d'interconnexion, choix des équipements de télécommunications (radio, support de transmission, etc), procédures de résolution de pannes
- ✓ *Aspects réglementaires* : traitement des questions relatives à la régulation, aux clauses juridiques et aux recours possibles en cas de non-respect des engagements pris par les opérateurs téléphoniques
- ✓ *Aspects commerciaux* : Acquisition des équipements d'interconnexion et détermination du tarif d'interconnexion
- ✓ *Tarif d'interconnexion* : montant à verser à l'opérateur B par l'opérateur A pour terminaison de trafic (appel, SMS/MMS, etc.)

Partage des revenus générés par le trafic d'interconnexion

- ✓ Exploitation des ressources du réseau ou des réseaux de télécommunications des autres opéra-

160 Présentation Tarifs Nedjma ARPT 12 Oct 04 – www.arpt.dz/fr/doc/actu/sem/communications/journee-etude/med-kaddour.pp

161 Lignes directrices sur l'interconnexion – Site de l'Instance Nationale des Télécommunications : GLOSSAIRE

162 Lignes directrices sur l'interconnexion – http://www.intt.tn/upload/txts/fr/decision_35_version_fr.pdf

teurs pour la terminaison du trafic de télécommunications

- ✓ Obligation de verser une partie des recettes générées par le trafic d'interconnexion à l'autre opérateur pour l'utilisation de son réseau

Contrôle de l'interconnexion par le Régulateur

Protection des consommateurs et des opérateurs

- ✓ Qualité de service
- ✓ Disponibilité (sans interruption)
- ✓ Coût abordable

Roaming (Itinérance) dans la téléphonie cellulaire

- ✓ Possibilité pour un abonné au service de téléphonie cellulaire de placer et recevoir des appels, d'envoyer et de recevoir des messages, ou accéder à d'autres services, y compris les services de données de son réseau en dehors de la couverture géographique de son réseau de télécommunications au moyen d'un autre réseau de télécommunications
- ✓ Utilisation du même terminal et du même numéro de téléphone en dehors de la zone de couverture du réseau pour accéder aux services de communications électroniques
- ✓ Utilisation d'un autre réseau cellulaire dans une autre région pour accéder aux services fournis par l'opérateur d'origine
- ✓ Mobilité des services de télécommunications à l'échelle mondiale
- ✓ Possibilité pour un abonné cellulaire européen d'utiliser son téléphone cellulaire et son numéro de téléphone en Asie, Amérique, et en Afrique pour accéder aux services souscrits chez son opérateur de téléphonie cellulaire

Justifications du Roaming

- ✓ Accès au service n'importe où dans le monde
- ✓ Opérateur local : couverture limitée (couverture locale, régionale ou nationale)
- ✓ Opérateur local : pas de couverture dans d'autre pays

Types de Roaming

Trois types de Service Roaming ou itinérance fournis à travers le monde

- ✓ *Roaming régional* : itinérance fournie par deux opérateurs opérant dans un même pays
- ✓ *Roaming international* : itinérance fournie bilatéralement par deux opérateurs opérant dans deux pays différents
- ✓ *Interstandard Roaming* : Itinérance fournie par deux opérateurs cellulaires utilisant deux technologies différentes (par exemple : CDMA, GSM)

Exploitation du service « Roaming »

- ✓ Service disponible pour tous les abonnés cellulaires
- ✓ Service assujetti à un accord bilatéral entre l'opérateur d'origine et l'opérateur d'accueil
- ✓ Abonnement au service ou activation automatique en dehors de la zone de couverture du réseau d'origine

Accord de Roaming entre deux opérateurs de télécommunications

- ✓ Accord entre les deux opérateurs
    - o Contractuel
    - o Commercial
    - o Financier
    - o Technique
- ✓ Déploiement d'infrastructures de télécommunications

Avantages du service Roaming

- ✓ Pour le réseau d'origine
    - o Satisfaction de sa clientèle (disponibilité du service n'importe où
    - o Génération de revenus indirects (à travers les réseaux d'accueil)
    - o Avantages compétitifs
    - o Moins de dépenses dans la mise en place des infrastructures dans d'autres lieux
- ✓ Pour le réseau d'accueil
    - o Plus d'abonnés virtuels
    - o Génération de revenus
    - o Avantages compétitifs

- o Utilisation optimale de la capacité du réseau
- ✓ Pour l'abonné
  - o Un seul téléphone partout
  - o Disponibilité du service n'importe où

Opérateurs de Réseau mobile virtuel (MVNO)

- ✓ MVNO (Mobile Virtual Network Operator): opérateur de réseau de téléphonie virtuel
- ✓ MVNO : Fournisseur de services de télécommunications mobiles ne possédant pas de réseau
- ✓ Pas de concession de spectre de fréquences de la part de l'Etat
- ✓ Pas d'infrastructure de réseau propre
- ✓ Location de capacité d'Opérateur de réseau (MNO : Mobile Network Operator) pour la fourniture des services de télécommunications
- ✓ Revente des services sous la marque de l'opérateur virtuel
- ✓ Comptes des abonnés domiciliés exclusivement chez le MVNO
- ✓ Gestion du Service à la clientèle, de la facturation, du marketing et des services de vente
- ✓ Exemples : Lebara, Lycamobile, Ortel, China Unicom, Virgin mobile, Netzero

Synthèse vocale ou synthèse de la parole

- ✓ *Synthèse de la parole ou synthèse vocale* : ensemble des dispositifs, matériels ou algorithmes conçus pour générer automatiquement de la parole artificielle
- ✓ *Synthèse de la parole ou synthèse vocale* : Technologie utilisant une synthèse sonore pour lire un texte avec une voix artificielle
- ✓ *Synthèse de la parole ou synthèse vocale* : Reproduction de la voix humaine à partir d'une combinaison de mots
- ✓ *Synthèse de la parole ou synthèse vocale* : Lecture par une voix synthétique d'un texte numérique
- ✓ *Synthèse de la parole ou synthèse vocale* : Passerelle entre l'écrit et l'oral

Applications de la synthèse vocale dans les télécommunications

- ✓ Elément à la base de la communication machine - homme
- ✓ Réponses orales courtes aux questions des abonnés téléphoniques
- ✓ Lecture des comptes (des balances des comptes téléphoniques)
- ✓ Lecture de courriers électroniques et de télécopie (fax)
- ✓ Lectures de base de données et de sites web
- ✓ Accès aux services pour les personnes malvoyantes

Reconnaissance de la parole et reconnaissance vocale

- ✓ *Reconnaissance de la parole* : Ensemble de technologies permettant à une machine de reconnaitre la voix humaine
- ✓ *Reconnaissance de la parole* : Comparaison des mots répétés à ceux stockés dans la machine en vue d'une interaction
- ✓ *Reconnaissance de la parole* : Analyse d'un mot ou d'une phrase captés par un microphone pour la convertir sous forme d'un texte exploitable par une machine

Reconnaissance vocale

- ✓ *Reconnaissance vocale* : Reconnaissance automatique du locuteur
- ✓ *Reconnaissance vocale* : Reconnaissance par un système informatique des éléments ou mots d'un message vocal[163]

Applications de la reconnaissance de parole dans les télécommunications

- ✓ Traduction automatique de conversations téléphoniques avec un interlocuteur de langue étrangère
- ✓ Serveurs d'informations par téléphone
- ✓ Reconnaissance de mots clés par un système de commandes vocales
- ✓ Recherche d'informations par la voix sur un ordinateur, un téléphone cellulaire ou une tablette numérique (service Google Voice)

163 Futura tech http://www.futura-sciences.com/tech/definitions/informatique-reconnaissance-vocale-3958/

- ✓ Composition d'un numéro de téléphone par la voix
- ✓ Interactions vocales entre les utilisateurs et les machines

Applications de la reconnaissance vocale

- ✓ Utilisation comme signature vocale
- ✓ Utilisation du téléphone pour parler aux machines
- ✓ Commande et de contrôle d'appareils à distance

Trafic des télécommunications

- ✓ Trafic : importance et fréquence des communications sur un réseau de télécommunications (appels téléphoniques, envoi de messages, paquets ou trames, etc.)
- ✓ Trafic : quantité d'appels téléphoniques ou messages de données acheminés à travers un réseau de télécommunications
- ✓ Trafic : ensemble d'échanges de signaux pour la gestion des communications au sein d'un réseau de télécommunications
- ✓ Trafic : Volume d'appels, de SMS, de courriers électroniques, messages instantanés, d'images, de vidéos échangés pendant un temps donné sur un réseau
- ✓ Trafic: ensemble d'activités liées aux télécommunications au sein du réseau de télécommunications (similaire au flux de véhicules sur une autoroute, aux avions dans l'espace, aux bateaux sur la mer, etc.)
- ✓ Trafic : ON-NET (Trafic généré par deux clients d'un même réseau de Télécommunications)
- ✓ Trafic : OFF NET (Trafic issu d'un réseau A vers un réseau B)

Trafic du point de vue d'un opérateur de télécommunications

- ✓ Trafic : Charge utile (ensemble de connexions à établir à la demande des utilisateurs) d'un réseau de télécommunications
- ✓ Volume de minutes, SMS échangés entre deux opérateurs de télécommunications par mois ou par année

Types de trafic de télécommunications

- ✓ Trafic téléphonique
- ✓ Trafic de données (par exemple : Internet)

Unités du trafic de télécommunications

- ✓ Erlang, MOU, CS, CCS et kBps

Les relations suivantes en téléphonie

- ✓ 1 Erlang = 60 MOU (Minute of Usage)
- ✓ 1 Erlang = 3600 CS/heure (Call - second)
- ✓ 1 Erlang = 36 CCS/heure (Hundred Call - Second)
- ✓ 1 Erlang = 64 Kilobits/seconde (trafic de données)

Importance du trafic de télécommunications

- ✓ *Trafic* : raison d'être des réseaux de télécommunications
- ✓ *Connaissance du trafic* : outil nécessaire au dimensionnement de la commutation et la transmission des réseaux
- ✓ *Trafic* : source de revenu pour les opérateurs de télécommunications (opérateurs de téléphonie, Fournisseurs d'Accès à Internet, etc.)

Concepts de trafic de télécommunications

- ✓ *Trafic offert* : Toutes les tentatives de communication (appels téléphoniques, SMS, messages, etc.) transitant à travers un réseau de télécommunications
- ✓ *Trafic écoulé* : Pourcentage du trafic offert ayant abouti (trafic répondu + trafic sans réponse de la part de l'appelé)
- ✓ *Trafic perdu* : Pourcentage du trafic offert n'ayant pas abouti
- ✓ *Trafic entrant* : Flux de communications entrant dans un réseau de télécommunications (dans le cadre d'une interconnexion avec d'autres opérateurs)
- ✓ *Trafic sortant* : Flux de communications sortant d'un réseau de télécommunications (dans le cadre d'une interconnexion avec d'autres opérateurs)
- ✓ *Trafic interne* : Flux de communications entre utilisateurs d'un même réseau (Appelants et appelés : abonnés du même réseau)

Trafic de téléphonie conventionnelle

- ✓ Nombre de tentatives d'appels par jour

- ✓ Durée d'un appel
- ✓ Durée moyenne d'un appel

Trafic de téléphonie mobile

- ✓ Nombre de tentatives d'appels
- ✓ Durée d'un appel
- ✓ Durée moyenne d'un appel
- ✓ Nombre de SMS/MMS envoyés
- ✓ Mobilité de l'utilisateur
- ✓ Etc.

Trafic d'Internet

- ✓ Trafic moyen de données
- ✓ Durée moyenne de connexion
- ✓ Nombre de sessions Internet
- ✓ Nombre de chargements et de téléchargements
- ✓ Nombre de courriers électroniques envoyés
- ✓ Etc.

Exemples de trafic téléphonique

- ✓ 0.7 Erlang : trafic d'une ligne téléphonique optimisée (soit une utilisation de 42 minutes par heure)
- ✓ 0.03 Erlang : trafic moyen d'une ligne d'abonné résidentiel (environ 2 minutes d'occupation à l'heure chargée)
- ✓ 0.6 Erlang : Trafic d'une ligne d'abonné professionnel (métiers de l'accueil, marketing téléphonique, standards téléphoniques, etc.)
- ✓ 70 milliErlang : Trafic de 100 minutes pendant 24 heures
- ✓ 0.16 Erlang : 10 minutes au téléphone pendant une période d'observation d'une heure (par exemple de 8h - 9h ou de 12h -13h)

Congestion des réseaux de télécommunications

- ✓ *Congestion* : Encombrement (embouteillage ou bouchon ou blocage) dans un réseau de télécommunications dû à une forte demande de connexions à l'heure chargée (heure de pointe)
  - o Heure chargée (heure de pointe) : demande de connexions maximales de la part des utilisateurs
- ✓ *Congestion* : Incapacité du réseau à satisfaire tous les clients en même temps
- ✓ Conséquences de la congestion : Incapacité de connecter un pourcentage de la clientèle
- ✓ *Congestion* : Incapacité de transmission et de traitement des demandes (commutation)
- ✓ *Congestion* : Expérience vécue pendant les heures de pointe, périodes de fête (nouvel an, etc.) et en cas d'urgence occasionnée par une catastrophe

Causes de congestion dans les réseaux de Télécommunications

2 causes de la congestion

- ✓ Demande trop élevée occasionnée pendant une période imprévue
- ✓ Dimensionnement insuffisant par rapport au parc d'abonnés téléphoniques

Solutions face à la congestion

- ✓ Dimensionnement approprié de la transmission
- ✓ Dimensionnement approprié de la commutation

Scenarii dans un réseau congestionné

3 scenarii

- ✓ Tonalité d'occupation ou un message indiquant l'incapacité du réseau à satisfaire la demande au même moment
- ✓ Mise dans une file d'attente du message pour livraison éventuelle selon certains paramètres spécifiés
- ✓ Message rejeté, retourné ou perdu

Comportements des abonnés téléphoniques en cas de congestion téléphonique

3 types de comportement des abonnés téléphoniques à l'heure de pointe

- ✓ Type 1 : Abandon après une première tentative d'appel non réussie
- ✓ Type 2 : Tentatives continues jusqu'à l'aboutissement de l'appel
- ✓ Type 3 : Tentatives continues jusqu'à un certain temps

CHAPITRE 6

RADIODIFFUSION SONORE ET TELEVISUELLE

Instrument de diffusion, de promotion, et de commercialisation

Transmission à distance par ondes électromagnétiques (ondes hertziennes ou ondes radioélectriques)

Radiodiffusion

- ✓ Diffusion (transmission d'informations dans toutes les directions) par ondes radioélectriques (ondes hertziennes ou ondes électromagnétiques)

2 grandes branches de la radiodiffusion

- ✓ Radiodiffusion sonore (diffusion de la parole et du son)
- ✓ Radiodiffusion télévisuelle (diffusion d'images accompagnées de son et de musique)

Radiodiffusion sonore

- ✓ Radiocommunication unilatérale (dans un seul sens, c'est-à-dire de l'émetteur vers le récepteur) ayant pour but la diffusion d'émissions destinées au public
- ✓ Télédiffusion par ondes radioélectriques
- ✓ Moyen de diffusion d'émissions destinées au grand public par ondes électromagnétiques
- ✓ Diffusion de programmes par ondes radioélectriques au d'autres moyens, accessibles au public au moyen d'un dispositif de réception approprié
- ✓ Diffusion publique de programmes (Radio, Télévision)
- ✓ Moyen d'information, d'éducation et de divertissement

Radiodiffusion visuelle ou télévisuelle (télévision)

- ✓ Transmission à distance, grâce à un câble ou à des ondes hertziennes, d'images non permanentes d'objets fixes ou mobiles, accompagnées de son

Importance de la radiodiffusion (sonore et télévisuelle) au niveau social

- ✓ Moyen d'information facile à exploiter
- ✓ Miroir de la société
- ✓ Participation à la vie sociale
- ✓ Levier de développement social

Importance de la radiodiffusion (sonore et télévisuelle) au niveau politique

- ✓ Moyen de participation à la vie politique
- ✓ Outil de renforcement de la démocratie

Importance de la radiodiffusion (sonore et télévisuelle) au niveau culturel

- ✓ Promotion des cultures locales
- ✓ Diffusion des valeurs culturelles à travers le monde

Importance de la radiodiffusion (sonore et télévisuelle) au niveau économique

- ✓ Promotion des services et de la production nationale
- ✓ Levier de développement économique

Types de stations de radiodiffusion sonore

4 types de station de radio

1.- Station de Radio d'Etat

- ✓ Organe officiel de communication d'un pays

Activités d'une radio d'Etat

- ✓ Communication d'informations au grand public

2.- Station de Radio commerciale (entreprise privée)

- ✓ Entreprise de radiodiffusion détenant une licence commerciale de l'Etat (soutenue par des annonceurs à but lucratif)

Activités d'une station de radio commerciale

- ✓ Diffusion des annonces commerciales
- ✓ Diffusion de nouvelles et d'informations

3.- Station de radio religieuse

- ✓ Organisme de communication destiné à diffuser des contenus religieux

Activités d'une station de radio religieuse

- ✓ Diffusion de contenus religieux *stricto sensu* (messes, sermons, louanges, prières, chants, lecture des livres) et d'informations séculières interprétées selon une perspective religieuse[164]

164 Communication https://communication.revues.org/3826

4.- Station de Radio communautaire (radio rurale, radio coopérative, radio participative, radio libre, alternative, populaire, éducative)

- ✓ Organisme de communication indépendant, à but non lucratif, à propriété collective, géré et soutenu par des gens d'une communauté donnée[165]
- ✓ Station de radio mise en place pour une communauté géographique, sociale, etc.

Activités d'une radio communautaire

- ✓ outil de communication et d'animation ayant pour but d'offrir des émissions de qualité répondant aux besoins d'information, de culture, d'éducation, de développement et de divertissement de la communauté d'origine
- ✓ Diffusion des informations à l'intention des habitants d'une localité donnée, dans les langues et les formats le mieux adaptées au contexte local
- ✓ Mobilisation des stations de radio communautaire pour annoncer des évènements

Moyens de diffusion de la radiodiffusion sonore

- ✓ Ondes hertziennes (ondes radioélectriques) à partir d'un émetteur
- ✓ Internet (accès à travers un site Internet)

Organisation de la radiodiffusion en mode analogique

3 fonctions pour un seul et même opérateur

- ✓ Producteur de contenu
- ✓ Transport des signaux jusqu'au site de diffusion (mise en place et opération du STL - Studio - Transmitter Link : Liaison Studio - Emetteur)
- ✓ Exploitation d'un site d'émission pour la diffusion des signaux

Organisation de la radiodiffusion en mode numérique

3 fonctions pour trois entités différentes

- ✓ Producteur de contenu par la station de TV (Chaine de TV ou éditeur de contenu)
- ✓ Opérateur de transport : Transport et multiplexage des signaux
- ✓ Opérateur de diffusion : Diffusion des programmes pour le public

Infrastructure d'une station de radio

- ✓ Emetteur radioélectrique et accessoires
- ✓ Antennes d'émission
- ✓ Lignes de transmission

Modulation des signaux

- ✓ Transposition d'un signal en bande de base dans une bande de fréquence élevée pour faciliter sa transmission dans l'espace libre (par des antennes)
- ✓ *Modulation* : Produit de deux signaux (signal d'information ou signal en bande de base, et signal porteur généré par l'oscillateur local de l'émetteur)

Modulations analogiques et numériques

- ✓ *Modulations analogiques*
  - o Modulation d'amplitude (AM : Amplitude Modulation)
  - o Modulation de Fréquence (FM : Frequency Modulation)
  - o Modulation de Phase (PM : Phase Modulation)
- ✓ *Principales Modulations numériques*
  - o Modulation par saut d'amplitude (ASK : Amplitude Shift Keying)
  - o Modulation par Saut de Fréquence (FSK : Frequency Shift Keying)
  - o Modulation par Saut de Phase (PSK : Phase Shift Keying)
  - o Modulation d'amplitude de deux porteuses en quadrature (QAM : Quadrature Amplitude modulation)

Utilisations des Modulations

- ✓ AM : Amplitude Modulation (Modulation d'Amplitude)
  - o Radiodiffusion monophonique et téléphonie
- ✓ FM : Frequency Modulation (Modulation de Fréquence)

165 La voix des sans-voix : la radio communautaire, vecteur de citoyenneté et catalyseur de développement en Afrique – http://africultures.com/la-voix-des-sans-voix-la-radio-communautaire-vecteur-de-citoyennete-et-catalyseur-de-developpement-en-afrique-7104/

- o Radiodiffusion stéréophonique, télédiffusion, téléphonie

✓ PM : Phase Modulation (Modulation de Phase)

- o Transmission de signaux numériques sur circuits téléphoniques, Faisceaux hertziens (liaisons micro-ondes), liaisons par satellite

✓ Modulation par saut d'amplitude (ASK : Amplitude Shift Keying)

- o Transmission dans les câbles optiques

✓ Modulation par Saut de Fréquence (FSK : Frequency Shift Keying)

- o Transmission de la voix sur les lignes, transmission radio à haute fréquence, Télémétrie

✓ Modulation par Saut de Phase (PSK : Phase Shift Keying

- o Modem, IEEE 802.11b, Communication de données

✓ QAM: Modulation d'amplitude de deux porteuses en quadrature

- o Télévision par câble TV, réseaux locaux sans fil, satellites, téléphonie cellulaire

Modulations utilisées en radiodiffusion sonore

✓ AM (Amplitude Modulation) : variation de l'amplitude du signal porteur par le signal modulant (signal d'information ou signal en bande de base) pour donner naissance à un signal modulé en amplitude

✓ FM (Frequency Modulation) : Variation de la fréquence du signal porteur par la fréquence du signal modulant (signal d'information ou signal en bande de base)

Bandes de fréquences des stations de radio

Deux bandes principales utilisées mondialement

✓ 530 KHz - 1700 KHz pour la AM (Amplitude Modulation : Modulation d'amplitude

- o 117 stations de radio en AM à raison de 10 KHz de largeur de bande par station de radio

✓ 88 MHz -108 MHz pour la FM (Frequency Modulation : Modulation de Fréquence)

- o 100 stations de radio en FM à raison de 0.2 MHz (200 KHz) par station de radio (200 KHz) de largeur de bande par station de radio et 0.2 MHz (200 KHz) de séparation à droite (0.1MHz) et à gauche (0.1MHz) pour éviter le chevauchement des signaux)

Moyens d'Accès au service de radiodiffusion sonore

5 moyens

✓ *Récepteur de radio traditionnel (poste de radio)* : Equipement terminal conçu pour capter les signaux AM et FM

✓ *Site web* : Accès au contenu audio des stations de radio via les sites web

✓ *Téléphone cellulaire* : Accès au contenu audio grâce au téléphone cellulaire équipé pour permettre de capter les signaux FM

✓ *Audio now* : plateforme permettant de composer à partir d'un téléphone cellulaire un numéro attribué à une station de radio pour l'écouter dans certaines zones (pays) non couvertes par les émissions

✓ *Radio Application* : Accès à la radio via une application radio hébergée par un fournisseur

Types d'émission

✓ *Emission en direct* : Diffusion du contenu en temps réel

✓ *Emission en différé* : Diffusion du contenu après enregistrement

Transmission en radiodiffusion

✓ Transmission par câbles : Télévision par câble ou câblodistribution

✓ Ondes hertziennes : Télévision terrestre diffusée à l'aide d'ondes hertziennes

✓ Transmission par satellite : Émission de Ratio et de Télévision diffusée à l'aide de satellites de Télécommunications

Emetteur

✓ Dispositif capable de générer un signal à partir des informations captées

✓ Dispositif capable de capturer une information, encoder cette information dans un signal, et transmettre ce signal à travers un canal de communication

- ✓ Collection de dispositifs électroniques ou de circuits capables de convertir le signal de la source sous une forme adaptée à la transmission
  - o Exemple : émetteur de radiodiffusion

Récepteur

- ✓ Dispositif capable de recevoir un signal transité à travers un canal de communication, et décoder l'information dudit signal et la restituer sous sa forme originelle
- ✓ Collection de dispositifs ou de circuits électroniques capables de capter du support de transmission les signaux transmis et de les convertir sous la forme originelle compréhensible par les humains.
  - o Exemples : téléviseur, récepteur de radio

Fonctions d'un émetteur d'ondes radiodiffusées

- ✓ Production du signal adapté à la transmission
- ✓ Traitement du signal (codage, numérisation, modulation)
- ✓ Couplage au support de transmission (support guidé ou non guidé)

Quelques traitements des signaux dans les émetteurs

- ✓ Amplification
- ✓ Cryptage éventuel
- ✓ Compression
- ✓ Modulation (dans le cas d'une transmission dans l'espace libre)
- ✓ Filtrage

Caractéristiques d'un émetteur de radiodiffusion

- ✓ Puissance d'émission : Puissance propagée dans le support de transmission *non guidé*
- ✓ Fréquence d'émission : Fréquence de travail de l'émetteur
- ✓ Stabilité (Modulation d'Amplitude) : Capacité de rester dans les limites spectrales définies

Fonctions d'un récepteur d'ondes radiodiffusées

- ✓ Captation des signaux
- ✓ Amplification des signaux
- ✓ Décompression
- ✓ Démodulation (dans le cas des signaux modulés à l'émission)
- ✓ Décodage
- ✓ Restitution des signaux sous la forme originale

Caractéristiques d'un récepteur d'ondes radiodiffusées

- ✓ *Sélectivité* : Capacité de sélection du signal ou des signaux voulus parmi tous les signaux captés
- ✓ *Sensibilité* : Capacité de détection et d'exploitation de signaux disponibles à l'entrée du récepteur.
- ✓ *Fidélité* : Capacité du récepteur de restituer le signal original tel qu'émis
- ✓ *Stabilité* : Capacité du récepteur de rester accordé sur la fréquence voulue.
- ✓ *Dynamique* : Rapport entre la puissance maximale tolérée à l'entrée du récepteur et la puissance minimale exigée pour son fonctionnement (seuil de puissance)

Fonctionnement d'une station de radio et de télévision

3 éléments fondamentaux pour la diffusion par ondes hertziennes

1.-Studio

- ✓ Production des contenus destinés au grand public
- ✓ Conversion des contenus en signaux électriques
- ✓ Transmission à l'aide d'un émetteur de faible puissance les signaux vers le site de diffusion

2.-STL (Studio Transmitter Link: Liaison Studio - emetteur)

- ✓ Transport des signaux produits par le studio vers le site de diffusion via une liaison radioélectrique
- ✓ Exploitation d'une liaison micro -ondes (faisceaux hertziens opérant à haute fréquence) point à point pour le transport des signaux vers le site d'émission

3.-Site de diffusion (site d'émission)

- ✓ Réception des signaux transportés par le STL
- ✓ Traitement des signaux reçus (amplification, changement de fréquence, etc.)

- ✓ Diffusion des signaux traités à la fréquence d'émission de la station de radio et de la chaine de télévision sur une grande portée
- ✓ Couverture d'une grande surface grâce à l'altitude du site d'émission

Défis de la radiodiffusion sonore analogique

- ✓ Couverture radioélectrique limitée
- ✓ Saturation de la bande de fréquence réservée à ce service de télécommunications (particulièrement de la FM)
- ✓ Interférences avec d'autres sources de signaux

Critères de choix d'une modulation

- ✓ Performance (qualité du signal, couverture radioélectrique)
- ✓ Occupation spectrale (encombrement du spectre de fréquences)
- ✓ Complexité des émetteurs et récepteurs
- ✓ Consommation énergétique

Services de la radiodiffusion sonore

- ✓ Diffusion de la parole et du son (diffusion de signaux audio)
- ✓ RDS (radio data system) : Transmission de données numériques en parallèle des signaux audio de la radio FM

Radiodiffusion numérique

- ✓ Diffusion d'un signal binaire, c'est à dire uniquement composé d'une succession de « 0 » et de « 1 » sur des bandes de fréquences (bande III et bande L principalement) différentes de celles utilisées pour la FM (bande II)[166]

Formes de Radiodiffusion Numérique

- ✓ Radio Numérique de Terrestre (RNT)
- ✓ Digital Radio Mondiale (DRM)
- ✓ Radio Numérique via l'Internet (Web radio)
- ✓ Radio Numérique par satellite
- ✓ Radio Numérique par câble

Principe de la diffusion hertzienne de la radio numérique Terrestre

- ✓ Transmission de plusieurs services de radio (signaux) sur une seule voie (multiplexage)
- ✓ Numérisation et compression du signal pour une optimisation de la bande passante
- ✓ Diffusion du signal par voie hertzienne sur différentes bandes de fréquences
- ✓ Bande III : Bande réservée à la diffusion de la radio numérique terrestre (RNT)

Diffusion des signaux de la radio numérique terrestre (RNT)

- ✓ Diffusion en temps réel
- ✓ Enregistrement et accès en différé (Podcast)

Avantages de la RNT

- ✓ Meilleure qualité audio
- ✓ Absence de contrainte de bande passante
- ✓ Meilleure diffusion
- ✓ Diffusion de plusieurs radios sur la même fréquence
- ✓ Possibilité de véhiculer de l'information associée
- ✓ Bonne qualité en réception mobile

Normes de la radiodiffusion numérique

- ✓ Digital Audio Broadcasting (DAB) **:** norme européenne pour la radiodiffusion dans les ondes ultra courtes (VHF, UHF) et micro -ondes SHF
  - o 2 Variantes de DAB : DAB+ et T-DMB
- ✓ Digital Radio Mondiale (DRM) : norme mondiale pour la diffusion numérique en ondes courtes, moyennes et longues
- ✓ Digital Video Broadcasting (DVB) : norme de base de la télévision, applicable également à la radiodiffusion sonore
- ✓ Satellite Digital Radio (SDR) : norme pour la radiodiffusion par satellite reconnue par l'ETSI pour l'Europe
- ✓ Diffusion par satellite : S – DMB

Bandes de fréquences de la Radio numérique

- ✓ 174 MHz – 240 MHz (Norme T -DMB – DAB/DAB+)

---

166 CSA.fr - La radio numérique terrestre
http://www.csa.fr/Radio/Autres-thematiques/La-radio-numerique-terrestre

- ✓ 1452 MHz - 1492 MHz (Transmission par satellite)

Modes de diffusion de la radio numérique

- ✓ DAB (Digital Audio Broadcasting) : compression des signaux numérisés avant toute diffusion
- ✓ Radio numérique par câble : service disponible via la télévision numérique par câble
- ✓ Radio numérique par satellite : Diffusion de signaux de radio numérique par satellite
- ✓ Radio numérique sur Internet : Deux options
  - o Ecoute en temps réel (streaming)
  - o Ecoute différée (écoute après téléchargement)

Réception de la radio numérique terrestre

- ✓ Récepteur RNT compatible
- ✓ Affichage du texte, des images et des vidéos sur un écran intégré au récepteur

Services de la RNT

- ✓ Son
- ✓ Texte via un poste de RNT compatible
- ✓ Images via un poste de RNT compatible
- ✓ Vidéos via un poste de RNT compatible

Radio par Internet (Web radio)

Net radio, streaming radio e-radio, Webcasting, radio en ligne

- ✓ Station de radio diffusée sur Internet grâce à la technologie de lecture en continu (Streaming)
- ✓ Service de diffusion audio transmis via Internet plutôt qu'à travers les ondes hertziennes

Technologie utilisée

- ✓ Lecture en continu (Streaming)
  - o Accès en direct au contenu audio

Fonctionnement de la webradio

- ✓ Lancement du lecteur audio
- ✓ Recherche du flux audio par le lecteur
- ✓ Envoi du flux audio à la carte son
- ✓ Production du son par le haut-parleur

Mise en place d'un webradio

- ✓ Codec (Codeur/Decodeur)
- ✓ Materiel
- ✓ Logiciel
  - o Lecture de flux
  - o Navigateur capable de lire les flux audio
- ✓ Hébergement

Techniques de diffusion de la Webradio

3 modèles

- ✓ Modèle Client - Serveur
- ✓ Modèle Peer - to -Peer
- ✓ Modèle multicast

Accès à la radio par Internet (web radio ou netradio)

- ✓ Ordinateur ou tablette numérique muni de carte son ou téléphone intelligent
- ✓ Connexion internet
- ✓ Haut-parleur

Avantages de la webradio

- ✓ Absence de contrainte liée à la licence de fonctionnement
- ✓ Absence de contrainte de puissance (zone de couverture non liée à la puissance d'émission)
- ✓ Absence de contrainte de fréquence (non limitée par la disponibilité de bande passante comme pour les stations traditionnelles)
- ✓ Absence de limite géographique (couverture mondiale grâce à l'Internet)
- ✓ Diffusion de photos, textes et liens
- ✓ Interactivité
- ✓ Espace de conversation
- ✓ Faible cout de mise en œuvre
- ✓ Accès à partir de n'importe quels smart terminaux
- ✓ Variété de programmes

Inconvénients de la webradio

- ✓ Mauvaise qualité du son

- ✓ Possibilité d'obstacles techniques
- ✓ Connexion de mauvaise qualité
- ✓ Brouillages logiciels
- ✓ Impossibilité d'accès à certains web radios par dial up

Radiodiffusion télévisuelle (Télévision)

- ✓ Ensemble des procédures et des techniques mises en œuvre pour émettre et recevoir à distance des séquences audiovisuelles et de données d'une scène
- ✓ Ensemble des techniques utilisées pour transmettre à distance des images non permanentes d'objets fixes ou mobiles
- ✓ Signal de télévision : superposition d'un signal de luminance et de divers signaux de commande et de synchronisation

Activités d'une chaine de télévision

- ✓ Production de programmes télévisés
- ✓ Diffusion de programmes télévisés

Principe de la Télévision hertzienne

- ✓ Captation des images fixes et mobiles par la camera
- ✓ Conversion des images en signal électrique par la camera
- ✓ Réalisation d'une modulation à l'aide d'une porteuse
- ✓ Traitements divers du signal
- ✓ Conversion du signal électrique en ondes électromagnétiques et rayonnement par l'antenne d'émission
- ✓ Captation des ondes électromagnétiques et conversion en signal électrique par une antenne de réception
- ✓ Traitements divers
- ✓ Conversion du signal électrique en images par le récepteur et affichage à l'écran

Parties d'une chaine de télévision analogique

3 parties fondamentales

- ✓ Sources de signaux : production du signal de luminance (sources optiques de signaux vidéos ou sources électroniques de signaux vidéos)
- ✓ *Matériel vidéo* : équipements d'enregistrement et de production (magnétophones, magnétoscopes, dispositifs de mélange, de commutation et de truquages électroniques)
- ✓ *Emetteur* : dispositif conçu pour la transmission des signaux de télévision et composé de 2 parties (image et son)
  - o Traitement séparé des signaux (son et image)
  - o Mélange des signaux modulés par un diplexeur pour leur rayonnement dans l'espace libre par une seule antenne d'émission

Mode de transmission de la Télévision

- ✓ Ondes radioélectriques ou ondes hertziennes ou ondes électromagnétiques
- ✓ Câbles; (câbles métalliques et fibre optique)
- ✓ Satellite
- ✓ Internet (IPTV)

Structure d'un système de Télévision

- ✓ Prise d'images
- ✓ Transducteur
- ✓ Emetteur
- ✓ Transmission
- ✓ Récepteur
- ✓ Transducteur
- ✓ Reproduction des images

Phase d'un système de télévision

- ✓ Production de programmes télévisuels
- ✓ Transmission de programmes télévisuels
- ✓ Réception de programmes télévisuels

Types de chaine de télévision

- ✓ Chaine généraliste : chaine de télévision visant tous les publics (diffusion d'émissions d'information et de divertissement)
- ✓ Chaine thématique : chaine de télévision centrée/consacrée sur une thématique telle que sport, re-

ligion, culture, politique, recherche scientifique, etc.

Technologies de la télévision

- ✓ Technologies analogiques (Télévision analogique)
- ✓ Technologies numériques (Télévision numérique)

Image de télévision

- ✓ Image décomposée en un ensemble de points appelés pixel (Picture element)
- ✓ Analyse de l'image point par point
- ✓ Balayage des points l'un après l'autre

Définition ou résolution de la télévision

- ✓ Nombre de points ou de pixels affichés à l'écran
- ✓ Produit du nombre de points selon la verticale par le nombre de points selon l'horizontale
- ✓ 625 lignes en Europe et de 525 lignes en Amérique du Nord et au Japon
- ✓ Plus grande résolution est grande, meilleure qualité de service

Télévision noir et blanc

✓ Diffusion d'une image monochrome (une image noire et blanche)

- ✓ Restitution d'un signal en tons de gris, allant du blanc au noir, résultant du codage de l'intensité lumineuse

Télévision couleur

- ✓ Diffusion d'images en couleur
- ✓ Basée sur les trois couleurs primaires : Rouge, Vert et Bleu
- ✓ Combinaison des couleurs (Rouge, Vert et Bleu) = source de toutes les couleurs existantes
- ✓ Production en couleurs basée sur le balayage simultanée de l'image par la caméra trois fois
- ✓ Composition du signal vidéo : un signal de luminance et un signal de chrominance

Composition du signal vidéo : un signal de luminance et un signal de chrominance

Normes de la télévision analogique

Trois normes exploitées mondialement

NTSC : National Television Standards Committee (Etats Unis d'Amérique et le Japon)

- ✓ Codage des vidéos sur 525 lignes entrelacées à un débit de 30 images par seconde

SECAM: Séquentiel Couleur avec mémoire (France)

- ✓ Codage des vidéos sur 625 lignes entrelacées avec un débit de 25 images par seconde

PAL: Phase Alternating Line (Europe)

- ✓ Codage des vidéos sur 625 lignes entrelacées avec un débit de 25 images par seconde

Modes d'accès à la télévision

6 modes d'accès à la télévision

1.- Télévision en ondes claires

- ✓ Réception à l'aide d'un récepteur des signaux de télévision diffusés en ondes claires dans l'espace libre
- ✓ Mode d'accès le plus populaire

2.- Télévision par ADSL

- ✓ Accès à des chaines gratuites et payantes soit par un modem unique installé entre la prise téléphonique et la télévision, soit par un modem et un décodeur
- ✓ Connexion du modem à la prise téléphonique, et connexion du décodeur à la télévision
- ✓ Connexion des deux boitiers par un câble Ethernet ou par courant porteur en ligne ou le wi-fi

3.- Télévision par la fibre optique

- ✓ Raccordement de l'abonné au réseau par la fibre optique (accès aux chaines gratuites et payantes)
- ✓ Télévision haute définition disponible sur plusieurs téléviseurs en simultané

4.- Télévision par le Câble

- ✓ Raccordement des abonnés au réseau par le câble
- ✓ Accès au service facilité par un décodeur numérique
- ✓ Télévision HD disponible par le câble

5.- Télévision sur le mobile

- ✓ Visualisation de programmes de télévision sur les réseaux EDGE et 3G
- ✓ Ecran QVGA et lecture des fichiers H264
- ✓ Accès à la télévision en direct

6.- Télévision par Satellite fournie par les FAI

- ✓ Accès à des chaines gratuites et payantes et la Vidéo à la demande
- ✓ Accès facilité par une antenne et un décodeur hybride (ADSL/Satellite)[167]

Moyens d'accès à la télévision

Télévision terrestre

- ✓ Antenne de télévision d'intérieur (simple) ou d'extérieur (antenne en râteau Yagi)
- ✓ Récepteur de télévision classique

Réseau des câblo – opérateurs

- ✓ Abonnement au service câble de télédistribution
- ✓ Récepteur de télévision classique

Télévision par Satellite

- ✓ Antenne parabolique spécialement orientée vers un ou plusieurs satellites
- ✓ Décodeur analogique ou numérique adapté
- ✓ Récepteur de télévision classique ou numérique[168]

Distribution de la télévision

- ✓ Ondes hertziennes terrestres
- ✓ Liaison par satellite
- ✓ Câbles
- ✓ Internet

Principes de Réception de la télévision analogique

- ✓ Réception des ondes hertziennes de télévision par l'antenne de réception
- ✓ Canalisation des signaux vers le syntoniseur (Tuner)
- ✓ Sélection des signaux voulus
- ✓ Démodulation du signal modulé
- ✓ Envoi du signal électrique correspondant aux images à l'écran
- ✓ Envoi du signal électrique correspondant au son au haut-parleur pour conversion

Bande de fréquences d'un canal (chaine) de Télévision analogique

- ✓ 6 MHz pour un canal ou une chaine de télévision en Amérique
- ✓ 8 MHz pour un canal ou une chaine de télévision en Europe
  - o *Fréquences correspondant à chaque chaine de télévision (canal)*

Exploitation de la bande de fréquence d'une chaine (station) de télévision

- ✓ Son
- ✓ Image
- ✓ Luminance
- ✓ Chrominanc

Bandes de fréquences de la télévision analogique

3 bandes de fréquences de fréquences

- ✓ 2 bandes dans la VHF (Very High Frequencies)
  - o Partie basse dans la bande VHF : 54 – 88 MHZ
  - o Partie haute dans la bande VHF : 174 – 216 MHz
- ✓ 1 bande dans la UHF (Ultra High Frequencies)
- ✓ Gamme : 470 - 890 MHz

167 Guide pratique http://www.mediateur-telecom.fr/ressources/media/files/Guide_pratique_chapitre03.pdf

168 Numérique et multimédia - Digital Wallonia http://www.awt.be/web/img/index.aspx?page=img,fr,tel,010,010

Tableau des canaux et fréquences associées

Bande	Canal	Fréquence (MHz)	Bande	Canal	Fréquence (MHz)
VHF	02	54 - 60	UHF	43	644 - 650
VHF	03	60 - 66	UHF	44	650 - 656
VHF	04	66 -72	UHF	45	656 - 662
VHF	05	76 - 82	UHF	46	662 - 668
VHF	06	82 - 88	UHF	47	668 - 674
VHF	07	174 - 180	UHF	48	674 - 680
VHF	08	180 - 186	UHF	49	680 - 686
VHF	09	186 - 192	UHF	50	686 - 692
VHF	10	192 - 198	UHF	51	692 - 698
VHF	11	198 - 204	UHF	52	698 - 704
VHF	12	204 - 210	UHF	53	704 - 710
VHF	13	210 - 216	UHF	54	710 - 716
UHF	14	470 - 476	UHF	55	716 - 722
UHF	15	476 - 482	UHF	56	722 - 728
UHF	16	482 - 488	UHF	57	728 - 734
UHF	17	488 - 494	UHF	58	734 - 740
UHF	18	494 - 500	UHF	59	740 - 746
UHF	19	500 - 506	UHF	60	746 - 752
UHF	20	506 - 512	UHF	61	752 - 758
UHF	21	512 -518	UHF	62	758 - 764
UHF	22	518 - 524	UHF	63	764 - 770
UHF	23	524 -530	UHF	64	770 - 776
UHF	24	530 - 536	UHF	65	776 – 782
UHF	25	536 -542	UHF	66	782 - 788
UHF	26	542 -548	UHF	67	788 - 794
UHF	27	548 - 554	UHF	68	794 - 800
UHF	28	554 - 560	UHF	69	800 - 806
UHF	29	560 - 566	UHF	70	806 - 812
UHF	30	566 -572	UHF	71	812 - 818
UHF	31	572 - 578	UHF	72	818 - 824
UHF	32	578 - 584	UHF	73	824 - 830
UHF	33	584 - 590	UHF	74	830 - 836
UHF	34	590 - 596	UHF	75	836 - 842
UHF	35	596 - 602	UHF	76	842 - 848
UHF	36	602 - 608	UHF	77	848 - 854
UHF	37	608 - 614	UHF	78	854 - 860
UHF	38	614 - 620	UHF	79	860 - 866
UHF	39	620 - 626	UHF	80	866 - 872

UHF	40	626 - 632	UHF	81	872 - 878
UHF	41	632 - 638	UHF	82	878 - 884
UHF	42	638 - 644	UHF	83	884 - 890

Télévision numérique

- ✓ Nouveau système de télévision basé sur les technologies numériques
- ✓ Nouvelles technologies de traitement et de transmission des images, du son et des données
- ✓ Télévision numérique : production télévisuelle, compression des images, multiplexage des signaux, diffusion des signaux

Types de télévision numérique

4 Types

1.- Télévision Numérique Terrestre (TNT)

- ✓ Diffusion d'émissions télévisuelles numériques par des émetteurs installés au sol[169]

2.- Télévision numérique par Câble

- ✓ Diffusion d'émissions télévisuelles numériques par l'intermédiaire d'un réseau câblé

3.- Télévision numérique par satellite

- ✓ Diffusion d'émissions télévisuelles numériques par des satellites

4.- Télévision numérique mobile

- ✓ Diffusion d'émissions télévisuelles numériques terrestres accessibles sur des terminaux mobiles (Smartphones, tablettes, PDA)

Principes de la télévision numérique terrestre (TNT)

- ✓ Numérisation des signaux vidéo, audio et de données
- ✓ Multiplexage des signaux numérisés (transformation des signaux numérisés en un flux unique)
- ✓ Modulation
- ✓ Diffusion

169 Télévision numérique terrestre http://dictionnaire.reverso.net/francais-definition/television-numerique-terrestre

Avantages de la télévision numérique

- ✓ Réception d'un plus grand nombre de programmes
- ✓ Offre télévisuelle plus variée
- ✓ Qualité des services : Meilleures images et meilleurs sons, services interactifs, etc.
- ✓ Equipements numériques : Plus de choix de récepteurs de TV numériques et de décodeurs
- ✓ Plate – forme numérique : disponibilité d'une variété de services tels que télé éducation, gouvernement en ligne, télémédecine, télé achats, etc
- ✓ Libération de fréquences pour le déploiement de services 4G (nouveaux services, dividende numérique)
- ✓ Infrastructures plus légères pour les opérateurs (nouveaux acteurs du paysage numérique)
- ✓ Plus d'acteurs sur le marché audiovisuel
- ✓ Passage de la définition standard (SD) à la haute définition (HD)
- ✓ Possibilité de sauvegarder les contenus (émissions, films, etc.) sur un disque dur ou sur un DVD
- ✓ Possibilité de visualiser plusieurs chaînes en même temps sur l'écran
- ✓ Intégration de la communication sur le téléviseur : appels téléphoniques, SMS, messagerie électronique, accès à Internet, télébanking, jeux en ligne, VoD, etc.
- ✓ Intégration aisée de la télévision interactive
- ✓ Meilleure gestion des fréquences

Types de Réception de la TNT (Télévision Numérique Terrestre)

- ✓ Réception fixe avec une antenne de toit et un adaptateur
- ✓ Réception portable (réception de programmes numériques par une antenne intérieure installée sur le téléviseur, voire intégrée à ce dernier)

- ✓ Réception mobile (réception en voiture)

Réception de la TNT via un récepteur analogique

- ✓ Antenne, parabole, Câble
- ✓ Décodeur
- ✓ Affichage des images

Réception de la TNT via un Récepteur numérique

- ✓ Antenne, Parabole, Câble
- ✓ Récepteur numérique
- ✓ Affichage des images

Terminaux de réception de la télévision numérique

Plusieurs types de terminaux de réception

- ✓ Téléviseur analogique et un adaptateur numérique
- ✓ Téléviseur numérique intégré
- ✓ Ordinateur équipé d'une carte PC-TV tuner
- ✓ Équipements intelligents (smart GSM) capables de réceptionner la vidéo TV mobile[170]
- ✓ Ecrans plats installés dans les bus, trains et avions
- ✓ Consoles de jeux

Architecture du réseau de la TNT

- ✓ Programmes (Edition de contenus et de programmes)
- ✓ Compression (MPEG – 2/4)
- ✓ Multiplexage
- ✓ Transport
- ✓ Diffusion (émetteurs)

Composantes et rôles

- ✓ Chaine (station de TV) : Production de programmes de TV
- ✓ Transport : Acheminement des signaux de TV du point de production des programmes au point de diffusion des signaux télévisés
  - o Liaisons : Studio – Multiplex
  - o Liaisons : Mobile (émission en direct) – Studio
  - o Liaisons : Multiplex - émetteur
- ✓ Multiplex : Regroupement de plusieurs programmes télévisés pour former un signal composite
- ✓ Diffusion : Rayonnement du signal multiplexé à partir d'un émetteur de TV

Formats de la télévision numérique

2 options pour la résolution

Standard Definition (SD ou SDTV)

- ✓ Format utilisé pour la production/réception vidéo avec un niveau de qualité d'images équivalent à la télévision analogique classique (720x576 ou 640x480)

High Definition (HD ou HDTV)

- ✓ Format utilisé pour la production/réception vidéo avec un niveau de qualité supérieure d'images, proche de celui des images naturelles
- ✓ Format minimal de la haute définition : 1080x720 (720 lignes avec 1080 pixels par ligne), et format maximal de la HD jusqu'à 4046x2048 (Digital Cinéma 4k)

Normes de la Télévision Numérique

- ✓ ATSC: Advanced Television Systems Committee (Etats Unis d'Ameerique)
- ✓ DVB: Digital Video Broadcasting (Europe)
- ✓ ISDBT – T: Terrestrial Integrated Services Digital Broadcasting (Japon)
- ✓ DTMB: Digital Terrestrial Multimedia Broadcasting (Chine)
- ✓ SBTVD-T: Sistema Brasileiro de Televisão Digital Terrestre (Brésil)

Variantes de la norme DVB (Digital Video Broadcasting)

- ✓ DVB-T: pour les transmissions numériques terrestres (TNT)
- ✓ DVB-C: pour les transmissions par le câble
- ✓ DVB-S et DVB-S2: pour les transmissions numériques par satellite
- ✓ DVB-H: Version de DVB-T adaptée pour les transmissions mobiles

170 La télévision numérique - Agence Wallonne des Télécommunications
http://www.awt.be/web/img/index.aspx?page=img,fr,tel,020,005.

Acteurs de la Télévision numérique terrestre (TNT)

Plusieurs acteurs

Editeurs de services ou de programmes

- ✓ Production, coproduction ou achat de programmes audiovisuels pour diffusion auprès du public
- ✓ Réalisation de programmes audiovisuels
- ✓ Respect des règles de contrôle par l'autorité de règlementation
- ✓ Autorisation préalable de l'autorité de réglementation avant le choix d'un opérateur de multiplex

Opérateurs de multiplex

- ✓ Assemblage des signaux (multiplexage) issus des éditeurs de services pour leur transport jusqu'au diffuseur (l'opérateur de diffusion)
- ✓ Respect des règles de l'autorité de réglementation

Diffuseurs techniques ou opérateurs de diffusion

- ✓ Diffusion des signaux radioélectriques auprès du public (programmes par voie hertzienne, satellite, par câble ou par le biais d'un réseau de télédistribution
- ✓ Respect des règles établies par l'autorité de réglementation des télécommunications

Distributeurs commerciaux

- ✓ Sociétés chargées de commercialiser les services auprès du public[171]

Transition de la télévision analogique vers la télévision numérique

- ✓ Processus d'adoption de la télévision numérique
- ✓ Abandon des systèmes de télévision analogique

Parties prenantes de la transition vers la télévision numérique

- ✓ Gouvernement (Décisions majeures relatives au choix de la norme de TNT, subvention éventuelle des décodeurs)
- ✓ Régulateur (Garant institutionnel du développement du secteur de l'audiovisuel)
- ✓ Opérateurs de télévision (exploitation des technologies numériques pour la fourniture des services audiovisuels)
- ✓ Opérateurs de téléphonie (exploitation du dividende numérique résultant de la transition pour la fourniture des services 4G)
- ✓ Vendeurs d'équipements (Terminaux de réception de la Télévision numérique)
- ✓ Professionnels (Formation des ressources humaines pour l'exploitation des systèmes numériques)
- ✓ Consommateurs (Décodeurs et Nouveaux récepteurs à acheter pour l'accès à la télévision numérique)

Câblodistribution (Télédistribution)

- ✓ Télévision par Cable (CATV: *Community Access Television* or *Community Antenna Television)*
- ✓ Télécommunication destinée à la distribution de programmes visuels ou sonores vers certains usagers par des réseaux de câbles (câbles coaxiaux ou fibre optique)
- ✓ Mode de distribution de programmes de télévision transitant par un réseau câblé

Eléments principaux d'un système de Câblodistribution

- ✓ Tête de réseau
- ✓ Réseau de télédistribution
- ✓ Câbles de transmission
- ✓ Décodeur (set up box)
- ✓ Terminal (téléviseur ou récepteur spécifique)

Principe de la Télévision par câble

- ✓ Captation des images fixes et mobiles par la camera
- ✓ Conversion des images en signal électrique par la camera
- ✓ Traitements divers du signal
- ✓ Transmission du signal électrique via un câble
- ✓ Réception du signal électrique par un récepteur de télévision
- ✓ Traitements divers

171 La télévision numérique terrestre - David ARNOULT http://morin80s.free.fr/TNT/MemoireProbatoireTNTDavidARNOULT.pdf

- ✓ Conversion du signal électrique en images et affichage à l'écran

Principe de fonctionnement

- ✓ Distribution par la tête de réseau des programmes télévisuels
- ✓ Réception par chaque abonné via un câble des mêmes programmes

Réception de la télévision par câble

- ✓ Abonnement au service de télédistribution
- ✓ Récepteur de télévision classique

Bandes de fréquence réservées à la Télévision par Câble

- ✓ Spectre de fréquence alloué (50 -550 MHz : 80 chaines)
- ✓ Occupation de 6 MHz de bande passante par chaque programme

Télévision IP (IP TV)

- ✓ Protocole de communication utilisé pour la transmission et la réception de services télévisés via une connexion Internet
- ✓ Diffusion de programmes TV effectuée par le protocole Internet (IP)
- ✓ Programmes de télévision diffusés par les boxes Internet, de la télévision de rattrapage et de la TV à la demande
- ✓ Contenus audiovisuels délivrés à travers une connexion Internet

Principe de fonctionnement de IP TV

- ✓ Codage des flux vidéo sous forme de paquets IP
- ✓ Diffusion de données vidéo à travers les réseaux IP
- ✓ Conversion des données vidéo en signal vidéo pour les écrans des terminaux

Types de IP TV

- ✓ Diffusion en temps réel
- ✓ Vidéo à la demande (accès aux vidéos stockés sur des serveurs)
- ✓ Time –shifting videos: Television de rattrapage, Visionnage du début

Services de la Télévision IP

- ✓ Chaines classiques (services de la télévision numérique)
- ✓ Vidéo à la demande (VoD)
- ✓ Vidéo à proximité de la demande (nVoD)
- ✓ Temps décalé
- ✓ TV de rattrapage

Composantes d'un système IP TV

- ✓ Tête de réseau (adapté à la transmission par IP)
- ✓ Réseau cœur (réseau IP ou MPLS)
- ✓ Réseau d'accès
- ✓ Equipements de l'usager

Terminaux de réception de IPTV

- ✓ Ordinateur (moyennant l'installation d'un logiciel spécifique)
- ✓ Ecran de téléviseur équipé de set up box (boitier décodeur)
- ✓ Tablette numérique
- ✓ Téléphone cellulaire

Accès à TV IP

1.- Accès Gratuit (diffusion des chaines en direct)

- ✓ Connexion Internet et un terminal compatible avec Internet (ordinateur)

2.- accès payant (vidéo à la demande)

- ✓ Set top box
- ✓ Connexion Internet

Moyens de Réception de la télévision IP

- ✓ Terminal approprié
- ✓ Connexion Internet

Avantages de la Télévision IP

- ✓ Télévision interactive
- ✓ Moins de bande passante occupée
- ✓ Protection des signaux contre le bruit et les signaux fantômes
- ✓ Possibilité de stockage de vidéos sur un serveur pour visionnage ultérieur
- ✓ Moindre coût pour le déploiement

- ✓ Communication bilatérale (pauses, retour en arrière, sauvegarde, etc)

Inconvénients de la télévision IP

- ✓ Sensibilité à la perte de paquet
- ✓ Retard dû au mode de transmission
- ✓ Débit de la connexion Internet
- ✓ Latence (transmission par satellite)

Internet TV

Web TV, TV online, Net TV

- ✓ Diffusion et réception par une interface web de signaux vidéo[172]
- ✓ Méthode de distribution et de transmission du contenu multimédia via Internet[173]
- ✓ Contenu vidéo diffusé à travers l'Internet

Technologie utilisée

- ✓ Streaming (lecture en continu) pour la diffusion des contenus

Principes de fonctionnement

- ✓ Exploitation des infrastructures IP (DSL, Wi Fi, 3G)
- ✓ Modèle de distribution
  - o Live streaming
  - o Vidéo *à* la demande

Reception de Web TV

- ✓ Ordinateur, tablette et telephone mobile
- ✓ Connexion Internet
- ✓ Navigateur web
- ✓ Media player

---

172 Web TV
https://fr.wikipedia.org/wiki/Web_TV

173 Les réseaux de distribution du contenu audiovisuel – http://www.awt.be/web/img/index.aspx?page=img,fr,tel,020,010

Chapitre 7

INFORMATIQUE ET INTERNET

INFORMATIQUE

Fonctionnement et opérations basés sur des machines et des programmes appropriés

- ✓ *Informatique :* Science de traitement automatique d'information grâce à des programmes installés sur des ordinateurs
- ✓ *Informatique* : Domaine d'activité scientifique, technique et industriel relatif au traitement automatique de l'information
- ✓ *Informatique* : Science du traitement rationnel, notamment par machines automatiques, de l'information considérée comme le support des connaissances humaines et des communications dans les domaines technique, économique et social[174]
- ✓ *Informatique* : Ensemble de techniques d'automatisation des tâches et applications
- ✓ *Informatique* : Ensemble de techniques de collecte, du tri, de la mise en mémoire, du stockage, de la transmission et de l'utilisation des informations traitées automatiquement à l'aide de programmes mis en œuvre sur ordinateurs[175]

Bases de l'Informatique

- ✓ Matériels (hardware)
  - o Dispositif développé pour fonctionner à l'aide de logiciel
  - o Ordinateurs, Serveurs, Robots, Automates, Systèmes embarqués, etc.
- ✓ Logiciels (Software)
  - o Programmes logiques installés sur les ordinateurs, tablettes, téléphones intelligents, etc.
  - o Exemples : Logiciels d'exploitation, logiciels d'application et logiciels de développement

Ordinateur

- ✓ *Ordinateur* : Machine automatique de traitement d'information, obéissant à des programmes formés de suites d'opérations arithmétiques et logiques[176]
- ✓ *Ordinateur* : Dispositif électronique programmable destiné à stocker, retrouver et traiter toutes sortes d'informations (son, parole, image, vidéos, textes, données)
- ✓ *Ordinateur* : Terminal nécessaire à l'utilisateur pour accéder aux services informatiques (usage personnel, accès aux réseaux locaux ou à l'Internet)
- ✓ *Ordinateur* : Machine électronique composée de plusieurs parties interconnectées par des fils
- ✓ *Ordinateur* : Machine destinée à l'origine à faire d'immenses calculs numériques

Composantes d'un ordinateur

- ✓ Dispositifs d'entrée (claviers, souris, microphones, cameras, etc.)
- ✓ Processeur
- ✓ Mémoire
- ✓ Dispositifs de sortie (écran, imprimante, etc.)

Partie matérielle d'un ordinateur

Principales composantes d'un ordinateur

- ✓ Matériel informatique : ensemble de pièces détachées destinées au traitement de l'information
- ✓ Alimentation
- ✓ Carte mère
- ✓ Processeur
- ✓ Ventilateur
- ✓ Mémoire vive (RAM)
- ✓ Disque dur
- ✓ Lecteur et graveur CD/DVD
- ✓ Carte graphique

Critères de choix d'un ordinateur

3 critères fondamentaux pour tous types d'ordinateur

- ✓ Vitesse du processeur (exprimée en GHz)

174 Futura Tech – http://www.futura-sciences.com/tech/definitions/informatique-informatique-553/

175 Informatique – http://encyclopedie_universelle.fracademic.com/10309/INFORMATIQUE

176 Larousse – http://www.larousse.fr/dictionnaires/francais/ordinateur/56358

- ✓ Capacité de la mémoire (exprimée en GB)
- ✓ Capacité de stockage (exprimée en GB ou TB)

Logiciels

- ✓ *Logiciel* : Ensemble de programmes, procédés et règles destinées au traitement de données
- ✓ *Logiciel* : Suites d'instructions décrivant en détail les algorithmes des opérations de traitement d'information
- ✓ *Logiciel* : Programmes nécessaires à la saisie, au traitement, à la sortie, au stockage et au contrôle des activités des systèmes d'information
- ✓ *Logiciel* : Ensemble de programmes coopérant pour exécuter une tâche particulière
- ✓ *Logiciel* : Intelligence de l'ordinateur
- ✓ *Logiciel* : Outil indispensable à l'exploitation de l'ordinateur

Types de logiciels

- ✓ Logiciels d'exploitation ou système d'exploitation
- ✓ Logiciels d'application
- ✓ Logiciels de développement
- ✓ Logiciels de communication (Exploitation et gestion des réseaux)

Logiciels d'exploitation ou systèmes d'exploitation

- ✓ Logiciels conçus pour faire fonctionner l'ordinateur

Principaux systèmes d'exploitation

- o Windows 7
- o Windows 8
- o Windows 10
- o Linux
- o Mac OS X
- o IOS (Téléphone cellulaire)
- o Android (Téléphone cellulaire)

Fonctions d'un système d'exploitation

Contrôle des ressources d'un système informatique

- ✓ Assignation du matériel nécessaire aux programmes ou progiciels
- ✓ Programmation des programmes ou progiciels à exécuter par le processeur
- ✓ Allocation de la mémoire requise pour chaque programme
- ✓ Assignation des dispositifs nécessaires à l'entrée et à la sortie
- ✓ Gestion des données et des fichiers de programmes stockés dans un stockage secondaire
- ✓ Maintien des répertoires de fichiers
- ✓ Fourniture d'accès aux données des fichiers
- ✓ Interaction avec les utilisateurs

Fonctions d'un logiciel d'application

- ✓ *Réalisation des* tâches spécifiques
  - o Traitement de texte (WORD)
  - o Calcul (EXCEL)
  - o Base de données (ACCESS)
  - o Présentation (POWER POINT)
  - o Navigation sur le web (Internet Explorer, Google chrome)
  - o Lecture multimédia (VLC media player, 5KPlayer)

Fonctions d'un logiciel de développement

- ✓ *Développement de logiciel ou de programme informatique*
  - o C
  - o C++
  - o Java
  - o Delphi
  - o Visual Basic
  - o Python

Langage informatique

- ✓ *Alphabet informatique* : 2 « lettres » ou 2 éléments appelés Bit
- ✓ Langage binaire : Seul langage compris et exploité par l'ordinateur
- ✓ *Bit* : contraction de ***binary digit***

- ✓ *Bit* : plus petite unité d'information manipulable par une machine numérique, représentée par un « 1 » ou un « 0 »
- ✓ *Bit* : Forme épousée par les informations à traiter et transmettre dans les systèmes numériques (Conversion (codage) en bit des informations de toutes sortes)
- ✓ *Bit* : Elément de base dans l'exploitation des systèmes de télécommunications numériques
- ✓ *Bit* : Forme prise par toute information (parole, musique, texte, images fixes, vidéos et données) transmise à travers un système de télécommunications numériques
- ✓ *Bit* : « monnaie d'échange » dans l'univers de l'informatique et des télécommunications actuel
- ✓ *Séquence binaire* : suite de bits, c'est-à-dire, suite composée de « « 1 » et de « 0 » (par exemple : 1111 ou 0000 ou 0011000111100000 ou 11111110000000
- ✓ *Séquence binaire* : Moyen de représenter par bit une lettre, un chiffre, un mot, une phrase
- ✓ *Mot binaire* : Mot formé d'un ensemble de bits
- ✓ Lettre « A » : 01000001 (par exemple sur un codage à 8 bits)
- ✓ *Fichier numérique* : Fichier formé d'un ensemble de bits

Relations entre bit et Octet

- ✓ 1 octet (1 Byte) = 8 bits
- ✓ 10 Octets (Bytes) = 80 bits
- ✓ 800 bits = 100 Octets (100 Bytes)

Multiples du bit et de l'Octet

Règles informatiques importantes

- ✓ 1 Kilobit = 1024 bits (1024 = 2^{10}, plus proche de 1000 = Kilo)
- ✓ 1Méga bit= 1024 Kb = 1048 576 bits
- ✓ 1Giga bit = 1024 Megabits = 1048 576 K bits = 1073 741 824 bits
- ✓ 1Tera bit = 1024 Giga bits = 1048576 Megabits = 1073 741 824 Kb = 1099 511 627 776 bits
- ✓ 1 Pétabit (1 Pb) = 1024 Tb = 1 125 899 906 842 624 bits
- ✓ 1 Exabit (1 Eb) = 1024 Pb
- ✓ 1 Zettabit (1Zbit) = 1024 Eb
- ✓ 1 Yottabit (1 Yb) = 1024 Zb

De même pour l'Octet ou le Byte (B)

- ✓ 1 Kilooctet = 1 Kilo byte (Ko ou KB) = 1024 octets ou 1024 Bytes
- ✓ 1 Méga octet (Mo) = 1 Mégabyte (MB) = 1024 Ko = 1024 KB = 1048 576 octets ou 1048 576 Bytes
- ✓ 1 Gigaoctet = 1 Gigabyte (GB) = 1024 Mo = 1024 MB = 1048 576 Ko = 1048 576 KB = 1073 741 824 octets = 1073 741 824 bytes
- ✓ 1Teraoctet (To) = 1 Terabyte (TB) = 1024 Go = 1024 GB = 1048 576 Mo = 1048 576 MB = 1073 741 824 Ko = 1073 741 824 KB = 1099 511 627 776 octets = 1099 511 627 776 bytes
- ✓ 1 Peta octet (Po) = 1024 To = 1048 576 Go = 1 073 741 824 Mo = 1024 To = 1.125.899.906.842.624 octets
- ✓ 1 Exaoctet (1 Eo) = 1024 Po = 1, 152, 921, 504, 606, 846, 976 octets
- ✓ 1 Zettaoctet (1Zo) = 1024 Eo = 1, 180, 591, 620, 717, 411, 303, 424 octets
- ✓ 1 Yottaoctet (1 Yo) = 1024 Zo = 1, 208, 925, 819, 614, 629, 174, 706, 176 octets
- ✓ 1 Brontooctet (1 Bo) = 1024 Yo
- ✓ 1 Geopoctet) (1 Geo) = 1024 Bo

Taille des informations numériques

- ✓ Taille = volume d'informations = poids en bits ou octets des informations
- ✓ Bit et byte (ou Octet) = Unités des informations stockées ou transmises
- ✓ Support de stockage de données : MB, GB et TB
- ✓ Un petit message de quelques mots : 5 KB ou 5 Ko
- ✓ Une conversation téléphonique de 2 minutes sur WhatsApp : 1 MB

- ✓ Un courrier électronique (texte seulement, sans pièce jointe) : 5 KB à 25 KB
- ✓ Un courrier électronique avec photos jointes : 400 Ko Taille d'une photo compressée : 500 KB (environ)
- ✓ Taille d'une photo non compressée : 2 à 5 MB ou Mo
- ✓ Une page web : 150 KB à 1.5 MB
- ✓ Une minute de musique en mode streaming : 500KB
- ✓ Une courte vidéo = 2 MB (Mo)
- ✓ Une minute de vidéo en mode streaming : 3MB à 7MB
- ✓ Téléchargement d'applications de jeux et de chants : 4MB à 10 MB
- ✓ Un court film : 5 GB

Support de stockage de données

Principaux supports de stockage

- ✓ Disquettes (1.44 Mo ou 1.44 MB)
- ✓ Disque compact (CD : 700 MB)
- ✓ Disque numérique versatile (DVD : 4,7 Go ou 9.4 Go à double couche)
- ✓ Clé USB (de 1Go à 128 Go)
- ✓ Cartes mémoires destinées aux appareils numériques (de 2 Go à 64 Go)
- ✓ Disques durs internes d'ordinateurs (des centaines de Go jusqu'à des To)
- ✓ Disques durs externes d'ordinateurs (des centaines de Go jusqu'à des To)

Base de données

- ✓ Base de données : Collection de données organisées de façon à être facilement accessibles, administrées et mises à jour[177]
- ✓ Base de données : Données stockées, organisées et structurées pour être interrogées par un logiciel
- ✓ Base de données : Outil capable de stocker et de retrouver des informations

Réseaux informatiques

✓ Ensemble d'ordinateurs et de terminaux interconnectés pour échanger des informations numériques

- ✓ Moyen de communication, dispositifs, et logiciels nécessaires pour connecter des systèmes informatiques et/ou dispositifs
- ✓ Ensemble de moyens informatiques (**matériels** et **logiciels) mis** en œuvre pour assurer le partage d'informations entre ordinateurs, stations de travail et terminaux informatiques
- ✓ Circulation des informations entre chacun de ces objets selon des règles bien définies
- ✓ Supports de transmission, dispositifs et logiciels nécessaires pour connecter deux ou plusieurs systèmes informatiques et/ou dispositif

Objectifs des réseaux informatiques

- ✓ Partager des informations entre un groupe d'utilisateurs éloignés
- ✓ Partager du matériel (imprimantes), programmes et base de données
- ✓ Faciliter le travail en équipe, les idées novatrices, et les nouvelles stratégies d'affaires
- ✓ Etc.

Types de réseaux informatiques

- ✓ *Réseau Local* **:** Liaison entre ordinateurs et périphériques (par ex. imprimante) situés à proximité les uns des autres, par exemple dans un même bâtiment)
- ✓ *Réseau local* **:** Réseau très répandu dans les entreprises et institutions
- ✓ *Taille d'un réseau local* **:** jusqu'à 100 ordinateurs
- ✓ *Vitesse de transfert des données* **:** 10 Mbps à 1Gbps
- ✓ *Réseau métropolitain* : ensemble de réseaux locaux
- ✓ *Réseau métropolitain* : Interconnexion de plusieurs réseaux locaux géographiquement proches
- ✓ *Réseau métropolitain* : Portée de quelques dizaines de kilomètres

177 LemagIT – http://www.lemagit.fr/definition/Base-de-donnees

- ✓ Réseau étendu : Interconnexion de plusieurs réseaux locaux dans une grande zone géographique ou de plusieurs réseaux métropolitains dans un même pays ou dans le monde
- ✓ Exemple de Réseau étendu : Internet

Logiciels des réseaux informatiques

- ✓ Logiciels de communication
- ✓ Systèmes d'exploitation de réseau
- ✓ Logiciels de gestion de réseau

Fonctions des logiciels de communication

- ✓ Vérification des erreurs
- ✓ Formatage des messages
- ✓ Comptabilité des communications (Communications logs)
- ✓ Sécurité et confidentialité des données
- ✓ Capacités de traduction pour les réseaux

Fonctions des systèmes d'exploitation de réseau

- ✓ Contrôle des systèmes informatiques et des dispositifs
- ✓ Moyen de communications entre eux

Fonctions des logiciels de gestion de réseau

- ✓ Contrôle de l'utilisation des ordinateurs individuels à partir d'un desktop (mis en réseau) et partage de matériel par un manager
- ✓ Détection de virus
- ✓ Conformité des licences de logiciel

Infrastructure de réseau informatique

- ✓ Dispositifs matériels
  - o Connectivité
  - o Routage
  - o Moyens de commutation
  - o Contrôle de sécurité et d'accès
- ✓ Composantes logicielles
  - o Système d'exploitation
  - o Autres logiciels spécifiques

Matériels de réseau

- ✓ Serveurs (gestion des ressources du réseau)
  - o Serveur de fichier, serveur web, serveur d'impression, serveur de courrier électronique
- ✓ Routeurs (connexions de multiples réseaux)
- ✓ Commutateurs (transmission de paquets au port de destination seulement)
- ✓ Concentrateurs (dispositif capable de rassembler et de distribuer les communications de données dans un réseau en étoile)

Serveurs informatiques

- ✓ *Serveur informatique* : ordinateur doté de capacités de traitement immenses
- ✓ *Serveur informatique* : ordinateur conçu pour fournir des informations et des logiciels à d›autres ordinateurs via un réseau (Une recherche par un internaute depuis son ordinateur personnel connecté à Internet)
- ✓ Ordinateur spécifique partageant ses ressources avec d'autres ordinateurs appelés clients
- ✓ *Serveur informatique* : outil conçu pour répondre 24 heures par jour aux questions des utilisateurs
- ✓ *Serveur informatique* : outil indispensable à tous les services en ligne

Fonctions d'un serveur informatique

Fourniture d'informations et de logiciels aux ordinateurs reliés via un réseau

- ✓ Stockage de fichiers et de données
- ✓ Recherche de fichiers et de données
- ✓ Transmission de fichiers et de données
- ✓ Partage d'informations

Types de serveurs informatiques

- ✓ Serveur de fichier
- ✓ Serveur d'impression
- ✓ Serveur de courrier électronique
- ✓ Serveur web
- ✓ Serveur de sauvegarde

- ✓ Serveur d'applications
- ✓ Serveur de media de streaming

Services d'un serveur informatique

Services les plus courants d'un serveur

- ✓ Accès aux informations disponibles sur la toile d'araignée mondiale (world wide web : www)
- ✓ Courrier électronique
- ✓ Consultation à distance d'une banque de données
- ✓ Partage de fichiers et d'imprimante
- ✓ Diagnostic à distance
- ✓ Commerce électronique
- ✓ Stockage en base de données
- ✓ Gestion de l'authentification et du contrôle d'accès
- ✓ Jeux en ligne
- ✓ Mise à disposition de logiciels applicatifs

Domaines d'utilisation des serveurs informatiques

- ✓ Réseaux informatiques
- ✓ Internet
- ✓ Opérations des télécommunications
- ✓ Centre de traitement de données
- ✓ Etc.

Exigences de fonctionnement d'un serveur informatique

- ✓ Système d'exploitation
- ✓ Base de données
- ✓ Applications web

Modèle de communication de données

- ✓ Information d'entrée (source)
- ✓ Données d'entrée ou flux binaire (émetteur)
- ✓ Signal transmis (système de transmission)
- ✓ Signal reçu
- ✓ Flux binaire (récepteur)
- ✓ Données de sortie
- ✓ Information de sortie (destination)

Transmission de données

Transmission de données : transmission numérique ou communications numériques

- ✓ *Transmission de données* : Transfert de flux binaires ou de signaux analogiques numérisés via des canaux de communication point à point ou point à multipoint
- ✓ Communication de données via le traitement et la propagation de signaux
- ✓ Transmission de données point à point, point à multipoint, et multipoint à multipoint
- ✓ Envoi et réception de données numériques

Principes de transmission de données

- ✓ Acquisition des données
  - o Saisie des données à l'aide de clavier et d'écran
  - o Numérisation des données analogiques
- ✓ Traitement des données
  - o Conversion des données
  - o Adaptation des données
  - o Contrôle des données
- ✓ Transmission des données
  - o Mise de ces données sur un support de transmission (câbles, liaisons sans fil, fibre optique, bus de données)
  - o Transfert des données (propagation guidée ou non guidée de signaux)
  - o Transmission assurée par l'ETCD (équipement terminal de circuit de données)
- ✓ Exploitation des données
  - o Réception et décodage de données
  - o Affichage des données sur un ordinateur ou un terminal à écran

Infrastructure de transmission de données

- ✓ Terminaux informatiques (Ordinateurs ou autres terminaux)
- ✓ ETTD (Equipements terminaux de traitement de Données)

Ordinateur, terminal à écran, imprimante

o Source/collecteur de données

o Contrôleur de communication

✓ Interfaces numériques (échange entre ETTD et ETCD)

✓ ETCD (Equipements de Terminaison de Circuit de Données = modem)

Modem, Multiplexeur

✓ Support de transmission

✓ Circuit de données

✓ Liaison de données

Composants d'extrémité d'une transmission de données

✓ Ordinateur connecté au réseau (par ex. Internet)

✓ Ordinateur « hôte » connecté en permanence à Internet (serveur web)

✓ Périphérique (imprimante)

Débit binaire (vitesse binaire)

✓ *Débit binaire* : nombre de bits transmis par seconde sur un support de transmission

✓ *Débit binaire* : Quantité d'informations transmise via un canal de communication pendant un intervalle de temps donné

✓ *Débit binaire* : vitesse de transmission des informations

✓ *Débit binaire* : vitesse de connexion entre le réseau et l'utilisateur

Unités du débit binaire

✓ Unité du débit binaire : bit par seconde ou bit/seconde ou bps ou b/s

✓ Octet par seconde, Octet/seconde

✓ Multiples du débit binaire : Kilobits par seconde (1024 bits/seconde)

✓ Mégabits par seconde (1024 Kbits/seconde)

✓ Gigabits par seconde (1024 Mbits/seconde)

✓ Térabits par seconde (1024Gb/seconde)

Quelques exemples de débits numériques

✓ Signal de la parole : 64 Kbps (Débit d'une ligne de téléphonie numérique = 64 Kilobits/seconde (transmission de 64 000 bits par seconde)

✓ Débit binaire pour la Visioconférence couleur : 100 Mbps

✓ Débit binaire pour la Télévision couleur : 204 Mbps[178]

✓ Connexion Internet à 1Gb/s : Connexion établissant une liaison transmettant plus d'un milliard de bits par seconde

✓ 6 secondes pour télécharger un fichier de 75 octets avec une vitesse de 100 bits par seconde

✓ 75 minutes pour télécharger un film de 2 giga-octets de données (2 GB) avec une vitesse de 4 Mégabits par seconde

✓ Téléchargement d'un fichier de 10 MB (10 Mo) :

o 25 minutes pour un débit de 56kb/s (bas débit)

o 2 minutes 30 secondes pour un débit de 512kb/s (haut débit)

o 8 secondes pour un débit de 10 Mb/s (haut débit)

o 2 secondes pour un débit de 50 Mb/s (très haut débit)

o 1 seconde pour un débit de 100 Mb/s (très haut débit)

Télécommunications et Informatique

Fusion : Télécommunications et Informatique

✓ Apports de l'informatique aux télécommunications

✓ Apports des télécommunications à l'informatique

✓ Rapprochement de deux disciplines distinctes

Utilisations de l'Informatique dans les télécommunications

Matériels et logiciels exploités dans l'automatisation des opérations de télécommunications

178 Modulations analogiques et numériques
Polytech A5 Ibats D. Vivet damien.vivet@univ-orleans.fr

- ✓ Ordinateur : terminal exploité pour accéder et utiliser les services de télécommunications
- ✓ Exploitation de logiciels dans le traitement automatique des informations (stockage, traitement, etc.)
- ✓ Exemple : Enregistrement des comptes des clients, gestion des données des opérations dans des bases de données

Apport de l'intelligence et de l'automatisme aux télécommunications

- ✓ Exploitation de l'intelligence des logiciels dans les opérations de télécommunications
- ✓ Logiciels de contrôle : logiciels permettant de vérifier la fonctionnalité des systèmes
- ✓ Exemple : Recharge électronique des comptes des utilisateurs, vérification de la balance des comptes via USSD, gestion des comptes des abonnés) par des Serveurs informatiques
- ✓ Exemple : Traitement et réponses aux requetés des millions d'abonnés téléphoniques par des serveurs informatiques

Utilisation des télécommunications dans l'informatique

Infrastructures de télécommunications déployées pour le transport des données issues des ordinateurs

- ✓ Etablissement de liaison entre ordinateurs
- ✓ Transport des signaux générés par les ordinateurs
- ✓ Mise en réseau à l'aide d'équipements de télécommunications et de supports de transmission
- ✓ Exemple : Communication entre deux ordinateurs distants assurée par un support de transmission

Apport de la mise en réseau à l'informatique

- ✓ Développement de l'informatique en réseau
- ✓ Déploiement de réseaux locaux
- ✓ Déploiement de réseaux métropolitains.
- ✓ Déploiement de réseaux étendus
- ✓ Exemple : Transport (transmission) à travers le monde des signaux de l'Internet

Téléinformatique

- ✓ Association des techniques de télécommunications et de l'Informatique pour le traitement à distance des informations
- ✓ Ensemble de techniques mettant en œuvre des aspects de télécommunication au service de l'informatique[179]
- ✓ Télécommunications + Informatique = accès et traitement à distance à des données
- ✓ Télécommunications + Informatique = Décentralisation du traitement des informations
- ✓ Télécommunications + Informatique = Exécution du travail par des ordinateurs séparés, mais interconnectés

Applications de la téléinformatique

- ✓ Transfert de fichiers entre ordinateurs
- ✓ Traitement coopératif entre 2 applications
- ✓ Base de données répartie
- ✓ Partage des ressources dans un réseau de micro-ordinateurs[180]

Convergence technologique ou convergence numérique

- ✓ Intégrations entre les technologies informatiques et les télécommunications
- ✓ Rapprochement entre différents secteurs, essentiellement les télécommunications, l'audiovisuel et l'informatique
- ✓ Fusion de trois secteurs (Audiovisuel, télécommunications et Informatique) opérant jadis séparément

Champs des « Télécommunications »

- ✓ Télégraphie
- ✓ Télex
- ✓ Téléphonie
- ✓ Télécopie
- ✓ Etc.

Champs de la Radiodiffusion

179 Introduction à la téléinformatique – http://dept-info.labri.fr/~felix/Annee2005-06/AS/Teleinformatique/Livret%20I.pdf

180 Introduction à la téléinformatique – http://dept-info.labri.fr/~felix/Annee2005-06/AS/Teleinformatique/Livret%20I.pdf

- ✓ Diffusion de son
- ✓ Diffusion d'images

Champs de l'Informatique

- ✓ Traitement automatique de l'information numérisée

Base de la convergence technologique

- ✓ Numérisation de tous types d'information
  - o Informations numérisées adaptées au stockage, traitement et à la transmission
- ✓ Numérisation des systèmes de traitement et de transmission
- ✓ Intégration des fonctionnalités audiovisuelles, télécommunications et informatiques dans les systèmes et les terminaux

Bénéfices de la convergence technologique

- ✓ Fourniture par un seul réseau des services jadis fournis par plusieurs réseaux différents (réseau téléphonique, chaine de télévision, Internet)
- ✓ Accès via un seul terminal à plusieurs services jadis accessibles sur des terminaux séparés (téléphone, téléviseur, ordinateur)

Applications de la convergence technologique

- ✓ Accès aux services de données et d'appels via un téléphone cellulaire connecté à un réseau WI-FI
- ✓ Utilisation du téléphone cellulaire pour accès à l'internet et la télévision
- ✓ Disponibilité de services à valeur ajoutée (utilisation de carte téléphonique prépayée, demande de balance de crédit téléphonique)

Niveaux de convergence technologique

Différents niveaux de convergence

Convergence des réseaux

- ✓ Réseaux de télécommunications téléphoniques
- ✓ Réseaux de transmission de données entre terminaux informatiques
- ✓ Réseaux de diffusion des services audiovisuels (radio, télévision, etc.)

Convergence des services

- ✓ Services téléphoniques
- ✓ Services informatiques
- ✓ Services multimédias

Convergence des canaux de transmission

✓ Transfert de tous types de communication (radio, TV, Téléphonie, Internet) dans un même canal

Convergence des supports d'information

- ✓ Enregistrement de tous types d'informations (données informatiques, images, vidéos) sur les CD et DVD

Convergence des applications et des offres commerciales

- ✓ Multifonctions des applications de communications intégrées
- ✓ Offre par les opérateurs de télécommunications des bouquets de service (par exemple, triple play)

Convergence des terminaux

- ✓ Autres Fonctions d'un ordinateur personnel
  - o Terminal téléphonique
  - o Récepteur radio
  - o Récepteur de télévision
- ✓ Autres Fonctions d'un Terminal téléphonique mobile
  - o Appareil de photo
  - o Caméscope
  - o Agenda électronique
  - o Lecteur de multimédias (musique, photos, films, documents)

Combinaison de fonctionnalités supportées par la convergence technologique

- ✓ Récepteur de télévision
  - o Accès à la radio
  - o Accès à Internet
- ✓ **Ordinateur**
  - o Accès à la radio
  - o Accès à la télévision
  - o Accès à Internet
- ✓ **Téléphone intelligent**
  - o Accès à Internet

○ Accès à la radio[181]

○ Accès à la télévision

Avantages de la convergence technologique

- ✓ Un seul terminal (accès à la téléphonie, télévision, radiodiffusion sonore et à Internet)
- ✓ Un seul réseau (fourniture des services : téléphonie, télévision, Internet, etc.)

Acteurs de la convergence technologique

- ✓ Diffuseurs par câble, liaisons terrestres et satellite
- ✓ Et éditeurs de travaux imprimés, vidéo et audio
- ✓ Fabricants de téléphones et Opérateurs de télécommunications
- ✓ Développeurs de logiciels
- ✓ Editeurs de contenus Internet
- ✓ Fournisseurs de services
- ✓ Développeurs de base de données[182]

Internet

- ✓ *Internet* : réseau des réseaux
- ✓ *Internet* : réseau constitué de millions de petits réseaux privés ayant chacun la capacité de fonctionner de manière indépendante ou en harmonie avec tous les autres millions de réseaux connectés à un réseau gigantesque
- ✓ Réseau constitué d'ordinateurs et d'autres dispositifs logiquement inter reliés par une adresse unique basé sur le protocole d'Internet
- ✓ *Internet* : Infrastructure globale d'information
- ✓ Internet : Inter et networks = interconnexion de réseaux informatiques par des liaisons de télécommunications
- ✓ *Internet*: transmission de données d'un ordinateur appelé host à un autre
- ✓ *Internet* : réseau international d'ordinateurs communicant entre eux grâce à des protocoles d'échange de données standard
- ✓ *Internet* : outil de communication utilisant les fils téléphoniques, les fibres optiques, les câbles intercontinentaux et les communications par satellite pour rendre accessibles aux utilisateurs les services comme le courrier électronique et la toile d'araignée mondiale (world wide web)
- ✓ *Internet* : ensemble de réseaux universitaires, militaires, financiers et scientifiques connectés.

Origine de l'Internet

- ✓ Mise au point en 1969 du premier réseau mondial « ARPANET » par l'agence ARPA (Advanced Research Project Agency) des Etats -Unis d'Amérique
- ✓ Réseau « ARPANET » indépendant d'un centre névralgique pour garantir sa résilience en cas d'attaque nucléaire
- ✓ Améliorations du réseau entre 1970 et 1980 par l'introduction de protocoles facilitant des échanges entre serveurs
- ✓ Disponibilité des services « courrier électronique et File Transfer Protocol » grâce à l'introduction de protocoles
- ✓ Remplacement d'ARPANET par Internet en 1990
- ✓ Introduction des liens hypertextes en 1992

Esprit initial de l'Internet

- ✓ Partage de ressources
- ✓ Accès ouvert (open Access)
- ✓ Non implication de gouvernement dans la régulation de l'Internet

Bases de Fonctionnement de l'Internet

- ✓ Protocole (communication entre les ordinateurs)
- ✓ Réseau dorsal (liaisons longue distance à haut débit)

Principaux protocoles de l'Internet

2 Principaux : TCP et IP

- ✓ TCP/IP (Transmission Control Protocol/Internet Protocol) : 2 Protocoles utilisés par l'Internet

Fonctions du TCP (Transmission Control Protocol)

- ✓ Gestion du mouvement des données entre les ordinateurs

181 Convergence numérique https://fr.wikipedia.org/wiki/Convergence_numerique

182 Telecommunications Law Ian Lloyd et David Mellor

- ✓ Etablissement d'une connexion entre les ordinateurs
- ✓ Séquencement du transfert des paquets
- ✓ Accusé de réception pour les paquets envoyés

Fonctions de l'adresse IP (Internet Protocol)

- ✓ Identification unique de chaque ordinateur ou autres terminaux connectés à Internet
- ✓ Protocole nécessaire à tout échange via Internet (communication entre la machine connectée et d'autres ordinateurs connectés)
- ✓ IP : Adressage et mécanisme de routage
- ✓ Transmission et réception de données
- ✓ Adressage des paquets transmis via Internet
- ✓ Assemblage et désassemblage des paquets au cours de la transmission
- ✓ Livraison des paquets

Principes de fonctionnement de l'Internet

- ✓ Utilisation par chaque ordinateur et réseau sur Internet des mêmes protocoles (règles et procédures) pour contrôler le chronométrage et le format des données
- ✓ TCP/IP : Groupe ou suite de protocoles de réseautage utilisés pour connecter les ordinateurs sur Internet
- ✓ Echange de données sur Internet entre les ordinateurs par le TCP/IP (quel que soit l'ordinateur)
- ✓ TCP : Fourniture des fonctions de transport
- ✓ Quantité de données envoyées = quantité de donnes reçues grâce au TCP
- ✓ IP : adresse unique pour chaque ordinateur connecté à Internet
- ✓ Fonctionnement de l'Internet basé sur la commutation de paquet
- ✓ Décomposition du message en paquet de données
- ✓ Transfert de données de bout en bout sous forme de paquets
- ✓ Paquet = ensemble d'octets ayant une taille spécifique
- ✓ Adresse de l'expéditeur et celle du destinataire attachées à chaque paquet pendant sa transmission
- ✓ A chaque paquet, un numéro de série (ex : 1, 2, 3...............)
- ✓ Transmission indépendante d'un paquet des autres paquets (arrivée possible du paquet 7 avant le 2, ou encore celle de 14 avant le 9) à travers le réseau de transmission (backbone)
- ✓ Différentes routes empruntées par les paquets d'un message
- ✓ Réception aléatoire des paquets
- ✓ Rassemblement des paquets dans l'ordre de leurs numéros à la destination pour reconstituer le message initial
- ✓ Restitution du message original

Chaine de valeur de l'Internet

5 éléments fondamentaux

- ✓ **Droits des contenus**
  - o Vidéos, musique, jeux
- ✓ **Services en ligne**
  - o Vente en détail en ligne
  - o Commerce électronique
  - o Musique
  - o Vidéo
  - o Voyage en ligne
  - o Publication
  - o Media
  - o Jeux
  - o Paris en ligne
  - o Réseaux sociaux
  - o Services de Communication
  - o Recherche (Google, Baidu, Yahoo)
  - o Information et référence
  - o Services dans les nuages (infonuagique)

✓ **Technologies innovantes et services**

o Conception et hébergement (hébergement web)

– Exemples : Go Daddy, Ipower

o Plateformes de paiement

– Exemples : Alipay, Mastercard, Visa, Paypal,

o Paiement M2M

– Gestion de SIM et paiement M2M

– Exemples : Bosch, cumulocity

o Publicité en ligne

o Analytique Internet

o Gestion de bande passante et fourniture de contenu

✓ **Connectivité**

o Accès fixe (VPN, Wi-Fi, opérateurs fixes)

o Accès mobile (opérateurs mobiles)

o Accès par Satellite (opérateurs satellitaires : Iridium, Global star, Inmarsat)

✓ **Interfaces utilisateurs**

o Ordinateurs personnels

o Téléphones intelligents

o Téléviseurs intelligents

o Set -up box et récepteurs numériques

o Tablettes numériques

o Consoles

o Autres dispositifs terminaux intelligents

o Autres matériels

o Systèmes et logiciels (systèmes d'exploitation, Apple store, sécurité et logiciels)[183]

Exigences de fonctionnement de l'Internet

✓ Serveur (hébergement des informations)

✓ Adresse IP (Assignation d'une adresse IP au serveur)

✓ Serveur de noms de domaine (direction vers l'adresse IP du serveur)

✓ Fournisseurs d'Accès à Internet (mise en place d'une passerelle pour connexion avec le reste de l'Internet)

✓ Navigateur (logiciel pour la navigation)

✓ Utilisateur (création de l'information ou accès aux informations disponibles via un navigateur)

Types d'infrastructure de l'Internet

3 types d'infrastructure

1.- Infrastructure matérielle : Equipements

Hiérarchie de réseaux interconnectés

✓ Réseaux locaux

✓ Réseaux départementaux

✓ Réseaux de campus ou d'entreprise

✓ Réseaux étendus

Dispositifs de réseautage et d'interconnexion

✓ Routeur : élément permettant l'aiguillage des données

✓ Concentrateur (hub) : équipement reliant plusieurs éléments d'un réseau

✓ Passerelle : élément permettant de relier des réseaux de nature différente

2.- Infrastructure d'accès : Liens entre l'utilisateur et l'Internet

Supports de Transmission des données (signaux multimédia)

✓ Câbles électriques (signaux électriques)

✓ Espace libre (ondes électromagnétiques)

✓ Fibre optique (signal lumineux)

Types de liaisons utilisées

✓ Ligne d'abonné numérique (64kbps)

✓ Ligne RNIS (128 kbps)

183 The Internet value chain https://www.gsma.com/publicpolicy/wp-content/uploads/2016/05/GSMA_The-internet-Value-Chain_WEB.pdf

- ✓ E1 (2 Mbps)
- ✓ T1 (1,544 Mbps)

Réseau de transmission

- ✓ Liaisons câblées (paires torsadées, câbles coaxiaux)
- ✓ Fibre optique
- ✓ Liaisons micro - ondes
- ✓ Satellites de télécommunications

3.- Infrastructure de communication : Protocoles

Règles régissant le fonctionnement des machines connectées à Internet (communication entre les machines)

- ✓ Définition du format et de l'ordre des messages échangés entre une ou plusieurs entités communicantes
- ✓ Définition des actions à prendre pour la transmission et/ou la réception d'un message
- ✓ Méthodes de transmission des données
- ✓ Langage de communication entre les machines pour la transmission des données

Principaux protocoles utilisés par l'Internet

- ✓ TCP/IP (Transmission Control Protocol/Internet Protocol) : établissement des règles relatives à la circulation des informations sur Internet
- ✓ Protocole de transfert hypertexte (http) : outil utilisé pour visualiser un site web à travers un navigateur

Principaux éléments de l'Infrastructure d'Internet

- ✓ Réseau dorsal
- ✓ Point d'échange Internet (IXP)
- ✓ Réseaux régionaux
- ✓ Fournisseurs d'accès à Internet locaux

Composants du réseau d'Internet

- ✓ Centre de données (Data Centers)
- ✓ Dispositifs de stockage
- ✓ Liaisons de télécommunications
- ✓ Systèmes d'exploitation (logiciels)
- ✓ Serveurs web, stockage Internet
- ✓ Réseaux informatiques
- ✓ Serveurs informatiques
- ✓ Dispositifs de stockage (stockage pour accessibilité)
- ✓ Commutateurs

Acteurs de l'Internet

- ✓ Fournisseurs de contenus
- ✓ Fournisseurs d'hébergement
- ✓ Fournisseurs d'accès
  - o Opérateurs de télécoms et Fournisseurs d'accès à Internet
- ✓ ICANN
  - o Autorité de gestion des extensions dites de premiers niveaux des noms de domaines
  - o Gestion du système d'adressage IP du web
- ✓ Registry (AFNIC, VERISIGN, EURID)
  - o Gestion des .com (VERISIGN)
  - o Gestion des .fr (AFNIC)
- ✓ Registrars (bureaux d'enregistrement) /GANDI, OVH
  - o Vente directe aux clients finals
  - o Mise à jour du système DNS (Domaine Name Server)
  - o DNS : base de correspondance entre les adresses IP et les noms de domaine
- ✓ Hébergeurs web
  - o Entité commerciale mettant à disposition serveurs et réseaux pour la mise à disposition de sites web et services web
  - o Rôle de registrar
  - o Accès à Internet
  - o Transfert des données vers les consommateurs
- ✓ W3C (World Wide Web Consortium)

- Organisme de standardisation chargé de définir et de faire la promotion des technologies du World Wide Web (HTML, CSS, XHTML, XML, PNG, etc.)

Ecosystème d'Internet

Différents éléments

- ✓ Experts en technologie, Ingénieurs, Architectes, Créateurs et Organisations (Internet Engineering Task Force (IETF) et World Wide Web Consortium (W3C)
  - Rôle : Coordination et mise en œuvre des standards ouverts
- ✓ Organisations internationales et locales
  - ICANN (Internet Corporation for Assignd Names and Domains), IANA (Internet Assigned Numbers Authority), RIR (Registres Internet Régionaux) et des Registres et Registraires de noms de domaine
  - Rôle : Gestion des ressources d'adressage mondiales
- ✓ Opérateurs, Ingénieurs et Fournisseurs

Opérateur de réseau et des points d'échange Internet (IXP)

  - Rôle : Fourniture des infrastructures de réseaux de télécommunications et Fourniture de Noms de domaine
- ✓ Utilisateurs
  - Rôle : Exploitation aux fins de Communication et Offre de services
- ✓ Educateurs, Organisations multilatérales, Institutions d'enseignement et organismes gouvernementaux
  - Rôle : Enseignement du savoir et Renforcement des capacités en matière de développement et d'utilisation des technologies Internet
- ✓ Décideurs
  - Rôle : Elaboration de politiques locales et mondiales et Gouvernance de l'Internet[184]

184 Qui le fait fonctionner : Le écosystème Internet https://www.internetsociety.org/fr/resources/doc/2014/makes-internet-work-internet-ecosystem/

Gestion de l'Internet

- ✓ Gestion confiée à des organismes (ONU/UIT, IAB, ISOC, ICANN IETF, Consortium W3, IANA, ASO, NIR)
- ✓ Tâches des organismes : élaboration de standards, attribution de noms de domaines et des adresses IP
- ✓ Gestion des ressources Internet (Noms de domaine et adresses)
- ✓ Gestion de la transition de IPv4 vers IPv6

Gouvernance de l'Internet

Principes, normes, règles et procédures de prise de décision

- ✓ Elaboration et application de principes, normes, règles, procédures de prise de décisions et programmes communs propres à modeler l'évolution et l'usage de l'internet
- ✓ Administration technique
- ✓ Gouvernance politique/orientation politique[185]
- ✓ Contrôle sur les technologies exploitées dans l'Internet
- ✓ Contrôle sur les politiques supportant Internet
- ✓ Questions politiques
- ✓ Aspects de normalisation

Parties prenantes dans la gouvernance de l'Internet

- ✓ ICANN (Internet Corporation for Assigned Names and Numbers)
  - Gouvernements
  - Société civile
  - Register Internet regional
  - Registres gTLD
  - Registres ccTLD
  - Organisations régionales de registres
- ✓ FGI (Forum pour la Gouvernance de l'Internet)

185 Les acteurs de la Gouvernance de l'internet – https://www.afnic.fr/medias/documents/afnic-dossier-gouvernance-internet-06-2008.pdf

- o Union internationale des Télécommunications (UIT)
- o UNESCO
- o PNUD
- o Secteurs privés
- o Communauté scientifique
- o Internet Engineering Task Force (IETF)
- o Registres AFNIC
- o Parlements

✓ ISOC (Internet Society)

- o Chapitres nationaux
- o Projets caritatifs, mécénats, fondations...
- o ISO (International Standardisation Organization)
- o Opérateurs
- o Entreprises
- o Institutions[186]

Acteurs de la gestion de l'Internet

✓ Gouvernements

✓ Secteur des affaires

✓ Société civile

✓ Communauté technique

✓ Secteur académique

Secteur des affaires de l'Internet

4 acteurs fondamentaux

✓ **Fournisseurs/Registraires de noms de domaine**

2 catégories : Registrars et registries

- o Vente de noms de domaines (ex. . com, .net)

✓ **Fournisseur d'accès à Internet (FAI)**

- o Fourniture du service Internet (connexion à Internet)

186 Les acteurs de la Gouvernance de l'internet – https://www.afnic.fr/medias/documents/afnic-dossier-gouvernance-internet-06-2008.pdf

✓ **Opérateurs de télécommunications**

- o Transport du trafic Internet
- o Gestion de l'infrastructure de l'Internet

✓ **Fournisseurs de contenu**

- o Fournisseur de contenus multimedia
- o Exemples: Google, Facebook, Twitter, Disney, TV stations

Catégories d'opérateurs d'Internet

4 catégories d'opérateurs Internet

✓ Fournisseurs d'accès à Internet : Opérateur offrant une connexion à Internet aux clients

✓ Fournisseurs de contenus et de services : Producteur de contenus multimédia fournissant des prestations aux sites web (Google, Youtube, facebook, twitter, chaines de télévision, etc.)

✓ Réseaux de diffusion de contenus (content delivery network) : Ensemble de serveurs, appelés serveurs relais, installés à différents points du réseau Internet, et contenant chacun une copie d'un même contenu diffusé aux utilisateurs du réseau.

Objectif : faciliter l'accès rapide lors des recherches

✓ Opérateur de transit IP : Opérateur assurant la liaison (fourniture du service de transport des signaux) entre plusieurs operateurs Internet

Services d'Internet

✓ Plateforme de services de toutes sortes en ligne (Multiplicité de services numériques)

✓ Accès virtuel à un ensemble d'informations et de ressources

✓ Réalisation à distance d'un ensemble d'activités réalisées jadis traditionnellement

✓ Transfert de toutes les activités traditionnelles dans le monde numérique

Catégories de services fournis par Internet

4 catégories principales

Catégorie 1 : Services de communication

Différentes formes de communications entre utilisateurs

- ✓ **Courrier électronique:** Echange à l'échelle planétaire de courriers par des moyens électroniques entre deux ou plusieurs utilisateurs munis chacun d'une adresse électronique (messages échangés via e-mail : textes, images, vidéos, son, etc.)
- ✓ **Téléphonie sur Internet :** Conversation téléphonique depuis n'importe où entre Internautes munis de terminaux appropriés et de logiciels compatibles
- ✓ **Forum :** Espace permettant aux internautes de faire des échanges et partager leurs points de vue sur un sujet donné.
- ✓ **Bavardage Internet :** Protocole permettant aux Internautes d'échanger des textes accompagnés de vidéos en temps réel entre eux (ex. : yahoo messenger, msn messenger)
- ✓ **Messagerie instantanée:** Service permettant de partager des informations en temps réel entre deux utilisateurs (Facebook Messenger, Snapchat, WhatsApp)
- ✓ **Liste de diffusion:** Service permettant à des groupes d'utilisateurs de partager des informations communes via courrier électronique
- ✓ **Accès à des serveurs à distance (Telnet) :** connexion à un autre ordinateur connecté à Internet.

Catégorie 2 : Service de Recherche d'informations

Plusieurs façons d'accéder aux informations sur Internet

- ✓ **Transfert de fichier** : Protocole permettant de transférer des fichiers d'un ordinateur à un autre ordinateur via Internet
- ✓ **Archie:** Outil (considéré comme premier moteur de recherche sur Internet) indexant les différents contenus des sites FTP pour permettre d'accéder rapidement aux fichiers par leurs noms
- ✓ **Gopher :** Outil (programme) conçu pour la distribution, recherche et l'accès aux documents sur Internet
- ✓ **VERONICA** : Outil (programme de recherche) permettant d'accéder aux contenus sauvegardés sur des serveurs Gopher

Catégorie 3: Services Web

- ✓ Echanges de services entre les applications sur le web (interactions : communication et échanges de données entre les applications web à travers Internet) grâce à un ensemble de protocoles internet très répandus tels que : XML, http, etc.
- ✓ Système de logiciel conçu pour supporter les interactions interopérables de machine a machine sur un réseau
- ✓ Services offerts via le web
- ✓ systèmes logiciels permettant l'interopérabilité entre plusieurs systèmes logiciels (agents) sur un réseau informatique[187]
- ✓ Exemples de services web
  - o Traduction d'un texte dans une autre langue
  - o Recherche sur un code postal
  - o Recherche sur une recette de cuisine
  - o Conversion d'une monnaie en une autre

Catégorie 4: World Wide Web (WWW ou W3)

- ✓ Accès aux sites d'informations multimédia (textes, graphiques, son, vidéos, hyperliens) disponibles sur plusieurs serveurs sur Internet grâce à des navigateurs tels que Internet explorer, Google chrome, Firefox
- ✓ Toile d'araignée mondiale (toile mondiale)
- ✓ Système hypertexte fonctionnant sur le réseau internet
- ✓ Réseau d'ordinateurs servant des pages reliées entre elles par des liens hypertextuels[188]

Utilisations de l'Internet

- ✓ Communication à distance
- ✓ Partage de logiciels
- ✓ Echange d'opinions sur les sujets d'intérêt commun
- ✓ Affichage d'information d'intérêt général

187 Introduction aux Web Services
https://benoitpiette.com/labo/introduction-aux-web-services.html#-page2

188 Dictionnaire Sensagent
http://dictionnaire.sensagent.leparisien.fr/www/fr-fr/

- ✓ Promotion d'organisation
- ✓ Promotion de produits, et collecte de feedback
- ✓ Service de support aux clients
- ✓ Journaux, magazines, encyclopédie et dictionnaires en ligne
- ✓ Achats en ligne
- ✓ Conférence à l'échelle mondiale[189]
- ✓ Cours en ligne

Principaux domaines d'utilisation d'Internet

- ✓ Communication
  - o Bavardage
  - o vidéoconférence
  - o Courrier électronique
  - o Réseaux sociaux
- ✓ Recherche
  - o Informations
  - o Livres
  - o Références
- ✓ Education
  - o Livres
  - o Livres de Références
  - o Centre d'aide en ligne
  - o Points de vue d'experts
  - o Cours en ligne
- ✓ Transactions financières
  - o Accès aux comptes bancaires en ligne
  - o Achat et vente en ligne
- ✓ Mises à jour en temps réel
  - o Nouvelles à jour
  - o Evènements en cours à travers le monde
- ✓ Loisirs
  - o Accès aux chansons et vidéos favorites
  - o Visionnage de films
  - o Jeux en ligne
  - o Bavardage avec les contacts
- ✓ Réservation en ligne
  - o Réservation de billets de bus, d'avion et de train en ligne
  - o Simplification du processus de réservation
- ✓ Recherche d'emploi
  - o Publication des vacances d'emploi à travers des sites web
  - o Réception via e-mail des notifications relatives aux vacances d'emploi
  - o Interview en ligne
- ✓ Blogging
  - o Publication de journaux personnels via des sites web spécifiques
  - o Publication des œuvres écrites via des sites web spécifiques
- ✓ Achat
  - o Achats en ligne
  - o Livraison à domicile dans le plus bref délai[190]

Web 2.0

- ✓ Evolution du web (World Wide Web) vers l'interactivité avec l'utilisateur
- ✓ Ensemble de facilités et d'interfaces innovantes permettant à l'internaute d'interagir avec le web
- ✓ Nouvelle version du World Wide Web offrant plus d'innovation, d'échanges et de sites collaboratifs
- ✓ Evolution du web et des utilisations

Exemples de Web 2.0

- ✓ Réseaux sociaux (Facebook, Instagram)

189 Internet https://fr.slideshare.net/rgtoughracer/ppt-on-internet

190 Top 10 uses of the Internet http://top-10-list.org/2013/06/22/top-10-uses-of-internet/?utm_source=feedburner&utm_medium=feed&utm_campaign=Feed%3A+top-10-list%2FIAGi+(Top+10+List)

- ✓ Plate –formes d'échange
- ✓ Sites collaboratifs[191]
- ✓ Blogs
- ✓ Wikis

Applications du Web 2.0

- ✓ Partage d'informations (Rss, Tags)
- ✓ Partage d'images et de vidéos
- ✓ Envoi d'invitation aux contacts
- ✓ Rencontre en ligne
- ✓ Gestion d'espace personnel sur un site web

Navigateur (Internet) ou Logiciel de navigation

Browser, explorateur, fureteur, butineur

- ✓ Logiciel destiné à permettre l'accès à Internet
- ✓ Interface entre l'utilisateur et le réseau Internet
- ✓ Fonctions : Affichage de site web, Téléchargement, Recherche

Navigateurs fréquemment utilisés

- ✓ Internet explorer
- ✓ Google chrome
- ✓ Mozilla Firefox
- ✓ Safari
- ✓ Opera

Accès à Internet (côté terminal)

- ✓ Ordinateur
- ✓ Modem
- ✓ Logiciel de navigation
- ✓ Connexion à Internet

Accès à Internet (côté fournisseur)

Types de fournisseurs d'accès à Internet (opérateurs d'Internet)

- ✓ Fournisseur d'accès à Internet
- ✓ Opérateur de téléphonie mobile
- ✓ Câblo-opérateur
- ✓ Opérateur de téléphonie par satellite
- ✓ Fournisseur d'accès à Internet par satellite

Moyen d'accès à Internet

- ✓ Wi - Fi gratuit (dans certains endroits)
- ✓ Accès (travail, écoles, universités, lieux publics, etc.)
- ✓ Forfait journalier (quantité de MB ou de GB par jour)
- ✓ Abonnement mensuel

Equipements terminaux

- ✓ Equipements terminaux : Ordinateurs, téléphones, tablettes, récepteur de télévision, Modem
- ✓ Routeur (équipement utilisé pour connecter plusieurs ordinateurs et d'autres dispositifs à une seule connexion Internet)

Disponibilité du service

- ✓ Vitesse (débit binaire)
- ✓ Congestion
- ✓ Fiabilité (mesures contre la coupure du signal)

Différents types de connexion

- ✓ Accès fixe (filaire et sans fil)
- ✓ Accès mobile

Modes d'Accès à Internet

Accès pour abonnés résidentiels, institutions, entreprises et abonnés cellulaires

Principaux moyens d'accès à Internet

1.- Internet par dial –up (via un modem)

- ✓ Dial up : connexion analogique (données envoyées sur le réseau téléphonique public analogique)
- ✓ Accès à Internet via la ligne téléphonique classique (RTCP)
- ✓ Modem : Etablissement de la connexion par dial up (interface entre l'ordinateur et la ligne téléphonique)

191 Web 2.0 : définition, traduction - http://www.journaldunet.com/business/dictionnaire-du-marketing/1198353-web-2-0-definition-traduction/

- ✓ Programme de communication : Instructions au modem pour composer un numéro spécifique fourni par le fournisseur d'accès à Internet (FAI)
- ✓ Protocoles de connexion dial up : Serial Line Internet Protocol (SLIP) et Point to Point Protocol (PPP)
- ✓ Débit binaire très faible : 2400 bit par seconde à 56 kilobits par seconde
- ✓ Occupation de la ligne téléphonique pendant toute la durée de la connexion Internet (impossibilité de placer et de recevoir d'appel téléphonique)

2.- Internet par ADSL

- ✓ Utilisation des fréquences hautes d'une connexion ADSL (Asymmetric Digital Subscriber Line = Ligne d'abonné numérique asymétrique) pour l'accès à Internet
- ✓ Installation d'un Modem adapté à ce service
- ✓ Disponibilité de la ligne pour des appels téléphoniques lors de l'utilisation de l'Internet

3.- Internet par Modem câble

(Internet par le Câble)

- ✓ Accès à Internet via un câblo-opérateur (Utilisation du même câble que la télévision)
- ✓ Installation d'un Modem Câble (Exploitation des espaces entre les canaux de télévision pour la transmission de données (Internet))
- ✓ Connexion plus rapide que le dial up et le DSL (DSL : Digital Subscriber Line)

4.- Internet par fibre optique

- ✓ Accès à Internet à haut débit
- ✓ Raccordement du modem de l'utilisateur au point de terminaison via un câble Ethernet

5.- Internet par satellite

- ✓ Connexion par satellite (accès par ondes radioélectriques)
- ✓ Systèmes utilisés : DSS (Digital Satellite Systems) et DBS (Direct Broadcast Satellite)
- ✓ Dish : petite antenne parabolique installée chez l'abonné (interface entre le satellite et l'ordinateur de l'abonné)
- ✓ Modem : interface entre l'ordinateur (signal numérique) et les ondes électromagnétiques (signal analogique)
- ✓ Câble coaxial : liaison entre l'antenne et l'ordinateur
- ✓ Service disponible sur une grande distance
- ✓ Connexion : One way connection (download seulement) et Upload : Accès dial up via un FAI sur une ligne téléphonique
- ✓ Connexion : two way connection (download et upload sur la liaison satellite sans ligne téléphonique)
- ✓ Mauvaise qualité du signal en cas de pluie (dégradation due à la pluie)

6.- Connexion par RNIS (Réseaux numérique à Intégration de services)

- ✓ RNIS : Téléphone et accès à l'internet en simultané
- ✓ Débit typique : 64 kbps à 128 kbps
- ✓ Performance : 2 – 3 fois plus que le dial –up

7.- Internet par Wi- Fi

(A domicile, au travail ou lieux publics)

- ✓ Wi –fi : norme permettant d'avoir accès à Internet sans fil (à domicile ou en lieux publics)
- ✓ Connexion par ondes radioélectriques
- ✓ Compatibilité nécessaire entre la norme et les terminaux (téléphones cellulaires, tablettes numériques, ordinateurs)

8. – Internet par réseau local sans fil

- ✓ Connexion Internet sur courte distance
- ✓ Connexion par ondes radioélectriques ou signaux infrarouges
- ✓ Exploitation d'une borne d'accès (Access point)
- ✓ IEEE.802.11 : Standard le plus utilisé par le WLAN

9.- Internet par réseaux de téléphonie mobile

(GPRS, EDGE, 3G, 4G)

Service de données des réseaux cellulaires

- ✓ GPRS, EDGE, 3G, 4G : Technologies permettant l'accès à Internet mobile
- ✓ Protocole exploité : WAP (Wireless Application Protocol)
- ✓ Accès à ce service via téléphones cellulaires, ordinateurs, tablettes numériques
- ✓ Modem nécessaire à l'accès via ordinateurs et tablettes

10. - Internet par Wimax

Wimax : Worldwide Interoperability for Microwave Access

- ✓ Technologie sans fil pour l'accès à Internet à haut débit sur grande distance
- ✓ Normes exploitées par cette technologie : 802.16d et 802.16e

11.- Internet par courant porteur en ligne (CPL)

- ✓ Exploitation des lignes du réseau électrique public pour la fourniture de l'accès à l'Internet
- ✓ Technique utilisée : superposition d'un signal analogique au courant AC

Compte de données des abonnés cellulaires

- ✓ Disponibilité de service de données (Internet) à travers les réseaux cellulaires (2.5 G, 3G et 4G)
- ✓ Nouveau compte offert aux abonnés cellulaires pour l'accès au service de données : plan de données
- ✓ Compte de données accessible à tous les abonnés disposant un téléphone compatible avec Internet.
- ✓ Paiement au MB à l'épuisement du Forfait de données journalier ou mensuel pour la transmission et la réception de messages multimédia
- ✓ Paiement par MB : Débit du compte principal (premier compte)
- ✓ 10 – 15 GB = forfait mensuel d'une catégorie d'utilisateurs

Consommation des bits, octets, KB, MB et GB

- ✓ Utilisation de l'Internet : Consommation de MB, GB
- ✓ Consommation de données : Chaque échange d'information, chaque page Internet consultée
- ✓ Consommation de données : chaque courrier électronique envoyé ou reçu, et chaque petit message envoyé via les réseaux sociaux
- ✓ Echange de messages : consommation de MB du côté de l'expéditeur et de celui du destinataire
- ✓ Echange d'une vidéo de 5MB : consommation de 5 MB du côté de l'expéditeur, et 5 MB du côté du destinataire lors du téléchargement
- ✓ Téléchargement des fichiers envoyés : Quantité de MB supérieur ou égale à la taille du message
- ✓ Débit du compte de données à chaque transaction (de la mémé manière qu'un compte bancaire à chaque retrait d'argent)
- ✓ Envoi d'un simple courrier électronique : 15 KB
- ✓ Envoi d'un courrier électronique avec pièces jointes : 1 MB à 20MB en moyenne
- ✓ 5 Pages web consultées : 25MB
- ✓ Téléchargement d'une chanson ou d'un jeu de quelques minutes : 3 MB à.8MB en moyenne
- ✓ Musique en mode streaming : 500 KB en moyenne
- ✓ Vidéo en mode streaming : 2 MB à 5 MB en moyenne
- ✓ Mise à jour du profil : 500 KB
- ✓ Consommation continue des MB pour la mise à jour entre les serveurs et le téléphone cellulaire

Quantité de MB par utilisateur par jour

- ✓ Quantité de MB par jour variable et dépendant des utilisations
- ✓ 30 à 50 MB = Forfait insuffisant pour l'échange de photos et de vidéos pendant une journée
- ✓ Recherche sur Internet = des dizaines de MB par jour pour un étudiant

- ✓ 300 MB par jour = courrier électronique, réseaux sociaux, recherches sur Internet, navigation
- ✓ Nouvelles applications = augmentation de la consommation

Epuisement du forfait mensuel (volume de données)

3 scenarios possibles

- ✓ Diminution du débit (continuité de la navigation sans frais supplémentaire, mais avec une vitesse réduite, généralement de l'ordre de 128 kbps, nettement en dessous du débit d'un 3G ou 4G)
- ✓ Transfert de données facturé à l'unité (soit en MB)
- ✓ Blocage de la connexion Internet (désactivation de la connexion Internet)

Avantages de l'Internet

Réseautage social : communication avec les gens éloignés

- ✓ Principaux réseaux sociaux : Facebook, Twitter, Yahoo, Google+, Flickr, Orkut, LinkedIn

Education et technologie

- ✓ Apports significatifs à l'enrichissement des connaissances par la recherche sur Internet par des moteurs de recherche
- ✓ Principaux moteurs de recherche : Google, Bing, Search, Yahoo, etc.

Loisirs

- ✓ Télévision en ligne
- ✓ Jeux en ligne
- ✓ Chants
- ✓ Vidéos
- ✓ Applications des réseaux sociaux

Services en ligne

- ✓ Disponibilité d'un ensemble de services traditionnels en ligne
- ✓ Développement de nouveaux services en ligne

Inconvénients de l'Internet

- ✓ *Menaces pour les informations personnelles*: Risques d'utilisation non autorisée des informations personnelles (noms, adresse, numéro de carte de crédit)
- ✓ *Courriers non sollicités*: réception de courriers électroniques non désirés pouvant conduire à la destruction d'un système entier
- ✓ *Cybercriminalité*: possibilité de perpétration d'un ensemble de crimes dans le cyber espace
- ✓ *Attaque de virus*: possibilité d'attaque par virus des ordinateurs et autres dispositifs connectés à Internet.
- ✓ *Information erronée* : possibilité d'induire en erreur les utilisateurs par des informations erronées postées sur certains sites web

Haut débit

- ✓ *Haut débit* : haute capacité de transfert de données
- ✓ *Haut débit* : connexion à large bande
- ✓ *Haut débit* : capacité d'accès à Internet supérieures aux vitesses fournies par les accès dial up (64 kbps ou 56 kbps)
- ✓ *Haut débit* : transfert d'informations très rapide
- ✓ *Haut débit* : vitesse binaire commençant par 512 kbps (vitesse minimum à fournir)
- ✓ *Haut débit* : vitesse binaire pouvant atteindre plus de 200 Mbps
- ✓ *Haut débit* : vitesse montante (de l'usager vers le réseau)
- ✓ *Haut débit* : vitesse descendante (du réseau vers l'usager)

Nécessité du haut débit

- ✓ Navigation sur Internet, jeux en ligne, commerce électronique
- ✓ Téléchargement de films, fichiers lourds
- ✓ Accès à la télévision sur Internet
- ✓ Vidéoconférence sur Internet
- ✓ Accès à une page web en quelques secondes
- ✓ Cours en temps réel

Bases du Haut débit

- ✓ Bande passante
- ✓ Support de transmission (liaisons)
- ✓ Technologies

Facteurs influençant les Débits

Variation des débits

- ✓ En fonction des protocoles de transmission
- ✓ ATM utilisé par les opérateurs pour véhiculer de l'IP
- ✓ Débit ATM différent du débit IP utilisé réellement par le client à domicile
- ✓ Débit IP inferieur au débit ATM (débit IP 20 à 25 % inférieur au débit ATM)
- ✓ Exemple : 24 Mbits/s en débit ATM = 18 Mbits/s en débit IP

En fonction de la nature des échanges de données

- ✓ Moins de temps pour le débit descendant que le débit ascendant
- ✓ Particulièrement applicable pour une liaison ADSL

En fonction de l'emplacement géographique

- ✓ Diminution du débit avec la distance (dans le cas d'un accès à Internet par ADSL)

En fonction des équipements

- ✓ Puissance de l'ordinateur
- ✓ Présence ou non d'antivirus et de pare-feu[192]

Types de connexions à haut débit (à large bande)

Différentes technologies de transmission à haut débit

- ✓ Ligne d'abonné numérique (des dizaines de Mb/s)
- ✓ Cable modem (débit dépassant 1.5 Mb/s)
- ✓ Fibre optique (des centaines de Mb/s)
- ✓ Liaison sans fil (quelques centaines de Kb/s)
- ✓ Satellite (quelques dizaines de Kb/s)
- ✓ Haut débit sur les lignes électriques

Chaine de valeur du haut débit

- ✓ Réseaux de télécommunications
- ✓ Services fournis
- ✓ Terminal de l'utilisateur
- ✓ Applications
- ✓ Contenus

Moyens d'accès à l'Internet à haut débit (en mode fixe)

Plusieurs options

- ✓ Fibre optique jusqu'à l'abonné
- ✓ ADSL à partir du réseau téléphonique
- ✓ Câble via la technologie DOCSIS
- ✓ 4G/LTE
- ✓ Wimax
- ✓ Satellite
- ✓ Light Fidelity (Li Fi)

Moyens d'accès à l'Internet à haut débit (en mode mobile)

Plusieurs options

- ✓ Wimax
- ✓ 4G/LTE
- ✓ Satellite
- ✓ Ballons Internet (Internet Balloons)
- ✓ Drone (Internet Drone)

Chaine de valeur numérique et investissements

- ✓ Terminaux : investissement dans les téléphones, ordinateurs, tablettes numériques, routeurs
- ✓ Utilisateur final : investissement dans la connectivité du dernier kilomètre
- ✓ Réseaux de télécommunications : investissement dans l'infrastructure de réseau national et international
- ✓ Plateforme : investissement dans les centres de données (data center) et les équipements y relatifs

192 Guide pratique http://www.mediateur-telecom.fr/ressources/media/files/Guide_pratique_chapitre03.pdf

- ✓ Contenu numérique et applications : investissement dans le développement de logiciels et la production de contenus[193]

Download

Téléchargement

- ✓ Opération de transmission d'un fichier d'un ordinateur distant ou un serveur distant vers un ordinateur local via un canal de transmission (Intranet, Internet)
- ✓ Transfert de données d'un serveur à un terminal (ordinateur, tablette numérique, téléphone, etc.) via Internet
- ✓ Processus permettant de disposer sur un ordinateur local d'une copie d'un fichier hébergé sur un serveur distant
- ✓ Exemples de Downlooad
  - o Chargement sur un ordinateur local ou un téléphone d'un fichier hébergé sur un serveur distant
  - o Chargement sur un téléphone cellulaire les vidéos reçues via WhatsApp

Upload

Termes utilisé : téléversement

- ✓ Opération de chargement d'un fichier d'un ordinateur local à un ordinateur ou un serveur distant via un canal de transmission (Intranet, Internet)
- ✓ Transfert de données d'un terminal à un serveur distant via Internet
- ✓ Processus permettant de déposer un fichier dans un serveur distant
- ✓ Exemples de Upload
  - o Chargement depuis un ordinateur ou un téléphone des photos sur un compte facebook
  - o Chargement d'un fichier (pièce jointe) lors de l'envoi d'un e-mail

193 itu regional economic and financial forum of telecommunications/icts for arab region – https://www.itu.int/en/itu-d/regional-presence/arabstates/documents/events/2015/eff/pres/maaref%20ott%20presentation%20manama%202015.pdf

Site web ou site Internet

- ✓ Ensemble de pages web inter reliées entre elles par de liens hypertexte
- ✓ Ensemble de pages web accessibles par une adresse web
- ✓ Espace virtuel hébergeant des informations et des services
- ✓ Vitrine virtuelle permettant l'accès à des informations et des services à distance
- ✓ Outil de communication et d'échange interactif
- ✓ Ensemble de pages web visualisables dans un navigateur
- ✓ World Wide Web : ensemble de sites Internet

Page web

- ✓ Unité élémentaire d'un site web accessible par un URL (Uniform ressource Locator)
- ✓ Unite de consultation du web (world wide web)
- ✓ Fichier (HTML, Javascript, PHP, MySQL) pouvant contenir plusieurs autres fichiers (images, animations Flash, vidéo,etc.)
- ✓ Page web : accessible via un navigateur
- ✓ Exemple de pages web : page d'accueil (home page), contacts, forum

Fonctions ou objectifs des sites web

5 principaux fonctions ou objectifs

- ✓ Représentation (site vitrine)
- ✓ Vente (Commerce électronique, boutique en ligne)
- ✓ Informations (site d'actualités, blog)
- ✓ Partage (Réseaux sociaux, forum)
- ✓ Travail (Applications web)[194]

Catégories de sites web

- ✓ Site « vitrine » : vitrine numérique de l'entreprise ou de l'institution
  - o Présentation de l'entreprise et de ses prestations
  - o Visibilité sur les moteurs de recherche

194 Créer un site Internet – https://www.ideematic.com/dictionnaire-web/creer-un-site-internet-professionnel

- ✓ Site e-commerce : boutique en ligne
  - o Référencement de produits pour achat direct sur Internet
- ✓ Site évènementiel ou site éphémère
  - o Communication sur un évènement particulier
  - o type de flyer électronique
- ✓ Blog d'entreprise
  - o Espace de publication d'articles sur les produits[195]

Types de site web

2 types de sites web

- ✓ *Site web statique* : Site web affichant uniquement les informations (impossibilité de placer une requête)
- ✓ *Site web dynamique* : Site web conçu pour répondre aux requêtes des visiteurs (interactions entre les visiteurs et les bases de données du site web)
  - o Exemple de site dynamique : www. itu.int

Principales étapes de création d'un site web

- ✓ Réservation du nom de domaine (unique adresse d'accès au site web)
- ✓ Développement du site web (Codage en HTML, Javascript, PHP, MySQL…)
- ✓ Hébergement du site web sur un serveur web (Espace serveur mis à la disposition du site web)
- ✓ Mise en ligne du site web (Lancement du site web sur le web pour consultation)

Blog ou Web log

Web log, ou Cybercarnet ou bloc-notes

- ✓ Site web ou partie d'un site web utilisé pour la publication périodique et régulière d'articles personnels[196]
- ✓ Page personnelle ou d'entreprise comportant des avis, des liens ou chroniques périodiquement créés par son ou ses auteurs sous forme de posts[197]
- ✓ Journal ou registre personnel en ligne (weblog)

Applications ou logiciels applicatifs

- ✓ Logiciel (mettant en pratique) automatisant les principes propres à une activité
- ✓ Programme plus ou moins complexe, installé sur l'ordinateur d'un utilisateur, en vue d'obtenir une palette de services locaux ou à travers un réseau[198]
- ✓ Logiciel développé pour réaliser une tâche ou un ensemble de tâches dans un domaine donné
- ✓ Programme interactif (logiciel applicatif hébergé sur un serveur) accessible sur Internet via un navigateur web

Exemples d'applications

- ✓ Facebook
- ✓ You tube
- ✓ Intagram
- ✓ Whatsapp
- ✓ Pandora
- ✓ Gmail de google
- ✓ Webmail
- ✓ Moteurs de recherche

Application Web

- ✓ Toute application utilisant un navigateur Internet comme client
- ✓ Logiciel applicatif hébergé sur un serveur et accessible via un navigateur web[199]
- ✓ Application exécutable par le biais d'un navigateur Internet[200]
  - o *Exemples :* Office 365, Google sheets, Omni focus, Agile CRM, Acuity scheduling, HubSpot,

195 Qu'est-ce qu'un site web ? – https://www.petite-entreprise.n - https://www.definitions-marketing.com/definition/blog/ et /P-2823-85-G1-definition-qu-est-ce-qu-un-site-web.html

196 Blog – https://fr.wikipedia.org/wiki/Blog

197 Définitions Marketing – https://www.definitions-marketing.com/definition/blog/

198 PROGRAMME, *informatique* – https://www.universalis.fr/encyclopedie/programme-informatique/

199 Application web – https://www.ideematic.com/dictionnaire-web/application-web

200 Définitions Marketing – www.definitions-marketing.com/definition/web-application/

Hulu, Pandora, Meebo, Google Apps, Microsoft Office Live, WebEx WebOffice,, webmail, Google

Application mobile

- ✓ Programme téléchargeable de façon gratuite ou payante et exécutable à partir du système d'exploitation d'un smartphone ou d'une tablette[201]
- ✓ Logiciel applicatif développé pour des terminaux mobiles (Téléphones cellulaires, tablettes numériques, PDA, etc.)
  - o Exemples: Documents to Go, Dropbox, Evernote, Pandora, Snapchat, Facebook, Google play, Google Search

Principaux systèmes d'exploitation des applications mobiles

- ✓ Android
- ✓ IOS
- ✓ Windows phone

Réseaux sociaux

✓ Sites web dédiés à l'établissement en ligne de communautés de gens ayant des intérêts partagés ou communs

- ✓ Partage d'information, interactions de personne à personne et création de contenu partagé et collaboratif

Objectif des réseaux sociaux

- ✓ Facilitation d'échanges sociaux entre les utilisateurs

Utilisations des réseaux sociaux

- ✓ Communications personnelles (canal de communication informel facilitant le contact à tout instant avec les proches et amis
- ✓ Recherche d'anciens amis et collègues
- ✓ Recherche de nouveaux contacts
- ✓ Promotion des activités personnelles
- ✓ Outils de discussion
- ✓ Outils de publication

Avantages des réseaux sociaux

- ✓ Communiquer plus facilement et pratiquement
- ✓ Atteindre les autres rapidement
- ✓ Se connecter avec les gens à travers le monde
- ✓ Augmentation des contacts d'affaires

Inconvénients des réseaux sociaux

- ✓ Moins de communication face à face
- ✓ Niveau de vie privée diminué
- ✓ Exposition aux attaques des Hackers (pirates informatiques)
- ✓ Moins de temps pour les autres activités

Opportunités des réseaux sociaux

- ✓ Solutions (à travers des forums)
- ✓ Recherche d'informations
- ✓ Réputation (gestion de la réputation)
- ✓ Marketing (outil permettant d'atteindre un grand public)

Menaces des réseaux sociaux

- ✓ Sécurité - risque d'exploitation malhonnête des informations diffusées
- ✓ Sureté – des problèmes pouvant nuire aux autres utilisateurs
- ✓ Vie privée – Partage de plus d'informations que celles recommandées
- ✓ Intégrité des données – perte d'information
- ✓ Jugement à partir des paroles et commentaires, images ou vidéos postés
- ✓ Arnaque des autres utilisateurs

Conséquences potentielles de l'utilisation des réseaux sociaux

- ✓ Actions disciplinaires des écoles et universités contre les élèves et étudiants
- ✓ Harcèlement (traque)
- ✓ Utilisation des informations postées comme preuve dans les poursuites légales
- ✓ Vol d'identité
- ✓ Critères de refus pour un stage ou un nouvel emploi

201 Définition : Application mobile – https://www.definitions-marketing.com/definition/application-mobile/

- ✓ Actions disciplinaires d'un employeur, (y compris révocation)

Over - The Top Service (OTT)

- ✓ *Over - The Top service : service par contournement*
- ✓ Application ou service fournissant un produit sur Internet et contournant la distribution traditionnelle
- ✓ Utilisation des infrastructures des réseaux de télécommunications existants pour atteindre le consommateur final sans rien payer
- ✓ Service de livraison de signaux multimédia (transport de flux audio, vidéo et données) à travers les réseaux des opérateurs traditionnels (câbloopérateurs, opérateurs de téléphonie ou de satellite)
- ✓ Transport de flux vidéo, audio ou de données sur Internet sans l'intervention nécessaire d'un operateur

Conséquences des OTT

- ✓ Aucune implication de l'opérateur traditionnel dans le contrôle et la livraison du service
- ✓ Service par contournement : transport des signaux assuré par l'opérateur traditionnel
- ✓ Applications créant de la valeur par-dessus les réseaux traditionnels sans verser de contrepartie financière
- ✓ Menace pour les opérateurs traditionnels (Remplacement du fournisseur de télévision par Netflix, et remplacement de l'opérateur longue distance par Skype)
- ✓ Pertes de revenus pour les opérateurs traditionnels
- ✓ Investissements continus dans le réseau de transmission pour augmenter la bande passante pour la fourniture des services liés aux applications
- ✓ Opérateurs/fournisseurs OTT : Skype, Viber, Whatsapp, Imo, Tango facebook messenger)

Base des OTT

- ✓ Téléphones intelligents (Smart phones)
- ✓ Plan de données (Data plan)
- ✓ Technologies numériques

Types de services fournis par les OTT

3 Types de service

1. Voix et messagerie (VoIP, Skype, bavardage avec et sans vidéo, Gmail, WhatsApp, Wechat, Viber, etc.)

2. Applications (Facebook, Linkedin, Twitter, Instagram, WeChat, etc.)

3. Contenus audio et vidéo (TV - OTT, Vidéo - OTT, streaming et vidéo à la demande, Netflix, Netmovies, Hulu, Cuevana TV, Youtube)[202]

Services OTT

- ✓ Services vocaux
- ✓ Services de messagerie
- ✓ Services de téléconférence
- ✓ Diffusion de vidéo
- ✓ Vidéo à la demande

Acteurs OTT

Principaux acteurs

- ✓ Google
- ✓ Facebook
- ✓ Microsoft
- ✓ Yahoo!

Exemples de services OTT

- ✓ Skype
- ✓ Viber
- ✓ WhatsApp
- ✓ Chat On
- ✓ Snapchat
- ✓ Instagram
- ✓ Kik,
- ✓ Google Talk
- ✓ Hike

202 Consultation Paper On Regulatory Framework for Over-the-top (OTT) services - http://www.trai.gov.in/WriteReaddata/ConsultationPaper/Document/OTT-CP-27032015.pdf

- ✓ Line
- ✓ WeChat
- ✓ Tango

Enjeux des OTT

- ✓ Concurrence avec les offres des Opérateurs/FAI existants
- ✓ Consommation de la bande passante des opérateurs existants
- ✓ Création de la « valeur » sur les réseaux des opérateurs sans leur accord
- ✓ Non reversement de la contrepartie financière
- ✓ Révision du modèle d'affaires par les opérateurs de télécommunications

Forces des services OTT

- ✓ Coût
- ✓ Commodité
- ✓ Fonctionnalités offertes
- ✓ Tendance sociale
- ✓ Disponibilité de contenu
- ✓ Pénétration des téléphones intelligents et de l'Internet mobile
- ✓ Expérience utilisateur
- ✓ Neutralité de l'Internet[203]

Faiblesses des OTT

- ✓ Qualité de service (service dépendant de la connexion Internet existante)
- ✓ Disponibilité (dépendance de l'Internet)
- ✓ Mobilité du service liée à la couverture de l'opérateur

Internet des objets (IdO)

Internet of things (IoT)

- ✓ *Infrastructure mondiale de la société de l'information, permettant de disposer de services évolués en interconnectant des objets (physiques ou virtuels) grâce aux technologies de l'information et de la communication interopérables existantes ou en évolution*[204]
- ✓ Extension de l'Internet à des choses et à des lieux
- ✓ Objets physiques dotés d'identités numériques pour faciliter la communication entre eux[205]
- ✓ Echange d'informations et de données entre les objets physiques et l'Internet
- ✓ Regroupement de tous les objets physiques communicants dotés d'une identité numérique unique[206]
- ✓ Identification numérique directe et normalisée (adresse IP, protocoles smtp, http) d'un objet physique grâce à un système de communication sans fil (puce RFID, Bluetooth ou Wi -Fi.)[207]
- ✓ Capacité des objets connectés d'envoyer des rapports de données à leurs propriétaires via Internet[208]

Principes de l'Internet des Objets

- ✓ Equipement des objets de moyen de communication (Puce Wi -Fi, étiquette RFID...)
- ✓ Transmission de données et de messages par les objets connectés à des serveurs via Internet
- ✓ Collecte, stockage, traitement, visualisation et analyse des données reçues

Communication dans l'environnement de l'Internet des Objets

- ✓ Communication à tout moment
  - o En déplacement
  - o La nuit
  - o Le jour

203 Impact of Over the Top (OTT) Services on Telecom Service Providers – http://www.indjst.org/index.php/indjst/article/viewFile/62238/48529

204 Présentation générale de l'Internet des objets - Série y: infrastructure mondiale de l'information, protocole internet et réseaux de prochaine génération - Réseaux de prochaine génération – Cadre général et modèles architecturaux fonctionnels - Recommandation UIT-T Y.2060

205 Internet des objets – http://www.futura-sciences.com/tech/definitions/internet-internet-objets-15158/

206 Internet des Objets – http://www.futura-sciences.com/tech/definitions/internet-internet-objets-15158/

207 Internet des objets – http://www.futura-sciences.com/tech/definitions/internet-internet-objets-15158/

208 Internet des objets: des applis nouvelle génération reliées aux objets physiques – https://fr.softonic.com/articles/internet-des-objets-applications-nouvelle-generation

- ✓ Communication en tout lieu
  - o En extérieur
  - o En intérieur (loin d'un ordinateur)
  - o Depuis un ordinateur
- ✓ Communication avec n'importe quel objet
  - o Entre ordinateurs
  - o De personne à personne, sans ordinateur
  - o De personne à objet, à l'aide d'un équipement générique
  - o D'objet à objet[209]

Exemples d'objets connectés

- ✓ Réfrigérateur
- ✓ Lampes
- ✓ Montres
- ✓ Radiateurs
- ✓ Détecteurs de fumée
- ✓ Cameras

Moyens de connexion des objets

- ✓ RFID (Radio – Identification ou Radio Frequency – Identification)
- ✓ Wi -fi (Wireless Fidelity)
- ✓ Bluetooth
- ✓ Sigfox
- ✓ Zigbee
- ✓ NFC (Near Field Communication)
- ✓ USB (Universal Serial Bus)
- ✓ Ethernet
- ✓ **Z-wave**
- ✓ 2G, 3G, 4G, LTE, 5G

Principaux acteurs de l'Internet des objets

5 principaux acteurs

- ✓ Intel
- ✓ IBM
- ✓ Microsoft
- ✓ Google
- ✓ Cisco

Informatique dans les nuages

Cloud computing (informatique dans les nuages)

Termes utilisés : cloud, infonuagique, nuagique, informatique dématérialisée

- ✓ *Cloud computing* : Accès à distance via Internet à des ressources informatiques (base de données, serveurs informatiques, capacité de stockage, etc.) délocalisées
- ✓ Mise à disposition de services hébergés sur Internet
- ✓ Nouvelle façon de délivrer des ressources informatiques
- ✓ Prestations de services informatiques sophistiqués par des systèmes informatiques virtuels
- ✓ Accès omniprésent, pratique et à la demande à un réseau partagé et à un ensemble de ressources informatiques configurables (comme par exemple : des réseaux, des serveurs, du stockage, des applications et des services[210]
- ✓ Exploitation de la puissance de calcul ou de stockage des serveurs informatiques distants par l'intermédiaire d'un réseau, généralement l'Internet[211]
- ✓ Accès depuis n'importe où via un terminal (ordinateur, téléphone cellulaire, tablette numérique) ou aux fichiers stockés à un serveur distant
- ✓ Fourniture d'un ensemble de services sophistiqués accessibles depuis n'importe où par un en-

209 Présentation générale de l'Internet des objets – Série y: infrastructure mondiale de l'information, protocole internet et réseaux de prochaine génération - Réseaux de prochaine génération – Cadre général et modèles architecturaux fonctionnels - Recommandation UIT-T Y.2060

210 C'est quoi le cloud ? – http://www.culture-informatique.net/cest-quoi-le-cloud/

211 Cloud computing – https://fr.wikipedia.org/wiki/Cloud_computing

semble de matériels, de raccordements réseau et de logiciels[212]

✓ Utilisation de la mémoire et des capacités de calcul des ordinateurs et des serveurs repartis dans le monde entier et liés par un réseau, tel Internet[213]

Utilisation grand public des services d'infonuage (cloud computing)

✓ Stockage et partage de données (documents, photos, vidéos, musique) sur Dropbox, Google drive, Microsoft OneDrive, Apple icloud

o Ouverture d'un compte

o Allocation d'une capacité de stockage (gratuit ou paiement)

o Accès depuis n'importe où aux documents via n'importe quel terminal

o Ajout et suppression de fichiers depuis n'importe où

Catégories de services de l'Informatique en nuage

3 catégories de service

1. Infrastructure en tant que service (Infrastructure as a service (Iaas)

✓ Accès à une plateforme informatique physique ou virtuelle pour l'exécution de tâches

✓ Accès à distance à un parc informatique virtuel (accès aux ressources informatiques dans un environnement virtualisé)

✓ Services disponibles : espace serveur, connexions réseau, bande passante, adresses IP, load balancers, etc.

✓ Possibilité pour les utilisateurs d'installer sur les machines virtuelles

o Système d'exploitation

o Applications

✓ *Exemples d'utilisation* : Location de capacité de traitement, stockage, réseau et d'autres ressources de calcul sur un serveur distant pour la gestion des opérations

212 Cloud Computing: Principles and Paradigms, John Wiley & Sons, 2010

213 Le 5e écran: les médias urbains dans la ville 2.0 – https://books.google.ht/books?isbn=2916571264

✓ *Exemples de fournisseurs*: Amazon EC2, Windows Azure, Rackspace, Google Compute Engine, Datapipe, Gogrid, Navisite, Savvis, Verizon, Rackspace, Opsource, Cloudscalling, etc.

2. Plateforme en tant que service (Platform as a service (Paas)

✓ Accès à une plate –forme informatique (système d'exploitation et infrastructure) pour l'exécution des tâches spécifiques (gestion des opérations)

✓ Accès à distance à une plateforme informatique complète (système d'exploitation, langage de programmation, environnement d'exécution, base de données, Serveur web, etc.)

✓ Création et développement d'applications Web

✓ Accès aux systèmes d'exploitation, applications et l'infrastructure à distance

o Contrôle des applications par l'utilisateur

o Ajout d'autres outils par l'utilisateur

✓ *Exemples d'utilisation* : Déploiement des applications sur une plate- forme distante

✓ *Exemples de fournisseurs*: AWS Elastic Beanstalk, Windows Azure, Heroku, Force.com, Google App Engine, Apache Stratos, engine yard, Appfrog, amazon aws, active state, 10gen, etc.

3. Logiciel en tant que service (Software as a service (Saas)

✓ Utilisation des applications via le réseau Internet

✓ Travail collaboratif

✓ Applications (logiciels d'applications) mises au service des utilisateurs

o Manipulation des applications via un navigateur web

o (pas d'installation, setup et de running pour l'utilisateur)

✓ *Exemples d'utilisation* : Gmail, outlook, office 365, Google apps, webmail, etc.

- ✓ *Exemples de fournisseurs*: Google Apps, Microsoft office 365, box, salesforece.com, Concur, Docusign, Dropbox, Slack, Zendesk, etc.

Eléments de l'environnement Cloud computing

- ✓ Infrastructure
- ✓ Plates-formes
- ✓ Logiciels[214]

Avantages du cloud computing

- ✓ Rapidité de traitement des données
- ✓ Non acquisition de matériel et de logiciel
- ✓ Accès aux services depuis n' importe où
- ✓ Sécurité des données
- ✓ Moins de dépenses (pas d'infrastructure informatique, ni d'achat de logiciel)

Inconvénients du cloud computing

- ✓ Possibilité de non confidentialité
- ✓ Exposition à la cyberattaque

Numérisation des services traditionnels

- ✓ Exploitation des technologies numériques pour rendre les services traditionnels (publics et privés) disponibles en ligne
- ✓ Accès aux informations publiques en ligne
- ✓ Renouvellement de passeport en ligne
- ✓ Vote en ligne
- ✓ Banque en ligne
- ✓ Achat en ligne
- ✓ Réservation de billet en ligne
- ✓ Paiement de facture en ligne
- ✓ Jeux en ligne
- ✓ Etc.

Version électronique de presque « tout »

En ligne, télé, électronique, numérique, (e-) et cyber : cinq termes pour passer à l'univers numérique

Une version électronique ou numérique de toutes les pratiques traditionnelles

Numérisation des activités traditionnelles pour une exploitation dans le cyberespace

- ✓ Cours en présentiel / Cours en ligne
- ✓ Jeux traditionnels / Jeux en ligne
- ✓ Services traditionnels / Services en ligne
- ✓ Radio traditionnelle / Radio en ligne, web radio
- ✓ Courrier traditionnel / Courrier électronique (e-mail)
- ✓ Gouvernance / e – gouvernance
- ✓ Visa / evisa
- ✓ Vote traditionnel / Vote électronique
- ✓ Commerce / Commerce électronique
- ✓ Gouvernement traditionnel / gouvernement électronique
- ✓ Education / Télé éducation
- ✓ Médecine / Télémédecine
- ✓ Marketing / Télémarketing
- ✓ Café / Cybercafé
- ✓ Santé / Cyber santé
- ✓ Sécurité / Cyber sécurité
- ✓ Criminalité / Cybercriminalité
- ✓ Espace physique / Cyberespace

214 Le 5e écran: les médias urbains dans la ville 2.0 – https://books.google.ht/books?isbn=2916571264

CHAPITRE 8

ECONOMIE DES TELECOMMUNICATIONS ET DES TIC

TRANSVERSALITÉ DES SERVICES DE TÉLÉCOMMUNICATIONS : MOTEUR DE L'ÉCONOMIE MONDIALE

Eléments d'un marché de télécommunications/TIC

- ✓ Nombre d'opérateurs fixes et mobiles
- ✓ Nombre de Fournisseurs d'Accès à Internet (FAI)
- ✓ Nombre d'opérateurs de réseau mobile virtuel (MVNO)
- ✓ Nombre de stations de radio
- ✓ Nombre de stations de télévision en ondes claires et brouillées
- ✓ Nombre de câblo-opérateurs
- ✓ Nombre d'opérateurs d'infrastructures de Fibre Optique
- ✓ Noms de Domaines Internet actifs
- ✓ Nombre de Liaisons Louées
- ✓ Contribution du secteur à l'économie
- ✓ Chiffre d'Affaires
- ✓ Investissements dans le secteur
- ✓ Parc et taux de pénétration (Pénétration de lignes fixes et mobiles, Internet)
- ✓ Nombre de Points d'échange Internet (IXP)
- ✓ Longueur de Fibre Optique Déployée (En km)
- ✓ Bande passante internationale (Gbps)
- ✓ Organisation du secteur (Ministère, organisme de régulation, Agence nationale de fréquences)

Economie du secteur des télécommunications et des TIC

- ✓ Investissement dans les infrastructures
- ✓ Acquisition des terminaux de télécommunications
- ✓ Coût des licences des opérateurs
- ✓ Acquisition de technologies
- ✓ Coût d'opération des systèmes de télécommunications
- ✓ Consommation des services de télécommunications
- ✓ Etc.

Aspects économiques des télécommunications/TIC

- ✓ Production
  - o Produits
  - o Services
  - o Equipements, matériels
  - o Infrastructures
  - o Systèmes
- ✓ Consommation
  - o Produits
  - o Services
- ✓ Régulation économique
  - o Coût des services et produits
  - o Coût des licences d'exploitation
  - o Coût d'opérations
- ✓ Frais liés à l'exploitation des ressources du secteur
  - o Spectre de fréquences radioélectriques
  - o Plan de numérotation
  - o Domaines Internet
  - o Point hauts
  - o Infrastructures existantes (réseau de transmission, réseau électrique, tours de télécommunications)
  - o Positions orbitales
- ✓ Exploitation d'autres ressources
  - o Energie électrique
  - o Location d'espace
- ✓ Démocratisation de l'informatique et du haut débit
- ✓ Tarifs des services de télécommunications

Acteurs économiques du secteur des Télécoms/TIC

- ✓ Consommateurs

- ✓ Constructeurs ou équimentiers
- ✓ Fournisseurs de services
- ✓ Agences de normalisation
- ✓ Régulateurs
- ✓ Fournisseurs de contenus
- ✓ Développeurs de logiciels et d'applications

Impacts économiques du secteur des Télécoms/TIC

- ✓ Génération d'emplois à hauts revenus
- ✓ Contribution significative au PIB
- ✓ Stimulation de la productivité et de la croissance du PIB
- ✓ Support à la création d'entreprises à forte croissance
- ✓ Source clé de l'avantage compétitif
- ✓ Création de champs d'activités et de nouvelles méthodes d'exploitation des entreprises
- ✓ Stimulation de l'innovation[215]

Libéralisation du secteur des télécommunications

- ✓ Libre accès au marché des télécommunications
- ✓ Ouverture du marché à d'autres opérateurs de télécommunications
- ✓ Fin du monopole d'une administration sur une activité définie par l'autorité publique
- ✓ Possibiliste d'intervention sur le marché offerte à d'autres acteurs

Avantages de la libéralisation du secteur des télécommunications

- ✓ Stimulation de la compétition
- ✓ Développements technologique
- ✓ Accès aux services pour tous
- ✓ Meilleure qualité de service
- ✓ Baisse des coûts pour les utilisateurs

Processus de libéralisation du secteur des télécommunications

- ✓ Evaluation de la loi régissant le secteur
- ✓ Promulgation de nouvelles lois adaptées au développement du secteur
- ✓ Privatisation de l'opérateur historique (opérateur détenant le monopole sur les services de télécommunications)
- ✓ Libéralisation de l'installation de l'abonné (postes téléphoniques, télécopieur, etc.)
- ✓ Octroi de concession à de nouveaux opérateurs fixes et mobiles
- ✓ Libéralisation de la passerelle internationale ou porte internationale

Entrée d'un opérateur sur le marché des télécommunications

- ✓ Appel d'offres
- ✓ Manifestation d'intérêt (soumission d'un projet)
- ✓ Acquisition d'un opérateur existant par un nouvel opérateur ou un opérateur étranger
- ✓ Fusion d'un opérateur local avec un opérateur étranger

Etapes pour la fourniture de services de télécommunications dans un marché

- ✓ Etude de faisabilité
- ✓ Etude de marché
- ✓ Obtention de la licence ou de la concession
- ✓ Déploiement des infrastructures
- ✓ Tests
- ✓ Lancement des services

Licence et concessions pour un opérateur de télécommunications

Facteurs déterminants dans l'octroi de licences et concessions aux opérateurs de télécommunications

- ✓ Taille du marché
  - o Population
  - o Zones de couverture ciblées
  - o Clients potentiels
- ✓ Economie
  - o Situation économique globale

215 The economic benefits of Information and Communications Technology - Just the FACTS http://www2.itif.org/2013-tech-economy-memo.pdf

- o Pouvoir d'achat des consommateurs

✓ Types de services à fournir

- o Téléphonie mobile/2G, Téléphonie mobile/3G, Téléphonie mobile /4G, 5G
- o Transmission de données
- o Internet
- o Opérateur de radiodiffusion sonore
- o Opérateur de télévision en ondes claires ou brouillées)
- o Etc.

Économie des réseaux de télécommunications

✓ Prix du service fixe

✓ Prix du service mobile (plus élevé en raison de la quantité d'équipements déployés pour rendre le service disponible sur une plus grande zone et le parcours de l'utilisateur)

✓ Paiement direct des services (avec la balance sur le compte de l'utilisateur)

✓ Services post payés (services payés après consommation, abonnement mensuel)

✓ Services OTT payés en MB (Bit, Octet, Kilo octet, Méga octet : nouvelles monnaies d'échange dans l'univers numérique)

Composantes du Marché des télécommunications

✓ Téléphonie fixe

✓ Téléphonie mobile

✓ Transmission de données

✓ Internet

✓ Télévision

Coûts supportés par le consommateur

✓ Allocation d'un budget mensuel pour la consommation des services de télécommunications de toutes sortes

✓ Dépenses continues dans l'utilisation des services au rythme quotidien

✓ Dépenses pour l'acquisition du service et du produit

- o Service : accès et utilisation d'une prestation immatérielle (appel téléphonique, échange de SMS, Envoi de courrier électronique, etc.)
- o Produit : téléphones, récepteurs de radio et de télévision, modems, tablettes numériques
- o Installation des équipements

Coûts supportés par les opérateurs de télécommunications/TIC

✓ Investissement dans les infrastructures du réseau

✓ Coût opératoire du réseau de télécommunications

✓ Coût des licences d'exploitation

Comptabilisation des clients de la téléphonie

✓ Pour la téléphonie fixe : Nombre de lignes fournissant un débit de 64kps (ou 56kbps chez les opérateurs nord -américains)

✓ Pour la téléphonie mobile : Nombre de cartes SIM en circulation = nombre de clients

✓ Pour la téléphonie VoIP : Nombre d'abonnés disposant d'un débit supérieur à 128Kbps

Marché des télécommunications (téléphonie fixe et mobile, Internet)

✓ Chiffre d'affaires : millions, milliards dollars, euros

✓ Millions de minutes et de SMS

✓ parc des abonnés fixes et mobiles

✓ Trafic sortant et trafic entrant

✓ Revenu moyen par minute

✓ Revenu moyen mensuel

✓ Revenu moyen par utilisateur

✓ Taux de terminaison d'appel entrant

✓ Service d'itinérance (Roaming service)

Marché des télécommunications fixes

✓ Raccordement à la fibre optique

✓ Raccordement DSL

✓ Réseau optique

✓ Transition vers la nouvelle génération de réseaux

Marché des télécommunications mobiles

- ✓ Allocation du spectre des télécommunications sans fil
- ✓ Déploiement des stations de base
- ✓ Parts de marché et nombre de clients pour chaque opérateur
- ✓ Marché des prépayés mobiles
- ✓ Marché des post payés mobiles

Marché de l'Internet

- ✓ Parc d'abonnés
- ✓ Taux de Pénétration
- ✓ Facture mensuelle moyenne

Marché d'Usages de l'Internet

2 types

Usages classiques

- ✓ Utilisation de la messagerie instantanée
- ✓ Nombre de courriers électroniques
- ✓ Volume de données mobiles consommées

Nouveaux usages

- ✓ Nombre de téléchargements d'applications
- ✓ Nombre d'utilisateurs de la TV de rattrapage
- ✓ Revenus du streaming musical (musique, vidéo)

Segments de marché du secteur des télécom/TIC

Trois segments de marché

- ✓ *Communications fixes*
  - o Équipements de commutation de la voix
  - o Routeurs et autres équipements pour les réseaux de données et Internet
  - o Équipements pour les réseaux de transmission (optique et radio)
  - o Équipements d'accès (en particulier les équipements haut débit ADSL)
- ✓ *Communications mobiles*
  - o Terminaux
  - o Équipements d'accès radio
  - o Équipements de cœur de réseau
- ✓ *Communications privées*
  - o Marché des entreprises
  - o Secteurs spécifiques tels que le spatial, les transports

Calcul des parts de marché

- ✓ Services de voix : Communications téléphoniques
- ✓ Services de données mobile : SMS, MMS (services de messagerie textuelle)
- ✓ Services de transmission de données : réseaux à relais de trame, X.25, ATM, MAN, Services IP VPN et liaisons louées
- ✓ Service Internet : connexion à bas débit (dial – up), haut débit (ADSL, câble modem, FTTx….)

Evaluation de la clientèle de la téléphonie

- ✓ Population couverte (surface géographique desservie)
- ✓ Nombre d'abonnements mensuels (téléphonie fixe et mobile)
- ✓ Nombre de cartes SIM en utilisation (téléphonie mobile)
- ✓ Trafic écoulé

Revenus des télécommunications et des TIC

4 Marchés

- ✓ Stations de radiodiffusion sonore et télévisuelle
- ✓ Téléphonie (fixe, cellulaire et IP)
- ✓ Transmission de données (Internet, etc.)
- ✓ Réseaux sociaux

Sources de revenus du secteur des télécommunications

- ✓ Frais d'installation ou de connexion
- ✓ Location d'équipement et de ligne
- ✓ Frais de souscription au service
- ✓ Coût des appels (appels local, national et international)
- ✓ Coût de transit des autres opérateurs[216]

216 Telecommunications Law – Ian Lloyd et David Mellor

Revenus de l'Etat dans le secteur des Telecom/TIC

- ✓ Redevances de concession (coût de licence)
- ✓ Taxes sur les chiffres d'affaires
- ✓ Frais sur les liaisons de télécommunications (exploitation de fréquences)
- ✓ Taxes sur les équipements de télécommunications importés
- ✓ Frais d'homologation d'équipements de télécommunications
- ✓ Frais sur les autres ressources exploitées : plan de numérotation téléphonique, points hauts, infrastructures, domaines Internet

Revenus des stations de Radiodiffusion sonore et chaines de télévision

- ✓ Publicité des annonceurs
- ✓ Vente de temps d'antennes
- ✓ Abonnement mensuel (réseau de câblodistribution)

Financement des stations de radio

- ✓ Financement indirect des stations de radio et de TV par les auditeurs et téléspectateurs
  - o Consommation par l'utilisateur des produits et services en publicité
  - o Versement par les commanditaires d'une somme aux stations de radio (provenant des revenus de vente des produits et services)

Revenus de la téléphonie fixe, cellulaire et IP

- ✓ Frais d'installation
- ✓ Abonnements
- ✓ Communications téléphoniques

Revenu par utilisateur

- ✓ Revenu : Base de toute projection sur le marché des télécoms
- ✓ Revenu moyen par utilisateur (RMU)
- ✓ RMU : Indicateur variable selon le marché et d'autres critères
  - o *Pouvoir d'achat de la population*
  - o *Disponibilité des services*
  - o *Niveau d'utilisation des services*

Revenus de la transmission de données (Internet)

- ✓ Abonnement mensuel

✓ Revenus générés par la Consommation quotidienne Méga octets, Giga octets

Revenus des réseaux sociaux

Différentes sources de revenus des réseaux sociaux

- ✓ Publicité : promotion des services et produits d'entreprises sur leurs plateformes
- ✓ Marketing de recommandation
- ✓ Partenariats
- ✓ Eléments d'image de marque
- ✓ Monnaie virtuelle
- ✓ Google Adsense (programme de monétisation proposé par Google aux éditeurs de sites web pour générer des revenus publicitaires à la performance)
- ✓ Comptes premium
- ✓ Frais d'adhésion : stratégie pratiquée par certains réseaux sociaux
- ✓ Vente de marchandises virtuelles (cadeaux numériques, services supplémentaires, etc.)
- ✓ Frais d'Applications : pourcentage dans les revenus générés par les applications web exploitant leurs plateformes
- ✓ Revenus des utilisateurs (paiement par les utilisateurs pour certains services tels que stockage d'images additionnel, etc.)
- ✓ Jeux en ligne
- ✓ Etc.

Indicateurs de consommation

- ✓ Nombre de lignes fixes traditionnelles
- ✓ Nombre total de clients mobiles
- ✓ Nombre de clients mobiles par technologie 3G et LTE
- ✓ Nombre de clients mobiles prépayés, post-payés

- ✓ Nombre d'abonnés à l'Internet fixe (total et par technologie d'accès), nombre d'abonnés au haut débit
- ✓ Nombre d'abonnés VoIP
- ✓ Part de marché des principaux opérateurs mobiles
- ✓ Part de marché des principaux fournisseurs d'accès Internet haut débit[217]

Indicateurs de revenu

- ✓ Revenus de la téléphonie fixe
- ✓ Chiffre d'affaires des services mobiles, chiffre d'affaires de la voix mobile, chiffre d'affaires des données mobiles
- ✓ Revenus des services Internet fixes
- ✓ Revenus des services de transmission de données[218]

Interactions dans le marché des télécommunications

- ✓ Entre le fabricant et l'utilisateur : achat des terminaux de télécommunications
- ✓ Entre l'usager et l'opérateur de télécommunications : prestations de services de télécommunications à l'usager, et la facturation de l'opérateur
- ✓ Entre l'opérateur et le fabricant : soumission du cahier des charges de l'opérateur au fabricant pour la construction ou la fabrication
- ✓ Entre l'opérateur et le fabricant : Fourniture par le fabricant des équipements de télécommunications à l'operateur

Compétition dans le secteur des télécommunications

Quelques formes de compétition dans le secteur des Télécommunications

- ✓ *Coûts des services* : Baisse de tarifs entre les compétiteurs pour garder la clientèle et attirer les abonnés des autres opérateurs téléphoniques.
- ✓ *Nouveaux services et produits* : Offre de nouveaux services et produits en vue de garder les abonnés et d'attirer ceux des compétiteurs.
- ✓ *Ressources humaines* : Recrutement d'employés plus expérimentés et attraction des employés des compétiteurs par l'offre d'un meilleur salaire et de meilleures conditions de travail
- ✓ *Zones couvertes* : plus grande couverture du service de télécommunications = plus grande part de marché pour l'opérateur téléphonique en question. Couverture nationale : défi des nouveaux entrants sur le marché des télécommunications.
- ✓ *Technologies exploitées* : Robustesse et qualité des technologies = qualité des services fournis. Meilleures technologies = meilleurs services
- ✓ *Service à la clientèle* : Capacité de cette plateforme à répondre aux questions et résoudre les problèmes des abonnés en un temps record.
- ✓ *Licences* : Détermination de la position d'un opérateur sur le marché par le nombre de licences d'exploitation détenus (téléphonie, Internet, réseaux de transport, télévision numérique, etc.)

Impacts des TIC sur l'économie traditionnelle

- ✓ Redéfinition des processus de production, de transport et de distribution
- ✓ Levier de croissance pour les autres secteurs d'activités économiques
- ✓ Couverture mondiale des activités économiques locales grâce aux sites web

Economie numérique

- ✓ Marchés basés sur les technologies numériques
- ✓ Ensemble d'activités économiques basées sur les plateformes telles que : le réseau de téléphonie mobile, le réseau Internet
- ✓ Champs d'activités économiques basées sur les services numériques (matériels, logiciels, télécommunications, réseaux, etc.)
- ✓ Services en ligne : commerce électronique, jeux en ligne, musique en ligne, livres numériques, etc.
- ✓ Prestation de services traditionnels en ligne (à travers les réseaux de télécommunications)
- ✓ Invasion de l'économie traditionnelle par les technologies numériques

217 Marché mondial des services et acteurs télécoms Tendances & Analyses, S1 2015 - www.idate.org/2009/pages/download.php?id...t...Telecoms...pdf...

218 Marché mondial des services et acteurs télécoms - Tendances & Analyses, S1 2015 M15535SRF - Juin 2015 www.idate.org/2009/pages/download.php?id...t...Telecoms...pdf...

- ✓ Création de nouveaux produits et services, d'emplois, d'entreprises (Google, Apple, facebook, Amazon, Microsoft)
- ✓ Création de biens et services virtuels dans l'industrie numérique
- ✓ Prestation d'un ensemble de services à travers les réseaux numériques

Impacts de la Numérisation sur l'économie traditionnelle

- ✓ Croissance
- ✓ Productivité

Infrastructure de l'économie numérique

- ✓ Infrastructure numérique : fondation de l'économie numérique
- ✓ Infrastructure numérique : moteur de la croissance économique
- ✓ Réseaux de télécommunications numériques
  - o Support de production et distribution

Sources de revenu de l'économie numérique

- ✓ Offre et demande : plus de services, plus de produits
- ✓ Investissement et revenus des TIC
- ✓ Transversalité du secteur des technologies numériques : exploitation des services et produits TIC dans tous les autres champs d'activités

Acteurs de l'économie numérique

4 principaux acteurs

- ✓ Entreprises fournissant des services TIC (Télécommunications, Informatique, Electronique)
- ✓ Entreprises basées sur l'émergence des TIC (Services en ligne, jeux vidéo, commerce électronique, medias et contenus en ligne)
- ✓ Entreprises exploitant les TIC dans leurs activités pour gagner en productivité (banques, assurances, automobile, aéronautique, distribution, administration, tourisme, etc.)
- ✓ Particuliers et ménages utilisant les services des TIC dans leurs activités quotidiennes pour les loisirs, la culture, la santé, l'éducation, la banque, les réseaux sociaux, etc.[219]

Transactions dans le secteur des Telecom/TIC

- ✓ Transactions basées principalement sur le nombre d'utilisateurs (abonnés téléphoniques, abonnés à la télévision, clients)
- ✓ Acquisition : rachat d'un opérateur par un autre opérateur (absorption)
- ✓ Fusion : mise en commun des opérations de deux opérateurs de télécommunications

Acquisition dans le secteur des Telecom/TIC

- ✓ Cingular/ATT
- ✓ ALLTEL/WESTERN wireless
- ✓ Facebook/whatsapp
- ✓ Microsoft/skype
- ✓ Google/motorola mobility
- ✓ Google/youtube
- ✓ Nokia /Alcatel –Lucent

Fusion dans le secteur des Telecom/TIC

- ✓ Sprint – Nextel
- ✓ Lucent – Alcatel

Services financiers numériques

- ✓ Fourniture de services financiers aux consommateurs non –bancarisés à travers l'utilisation des TIC et des chaines de détails non bancaires
- ✓ Utilisation des technologies numériques pour fournir des services financiers
  - o Achats en ligne (paiement par carte de crédit et d'autres moyens)
  - o Banque en ligne
  - o Transfert et paiement mobiles

Moyens d'accès aux services financiers numériques

- ✓ Terminal (téléphone, tablette, ordinateur)
- ✓ Raccordement au réseau
- ✓ Ouverture d'un compte

Acteurs impliqués dans les transactions financières numériques

- ✓ Opérateurs de télécommunications
- ✓ Banques centrales

219 Observatoire du numérique – http://www.entreprises.gouv.fr/observatoire-du-numerique/economie-numerique

- ✓ Plateformes de paiement
- ✓ Fournisseurs de services
- ✓ Régulateurs de télécommunications
- ✓ Opérateurs d'argent mobile
- ✓ Organisations internationales (banque mondiale, GSMA)
- ✓ Organismes de normalisation

Enjeux des transactions financières

- ✓ Fiabilité des réseaux de télécommunications
- ✓ Sécurité des réseaux (cyber sécurité)
- ✓ Identité numérique
- ✓ Interopérabilité
- ✓ Confidentialité des données
- ✓ Convivialité des terminaux et plate -formes
- ✓ Accessibilité pour tous
- ✓ Confiances des utilisateurs

Valeur commerciale de l'Internet

- ✓ Réduction des coûts d'opération
- ✓ Création de nouvelles sources de revenus
- ✓ Développement de nouveaux marchés et canaux
- ✓ Développement de nouveaux produits accessibles sur le Web
- ✓ Attraction de nouveaux clients
- ✓ Augmentation de la loyauté et de la rétention des clients

CHAPITRE 9

TELECOMMUNICATIONS ET CATASTROPHES NATURELLES

TÉLÉCOMMUNICATIONS D'URGENCE

- ✓ Ensemble de moyens de communications électroniques utilisés en cas d'urgence
- ✓ Moyen pour prévoir et détecter les catastrophes, et pour lancer l'alerte

Importance des services de télécommunications dans les situations d'urgence

- ✓ Avant : Préparation (alerte à la population et prévention)
- ✓ Durant : Gestion (réponse et intervention des autorités concernées, communication avec les proches et parents, mise en œuvre des moyens et opérations de secours)
- ✓ Après : Recouvrement (Assistance à la Reprise des activités)

Types de communications facilitées en cas d'urgence

- ✓ Communications des citoyens avec les autorités
- ✓ Communications entre autorités
- ✓ Alertes des autorités aux citoyens
- ✓ Communications entre citoyens touchés en cas de catastrophe
- ✓ Système de télésurveillance des situations à risque[220]

Acteurs des télécommunications d'urgence

- ✓ Opérateurs de téléphonie et radiodiffusion
- ✓ Fournisseurs d'accès à internet
- ✓ Radio amateur
- ✓ Régulateur de télécommunications
- ✓ Organisations internationales (eg. UIT, ETC, TSF)
- ✓ Fournisseurs d'énergie électrique

Interventions de l'Union Internationale de Télécommunications (UIT)

- ✓ Déploiement de système de communications sans fil
- ✓ Déploiement des équipements de communication par satellite
- ✓ Déploiement de réseaux Wimax
- ✓ Aide à l'établissement du bilan des dégâts dans les réseaux de télécommunications
- ✓ Aide au rétablissement des réseaux de télécommunications
- ✓ Mise à disposition de services d'experts pour exploitation des systèmes

Cadre de coopération mis en place par l'UIT en situation d'urgence

- ✓ Déploiement de moyens de télécommunications d'urgence en faveur des Etats membres
- ✓ Cadre à trois volets pour cette assistance

1. *Volet technologique*

- ✓ Regroupement des opérateurs de satellite, de stations terriennes de service terrestre, opérateurs de télécommunications, notamment les opérateurs mobiles et les fournisseurs de système d'information géographique pour la diffusion d'informations rétrospectives avant, pendant et après les catastrophes

2. *Volet financier*

- ✓ Mise en place d'un fonds de réserve alimenté par les Etats membres, les banques de développement et des groupes économiques régionaux

3. *Volet logistique*

- ✓ Service d'appui relatif au transport des équipements de télécommunications à destination ou en provenance du lieu de catastrophe (utilisation des prestations des services aériens et de messagerie)[221]

Principes de l'UIT en matière de Télécommunications d'urgence

4 principes stratégiques

1.- Prise en compte de tous les risques

- ✓ Catastrophes naturelles : cyclones, inondations, sécheresses, tsunamis, incendies, séismes

220 Plan national des télécommunications d'urgence https://www.itu.int/en/ITU-D/Emergency-Telecommunications/Documents/Cameroon_2007/Presentations/Pr_MINPOSTEL.pdf

221 Télécommunications d'urgence - ITU http://www.itu.int/net/itunews/issues/2011/02/28-fr.aspx

- ✓ Catastrophes causées par l'homme : incendies, naufrages

2.- Exploitation de tous les types de technologies

- ✓ Radiodiffusion
- ✓ Radio Amateur
- ✓ Téléphonie cellulaire
- ✓ Internet

3.- Interventions à tous les niveaux

- ✓ Prévention
- ✓ Planification préalable
- ✓ Interventions
- ✓ Organisation et gestion des opérations de secours
- ✓ Reconstruction des réseaux de télécoms endommagés pour le développement durable

4.- Implication de toutes les parties prenantes

- ✓ Partenariats avec des partenaires dans le domaine du développement pour
  - o Accès aux TIC pour les habitants des zones rurales et isolées
- ✓ Implication des communautés rurales, administrations centrales, du secteur privé, de la société civile, des organisations internationales pour une contribution au développement des TIC[222]

Convention de Tampere

- ✓ Convention conclue à Tampere (Finlande le 8 juin 1998)
  - o Traité pour sauver des vies par les télécommunications en cas de catastrophes naturelles
- ✓ Convention entrée en vigueur en 2005 et ratifiée par de nombreux pays
- ✓ Plus grande rapidité et meilleure efficacité des secours
- ✓ Mise à disposition des ressources de télécommunications pour l'atténuation des effets des catastrophes
- ✓ Mise à disposition des ressources de télécommunications pour les opérations de secours en cas de catastrophe

Obstacles avant l'arrivée de la Convention de Tampere

- ✓ Utilisation transfrontière d'équipements de télécommunications soumise aux règlementations en vigueur dans les zones touchées
- ✓ Consentement préalable des autorités locales avant l'importation et le déploiement rapide des équipements de télécommunications

Solutions apportées par la Convention de Tampere

- ✓ Mobilisation des Etats pour une mise à disposition rapide d'une assistance en matière de télécommunications en cas de catastrophe
- ✓ Installation et mise en œuvre de services de télécommunications fiables et souples
- ✓ Simplification de l'utilisation d'équipements de télécommunications
- ✓ Suppression des obstacles d'ordre règlementaire à l'utilisation des ressources de télécommunications pour l'atténuation des effets des catastrophes (pas d'obligation de licence pour l'utilisation de fréquences attribuées, plus de restriction à l'importation d'équipements, aucune limite imposée aux mouvements des agents humanitaires)[223]

222 Télécommunications d'urgence http://www.itu.int/fr/ITU-D/Emergency-Telecommunications/Pages/default.aspx

223 Les télécommunications sauvent des vies http://www.itu.int/itudoc/gs/promo/bdt/flyer/87636-fr.pdf

TÉLÉCOMS SANS FRONTIÈRES

- ✓ Organisation impliquée dans la fourniture de services de télécommunications dans les situations d'urgence

Principales activités de Télécoms sans frontières

- ✓ Centre de télécommunications à réponse rapide
- ✓ Opérations d'appels humanitaires – Appels gratuits pour les habitants
- ✓ Renforcement des capacités locales pour la préparation aux catastrophes
- ✓ Réduction du fossé numérique par des centres communautaires déployés sur le long terme224

Emergency Telecommunications Cluster (ETC)

- ✓ Réseau mondial d'organisations travaillant ensemble pour fournir des services de communication partagés dans les urgences humanitaires

Principales activités de ETC

- ✓ Coordination - locale et mondiale
- ✓ Connectivité voix et données (internet)
- ✓ Services pour les communautés (S4C)
- ✓ Renforcement des capacités pour la préparation aux catastrophes

Conséquences des catastrophes naturelles sur les réseaux de télécommunications

3 types de conséquences sur les réseaux de télécommunications

1.- Destruction physique des infrastructures des réseaux de télécommunications

- ✓ Éléments de réseaux susceptibles d'être affectés : Radio (émetteurs/récepteurs), antennes, câbles, tours etc.

2.- Destruction de l'infrastructure d'appui

- ✓ Dépendance des réseaux de télécommunications de l'énergie électrique.
- ✓ Destruction du réseau électrique : indisponibilité d'énergie électrique pour le fonctionnement des réseaux de télécommunications

3.- Congestion des réseaux de Télécommunications

- ✓ Forte demande de connexion pendant et après les catastrophes naturelles (près de 100% des clients)
- ✓ Incapacité du réseau à traiter toutes ces demandes et à acheminer tout le trafic résultant
- ✓ Réseaux conçus et dimensionnés pour l'acheminement d'un pourcentage du trafic des abonnés en temps normal

224 slideplayer.com/slide/1668520

www.ingramcontent.com/pod-product-compliance
Lightning Source LLC
Chambersburg PA
CBHW080542220326
41599CB00032B/6337

* 9 7 8 9 9 9 7 0 6 9 3 1 3 *